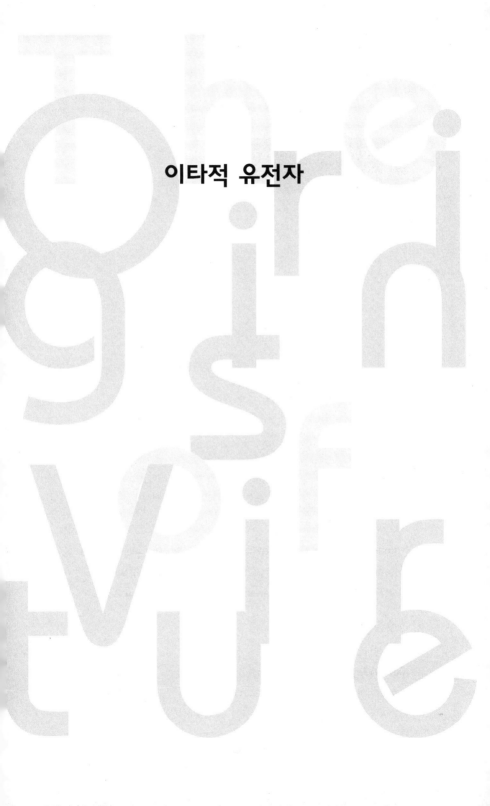

이타적 유전자

The Origins of Virtue

by Matt Ridley

이타적 유전자

매트 리들리 · 신좌섭 옮김

사이언스
SCIENCE 북스
BOOKS

차례

prologue

프롤로그

어느 러시아 무정부주의자의 탈옥

prologue

노인의 비참한 처지를 생각할 때 나는 고통스러웠다. 그러나 적선을 하자 그에게

도 약간은 도움이 되었고 내 마음도 편안해졌다.

― 토머스 홉스(거지에게 6펜스를 준 이유를 설명하면서)

죄 수는 딜레마에 빠졌다. 늘 산책하던 길을 따라 한가롭게 걷고 있는데, 교도소 마당을 내려다보는 옆 건물의 열린 창문에서 갑자기 바이올린 연주 소리가 울려퍼졌다. 활기 넘치는 콘스키Kontski 마주르카였다. 탈옥 신호다! 그러나 그는 지금 교도소 정문과는 정반대 쪽에 있었다. 탈옥은 교도관이 눈치채기 전에 기습적으로 감행해야 한다. 한 번 실수하면 끝장이다.

지금 당장 거추장스런 죄수복을 벗어던지고 교도관이 따라오기 전에 정문까지 달려가야 한다. 마침 날마다 같은 시간에 실려오는 땔감을 들여놓기 위해 교도소 정문은 열려 있었다. 일단 교도소 문만 벗어나면 동지들이 그를 마차에 싣고 상트페테르부르크 가(街)를 가로질러 감쪽같이 사라질 것이다. 이미 오래전에 한 여자 면회객이 치밀한 계획을 암호로 적어 넣은 손목시계를 차입해 줬다. 계획에 따르면 동지들은 3킬로미터쯤 되는 상트페테르부르크 가의 거리 곳곳에 잠복해서 저마다 담당한 구역의 도로 소통 상황을 비밀 신호로 서로에게 알려주고 있을 것이다. 바이올린 연주 소리는 지금 거리가 텅 비어 있고 마차가 이미 약속 장소에 도착했으며, 마차가 대기하고 있는 군(軍)병원 교도소 문 앞의 경비

9

병은 현미경으로 보면 기생충이 어떻게 보이는지에 관해(경비병이 현미경에 관심이 많다는 것을 뒷조사로 알아냈다) 죄수의 동지와 수다를 떠는 데 정신이 팔려 있다는, 즉 모든 준비가 끝났다는 신호이다.

그러나 만에 하나라도 실패한다면 다시는 기회가 오지 않을 것이다. 그는 이곳 상트페테르부르크의 군병원 교도소에서 쫓겨날 것이고, 지난 2년 동안 고독과 괴혈병으로 고생한 페트로파블로프스크 요새의 병균이 우글거리는 음습한 어둠 속으로 다시 송환될 것이다. 신중하게 판단해야 한다. 정문에 도착할 때까지 마주르카 연주가 멈추지 않을 것인가?

그는 발길을 되돌려 정문을 향해 천천히 떨리는 발걸음을 옮겼다. 산책로 끝에 다다랐을 때쯤 그는 뒤따라오는 교도관을 흘깃 훔쳐보았다. 교도관은 다섯 걸음쯤 뒤에 따라오고 있었다. 바이올린은 아직도 훌륭하게(그의 생각에) 연주되고 있었다.

바로 이때다! 수천 번은 연습해 봤을 두 단계 동작의 잽싼 몸짓으로 무거운 수의를 벗어던진 그는 정문을 향해 쏜살같이 달려갔다. 교도관은 그를 대검으로 찌르려고 소총을 휘두르며 뒤쫓아왔다. 그러나 사력을 다한 덕인지 정문에 도착했을 때 그는 추격자보다 몇 발짝 앞서 있었다. 그때 얼린 문 사이로 전투모를 쓴 사내가 마차에 앉아 있는 모습이 얼핏 보였다. 죄수는 멈칫했다. 적에게 매수된 것일까? 그러나 전투모 밑으로 황후의 주치의이자 비밀 혁명 당원인 옛 동지의 꺼칠한 구레나룻을 알아본 그는 얼른 마차에 올라탔다.

그의 동료들이 인근의 마차란 마차는 몽땅 세를 낸 덕분에 거리는 텅 비어 있었다. 탈옥수를 실은 마차는 추격대를 따돌리고 눈

깜짝할 사이에 도시 속으로 사라져 버렸다. 그들은 먼저 이발소로 가서 탈옥수의 수염을 말끔히 밀어버리고, 저녁 무렵에는 비밀경찰이 꿈에도 의심 못할 상트페테르부르크의 최고급 레스토랑에서 만찬을 즐겼다.

상호부조

오랜, 아주 오랜 세월 뒤에도 탈옥수는 자신의 자유가 손목시계를 넣어준 여자와 바이올린을 연주한 여자, 마차를 몬 동료와 마차 뒤에 앉아 있던 의사, 그리고 마차가 도주하는 동안 길이 막히지 않게 도와준 여러 친구들의 용기 덕택이라는 사실을 기억했다. 그의 탈옥은 동지들이 힘을 모았기 때문에 가능했다. 이 기억은 그의 머릿속에 뚜렷이 남아 오랜 세월 후에 인간의 진화에 관한 새로운 이론을 점화시키도록 예정되어 있었다.

오늘날 표트르 크로포트킨 Peter Kropotkin 공(公)을 기억하는 사람들은 그를 무정부주의자로만 안다. 그러나 1876년 차르 감옥에서의 탈출이야말로 그의 짧지 않은, 기구하고도 화려한 인생에서 가장 눈에 띄는 극적인 사건이었다. 크로포트킨은 어린 시절부터 재능이 돋보였다. 그는 훌륭한 귀족 출신 장군의 아들로서, 여덟 살이 되던 해에 페르시아 식 수습 기사 복장을 하고 참석한 무도회에서 차르 니콜라이 1세의 눈에 띄어 러시아 최정예 사관학교인 기사대(騎士隊)에 입교할 것을 명령받았다. 기사대에서도 그는 탁월한 능력을 보여 차르(이때는 알렉산드르 2세)의 신변 경호를 맡는 호위 기사로 임명되었다. 군인 또는 외교관으로서의 화려한 인생이 눈앞에 펼쳐진 것이다.

그러나 천성적으로 영민할 뿐더러 프랑스인 가정교사의 자유주의 사상에 물든 크로포트킨의 생각은 달랐다. 그는 근무 여건이 좋지 않은 것으로 소문난 시베리아 연대에 자원한 탓에 산과 계곡으로 뒤덮인 시베리아 극동 지역으로 갔다. 그곳에서 그는 새로운 교통로를 개척하고 아시아 대륙의 지리와 역사에 관한 독창적 이론을 개발하면서 몇 년간 탐험에 몰두했다. 이윽고 상트페테르부르크에 돌아왔을 때 그는 이미 저명한 지리학자가 되어 있었다. 하지만 마음속에서는 시베리아에서 목격한 정치범 수용소에 대한 혐오감이 불타고 있었고 내심 혁명을 꿈꾸고 있었다. 스위스 여행 중에 만난 무정부주의자 미하일 바쿠닌Michael Bakunin에게 매료된 뒤 그는 러시아 수도의 무정부주의자 지하 서클에 가담해 오로지 혁명의 선동에 전념했다. 때로는 동궁(冬宮)의 만찬석상에서 다른 곳을 거치지도 않고 곧장 집회 장소로 달려가 변장을 한 다음, 노동자나 농민들에게 선동 연설을 하는 위험한 행동도 마다하지 않았다. 그는 보로딘Borodin이라는 가명으로 선동적 팸플릿들을 출판했고, 보로딘은 연설가로도 명성을 얻었다.

경찰이 마침내 보로딘을 체포하여 그가 그 유명한 크로포트킨 공작이라는 사실이 밝혀졌을 때 차르와 궁성은 온통 충격과 분노에 휩싸였다. 게다가 2년 뒤 상상도 하지 못할 대담한 방법으로 감옥을 탈출하고 삼엄한 체포망을 피해 끝내 망명에 성공했을 때 그들은 더욱 분노했다. 그는 영국·스위스·프랑스를 전전하며 망명 생활을 했으나, 더 이상 그를 받아들이는 곳이 없게 되자 다시 영국에 정착했다. 영국에 머물면서부터 그는 점차 선동적인 팸플릿보다는 사색적이고 철학적인 저작에 몰두하기 시작했다. 저술을 통해 그는 무정부주의의 이상을 설파했다. 또 그와 동지들이 붕괴시키기 위해 투쟁해 온 중앙집권적·귀족주의적·관료적 국가를 재창출하려는 시도로 여겨지는 이념적 라이벌인 마르크시즘을 공격했다.

1888년, 머리가 벗겨지고 텁수룩한 수염에 안경까지 걸친, 뚱뚱한 몸집의 중년 신사 크로포트킨은 런던 외곽의 해로Harrow에서 가난한 프리랜서로 연명하고 있었다. 그러나 그에게는 조국의 혁명에 대한 열정이 여전히 불타고 있었다. 그 해에 토머스 헉슬리Thomas H. Huxley가 발표한 논문에 자극받은 그는 향후 그를 대표하게 될 불후의 명작을 저술하기 시작했다. 그 작업은 『상호부조: 진화의 한 요소 Mutual Aid : A Factor in Evolution』라는 단행본으로 완성되었는데, 이 책은 오늘날 기억하는 사람은 별로 없지만 실로 예언자적 저작이다.

헉슬리의 논지는 〈자연이란 이기적인 생명체들이 벌이는 냉혹한 투쟁의 장〉이라는 것이었다. 그는 토머스 맬서스Thomas R. Malthus, 토머스 홉스Thomas Hobbes, 니콜로 마키아벨리Niccolo di Bernardo Machiavelli, 성 아우구스티누스St. Augustine, 그리고 그리스의 소피스트 철학자들로까지 거슬러 올라가는 오랜 전통, 즉 인간의 본성은 문화에 의해 길들여지지 않으면 근본적으로 이기적이며 개인주의적이라는 사상적 전통 위에 서 있었다. 반면 크로포트킨은 윌리엄 고드윈William Godwin, 장 자크 루소Jean Jacques Rousseau, 펠라기우스Pelagius, 플라톤Plato으로 거슬러 올라가는 또다른 전통, 즉 인간은 원래 선하고 자비롭게 태어났으며 단지 사회가 인간을 타락시켰다고 보는 사상적 전통을 계승했다.

크로포트킨은 헉슬리가 말한 〈생존을 위한 투쟁〉이 인간 세계를 제외한 일반 자연 세계에서 그가 관찰한 사실들과 전혀 들어맞지 않는다고 주장했다. 삶이란 피투성이의 난투 또는 (헉슬리가 자신의 책에 인용한 홉스의 구절에 따르면) 〈만인의 만인에 대한 투쟁〉이 아니며, 삶의 특징은 경쟁이 아니라 협동이라는 것이었다. 역사적으로 볼 때 가장 협동적인 동물이 가장 성공적인 동물이었다. 개체와 개체 간의 투쟁만이 진화의 유일한 동인(動因)은 아니며, 개체 사이의 상호부조(相互扶助) 추구도 역시 진화의 동인이다.[1]

크로포트킨은 〈이기성은 동물성의 유산이며 도덕성은 문명의 유산〉이라는 생각을 거부했다. 협동은 태고 적부터 내려오는 동물적 전통으로서, 다른 동물들과 마찬가지로 인간에게도 부여되었다는 것이 그의 생각이었다. 〈그러나 만일 우리가 간접적인 증거를 찾고자 한다면 자연에게 물어보자. '누가 최적자(最適者)인가? 서로 끊임없이 전쟁을 치르는 종(種)인가, 아니면 서로 도와가며 살아가는 종인가?' 상호부조의 습성을 배운 종이야말로 의심할 여지없이 최적자임을 우리는 금방 깨닫게 될 것이다.〉

그는 삶이 이기적 존재들 간의 냉혹한 투쟁이라는 생각을 받아들일 수 없었다. 그는 충실한 동지들의 목숨을 건 도움으로 탈옥에 성공하지 않았던가? 동지들의 이타주의가 헉슬리 식의 투쟁론으로 설명될 수 있겠는가? 앵무새가 다른 새들보다 뛰어난 이유는 다른 새들보다 사회적이고 지능이 더 높기 때문이다. 인간의 역사를 살펴보면 협동은 문명화된 시민 사회뿐 아니라 원시 종족 사회에서도 공통된 특징이다. 촌락 공동체의 공동 경작지나 중세 길드의 역사에서 확인되듯이, 사람들이 서로 도우면 도울수록

14

사회는 번영했다.

러시아의 코뮌이 목초지의 꼴을 베는 풍경——사내들은 누가 더 낫질을 빨리 하는지 경쟁하고 아낙네들은 꼴을 털어 더미에 쌓아올리는 풍경——은 세상에서 가장 경외스러운 모습이다. 그것은 인간의 노동이 어떠할 수 있는지, 또 어떠해야 하는지를 보여준다.

크로포트킨의 이론은 찰스 다윈Charles Darwin의 이론과 같은 기계적 진화론이 아니었다. 다윈은 사회성이 높은 종이나 집단이 사회성이 낮은 종이나 집단과의 경쟁에서 적자생존을 한다는 것——그것은 경쟁과 자연선택의 이론을 개인 차원에서 집단 차원으로 한 단계 끌어올리는 것이었다——외에는 상호부조가 어떻게 사회 속에 뿌리내리게 되었는지는 설명하지 못했다. 그래도 다윈은 한 세기 뒤에 경제학·정치학·생물학의 분야에 커다란 반향을 일으키게 될 질문을 던졌다. 생존이 본질적으로 경쟁적 투쟁이라면 그토록 많은 협동이 존재하는 이유는 무엇인가? 인간은 왜 그토록 열렬한 협동 애호가인가? 인류는 본성적으로 사회적인 동물인가 아니면 반(反)사회적 동물인가? 이 같은 질문, 즉 〈인간 사회의 뿌리〉에 관한 질문이 바로 이 책에서 내가 추구하는 주제이다. 나는 크로포트킨이 절반은 옳았음을 입증하는 한편, 인간 사회의 뿌리는 그가 생각하는 것보다 훨씬 깊은 곳에 존재한다는 사실을 입증할 것이다. 사회가 제구실을 하고 굴러가는 것은 우리가 그것을 훌륭하게 고안해 냈기 때문이 아니라, 사회가 우리의 진화된 소양의 산물이기 때문이다. 그것은 문자 그대로 우리의 본성에 내재한다.[2]

인간의 사회적인 본성

이 책은 인간의 본성, 특히 경이로울 정도로 사회적인 본성에 관한 책이다. 우리는 도시에 모여 살고 팀을 이루어 일을 한다. 우리의 일상 생활은 친척, 동업자, 직장 동료, 친구, 선배, 후배들로 엮인 거미줄 같은 연결망 속에서 이루어진다. 우리는 인간 관계에 시달리기를 싫어하는 염세주의자 같은 측면을 지니고 있음에도 불구하고 서로가 없이는 도저히 살아갈 수 없다. 어떤 한 인간이 실생활의 수준에서 생존에 필요한 기술을 다른 인간과 전혀 교환하지 않고도 살아갈 수 있는, 다시 말해 엄격한 의미에서 자급자족할 수 있는 상태에 도달한 지도 이미 100만 년은 되었다. 그러나 우리는 같은 종에 속하는 다른 원숭이들에 비해 훨씬 더 상호의존적이다. 아니, 인간은 오히려 사회에 종속되어 노예로 살아가는 개미나 흰개미termite에 더 가깝다. 우리는 전혀 망설임 없이 사회적 행위를 덕(德, virtue)으로, 반사회적 행위를 악덕(惡德, vice)으로 규정한다. 이같이 상호부조가 인류에게 가지는 중요성을 강조한 점에서 크로포트킨은 옳았다. 그러나 이것을 다른 종들에게도 적용할 수 있다는 가설은 의인주의적(擬人主義的)인 억측이고 오류이다. 인류가 진화를 통해 집적한 사회적 본능은 다른 종들과 인류를 구별짓는 특징이며, 우리 인간의 생태학적 승리를 설명해 준다.

그러나 사람들은 으레 본능이란 동물에게나 해당하는 것이고 인간과는 무관한 것이라고 생각한다. 사회과학의 상투적인 문구를 빌리자면 〈인간의 본능이란 개개인의 환경과 경험의 각인〉일 뿐이다. 그러나 우리의 문화는 임의의 관습들로 이루어진 무질서한 집적이 아니다. 그것은 우리의 본능에 따라 유도된 표현 양식이다. 모든 문화에서 동일한 테마, 즉 가족, 의식(儀式), 상거래, 사랑, 위계 질서, 우정, 질투, 집단에 대한 충성, 미신 등이 발견되는 것은 이것 때문이다. 언어와 관습의 표면적인 차이에도 불구하고 이질적인 문화를 그 동기 motive나 감성, 사회 관습 같은 심층 수준에서는 쉽게 이해할 수 있는 것도 이것 때문이다. 인간에게 있어 본능은 변화 불가능한 유전적 프로그램이 아니라 학습 가능한 특성이다. 인간이 본능을 가지고 있다는 믿음은 인간이 교육의 산물이라는 믿음에 비해 특별히 더 결정론적이지 않다.

이 책에서 내가 주장하려는 바는 사회가 어떻게 형성되었는가 하는 오랜 의문에 대한 해답을 최근의 진화생물학적 발견 속에서 찾을 수 있다는 것이다. 사회는 이성에 의해 고안된 것이 아니다. 그것은 인간 본성의 일부로서 진화되어 왔다. 사회는 인체와 마찬가지로 인간 유전자의 진화적 산물이다. 그것을 이해하기 위해서는 우리의 뇌 속에 자리잡고 있는, 사회적 유대 관계를 창출하고 활용하는 본능에 주목해야 한다. 또 인간과 다른 동물들을 비교 관찰해서 본질적으로 경쟁적인 진화라는 사건이 때로는 어떻게 협동적 본능을 발양시키는지를 알아내야 한다. 이 책은 세 개의 흐름으로 구성되어 있다. 첫째는 협동적인 팀을 향한 인간 유전자들의 10억 년에 걸친 응집 coagulation, 둘째는 협동적 사회를 향한 인류 조상들의 100만 년에 걸친 응집, 그리고 마지막은 사회 및 그 기원에 관한 사상의 1,000년에 걸친 응집이다.

참으로 무례한 시도라고 여겨지지만, 나는 여기에서 다루는 문제들 중 어느것에 대해서도 결론을 주장하지는 않는다. 이 책에서 거론되는 생각들 중 틀린 것보다 옳은 것이 더 많다는 믿음조차

나는 갖고 있지 않다. 나는 다만 여기에 제시한 생각들 중 일부가 올바른 방향을 제시할 수만 있다면 만족할 것이다. 나의 목적은 독자들이 〈인간의 탈〉을 벗어버리고 결점투성이의 인류를 되돌아보도록 설득하는 것이다. 박물학자들은 포유 동물을 신체 형태 말고도 행동 양식을 기준으로 삼아 분류할 수도 있음을 잘 알고 있는데, 인간도 마찬가지라는 것이 나의 생각이다. 인류는 침팬지나 주먹코돌고래에서는 관찰되지 않는 종특이적(種特異的, species-specific)인 행동 양식을 가지고 있다. 한마디로 우리는 진화된 본성을 가지고 있다. 그러나 인간은 이런 식의 사고 방식에 별로 익숙하지 않다. 우리는 항상 우리를 우리 자신과 비교한다. 참담할 정도로 협소한 시각이다. 자, 이제 당신이 화성의 어느 출판사로부터 지구상의 생명체에 관한 책을 저술해 달라는 의뢰를 받았다고 상상해 보라. 당신은 포유 동물의 각 종에 하나씩의 장(章)을 할애하여(상당히 두꺼운 책이 되겠지만) 신체 형태를 기술한 다음 행동 양식도 묘사하게 될 것이다. 드디어 원숭이 과(科)에 도달해 이제 호모 사피엔스에 관해 쓸 차례가 되었다. 당신은 이 우스꽝스런 유인원의 행동 특성을 어떻게 설명하겠는가? 머릿속에 떠오르는 첫번째 주제들 중 하나는 아마도 〈사회적임: 큰 무리를 이루어 개인들 사이에 복잡한 상호 관계를 형성하며 살아간다〉는 것이 되리라. 이것이 바로 이 책의 주제이다.

1

이기적 유전자의 이타적 사회

하극상이 존재하는 공동체

꿀벌 사회는 〈능력에 따라 일하고 필요에 따라 분배〉하는 공산주의적 이상을 구현

한다. 꿀벌 사회에서 생존을 위한 투쟁은 엄격히 제한된다. 여왕벌, 수벌, 일벌은

각각 충분한 식량을 할당받는다.…… 윤리철학에 소양이 있는 사려 깊은 수벌이라

면(일벌과 여왕벌에게는 사색의 여유가 없다), 청정한 물과 같은 직관적인 도덕주

의자가 되지 않고서는 배기지 못하리라. 그는 일벌들의 최저생계비를 벌기 위해

쉴새없는 헌신적 노동이 계몽된 이기성이나 다른 어떤 종류의 공리주의적 동기에

의해서도 설명될 수 없음을 명확하게 간파할 것이다.

― 토머스 헉슬리의 『진화와 윤리 Evolution and Ethics』(1894) 「서문」에서

표 트르 크로포트킨은 〈개미와 흰개미는 '홉스주의적 전쟁'을 포기했다. 그들은 그렇게 하는 편이 더 유리했다〉고 말했다. 생물계에서 협동의 위력을 보여주는 가장 훌륭한 증거는 개미·꿀벌·흰개미이다. 지구상에는 10조 마리 정도의 개미가 살고 있는데, 그들의 몸무게를 모두 합치면 지구에 사는 인간의 총 중량과 맞먹는다. 아마존 우림에 사는 곤충의 총 생물량biomass의 4분의 3——지역에 따라서는 동물의 총 생물량의 3분의 1——을 개미·흰개미·꿀벌·말벌이 차지하는 것으로 추산된다. 수백만 종에 이르는 딱정벌레의 엄청난 생물학적 다양성이나, 원숭이·큰부리새·뱀·달팽이 따위는 비교도 되지 않는다. 아마존 지역은 개미와 흰개미의 군체(群體, colony)들이 지배하고 있다. 당신은 머리 위를 날아가는 비행기로부터도 개미가 배설하는 포름산이 떨어지는 것을 감지할 수 있을지 모른다. 사막에도 개미가 없는 곳은 거의 없다. 유별나게 추위에 과민하지만 않았더라면, 개미와 흰개미는 온대 지방마저 지배했을 것이다. 개미는 인간과 더불어 지구의 지배자이다.[1]

벌과 개미의 군체는 오랜 옛날부터 인간 사회의 협동을 은유하는 소재로 애용되어 왔다. 윌리엄 셰익스피어한테는 꿀벌 세계가 관민이 혼연일체가 되어 군주에게 충성을 바치는 자비로운 전제 군주 국가로 비쳤다. 대주교는 헨리 5세에게 아첨조로 이렇게 말한다.

꿀벌은 무얼 위해 일하나,
백성의 나라에 질서의 율법을
자연의 섭리로 가르쳐주는 미물.
그들에겐 왕도 있고 여러 관리도 있으니
어떤 자는 행정 장관처럼 영토 안에서 수렴청정하고
어떤 자는 상인처럼 영토를 넘나들며 장사를 하고
어떤 자는 군인처럼 벌침으로 무장을 한다.
여름날 부드러운 꽃봉오리 군화발로 밟아,
전리품 짊어진 채 흥겹게 돌아온다
제국의 원추형 왕궁으로.
그곳에서 공사다망한 왕은
석수(石手)가 노래하며 황금 지붕을 올리는 것
시민들이 꿀을 반죽하는 것
가난한 직공 일꾼들이 힘겨운 짐을 지고
그의 좁은 문 앞에서 바글거리는 것을 내려다본다.
서글픈 눈초리의 판관은 지르퉁히 윙윙 소리를 내며
유언 집행자의 울타리 안으로
게을리 하품해 대는 일벌들을 인계한다.

한마디로 꿀벌 세계는 엘리자베스 시대 전제군주 국가의 축소판이다.

4세기 뒤에 익명의 어떤 논객은 꿀벌의 세계를 전혀 다른 시각으로 보았다. 스티븐 제이 굴드Stephen Jay Gould는 이렇게 전한다.

1964년 어느 날 뉴욕 세계박람회장에 구경을 간 나는 비를 피하려고 자유기업 전시장으로 들어갔다. 문득 눈에 띈 전시물은 한 무리의 개미 떼로 만들어놓은 글귀였다. 〈너희들의 진화는 2,000만 년 동안이나 제자리 걸음을 쳤지. 왜냐고? 우리 개미들의 사회는 이미 사회주의적 · 전체주의적인 체제이기 때문이지…….〉[2]

위의 두 가지 묘사의 공통점은 우선 군체 곤충의 사회와 인간 사회를 직관적으로 비교했다는 것이다. 그러나 그보다 중요한 공통점은 인간이 추구하는 어떤 것을 이미 실천하고 있다는 점에서 개미나 꿀벌이 인간보다 우수하다는 통찰이다. 그것을 공산주의라고 부르든 전제주의라고 부르든 간에, 그들의 사회는 인간 사회보다 더 조화로우며 공동선과 대의를 지향한다.

홀로 있는 개미나 꿀벌은 마치 절단된 손가락처럼 연약하고 불운하다. 그러나 군체에 결합되면 그는 엄지손가락만큼이나 쓸모가 많다. 그들은 군체의 이익을 위해 헌신하고 군체의 대의를 위해 자신의 생식을 포기하며, 군체를 지키기 위해 목숨을 바친다. 개미 군체는 마치 하나의 생명체처럼 태어나서 성장하고 자식을 낳은 뒤 죽는다. 애리조나 지방의 들개미 군체의 경우 여왕개미는 15-20년 정도를 사는데, 여왕개미가 태어난 뒤부터 5년 사이에 개미 군체는 1만 마리의 일개미를 거느리는 대집단으로 성장한다. 3-5세 사이의 개미 군체는 어느 연구자가 〈미운 사춘기〉라고 명명한 시기, 즉 사춘기의 원숭이가 무리 속에서 서로 높은 서열을 차지하려고 싸움질을 해대는 것처럼 이웃 개미 군체들을 도발하고 공격하는 시기를 겪는다. 다섯 살이 되면 군체는 다 자란 원숭이처럼 성장을 멈추고, 인체의 정자와 난자에 해당하는 날개 달린 생식체들을 생산하기 시작한다.[3]

이 같은 집합적 전체주의 덕분에, 개미와 흰개미와 꿀벌은 단일 생명체로서는 불가능한 생태학적 전략을 구사할 수 있다. 꿀벌들은 가장 유망한 꿀 채집 장소를 향해 뿔뿔이 날아가서, 잠시 피었다가 곧 시들어버리는 꽃 속의 화밀을 거둬들인다. 개미도 먹이감을 찾는 데 고도의 능률성을 보인다. 잼통의 뚜껑을 열어놓으면 몇 분도 지나지 않아 수많은 일개미들이 바글거리는 것을 보라. 꿀벌은 흡사 자기 근거지에서 1.5킬로미터 이상 떨어져 있는 꽃술 속에까지 손가락을 뻗치는 다촉수(多觸手) 생물과 같다. 어떤 개미류는 봉분처럼 오똑하게 집을 짓고, 그 지하 깊숙한 방에 잘게 부순 잎사귀로 정성스레 만든 퇴비를 깔아 곰팡이 농사를 짓는다. 또 어떤 개미는 낙농업자처럼 진디를 사육해 그들을 보호해 주는 대가로 감로(甘露)를 착취한다. 좀더 악질적인 어떤 개미는 서로의 집을 기습해서 자기 새끼를 먹여살릴 노예 일개미를 양성하기도 한다. 어떤 개미는 경쟁 군체를 정복하기 위해 다른 군체와 동맹을 맺고 전쟁을 치르기도 한다. 또 아프리카의 사파리개미는 2,000만의 병력, 무게로 치면 총 20킬로그램의 대군을 이루어 들판을 휩쓸고 다니면서 작은 짐승이나 도마뱀처럼 동작이 느려 도망치지 못하는 것들을 닥치는 대로 먹어치운다. 개미와 꿀벌과 흰개미는 집단적 생존 방식이 가져온 승리의 표상이다.

개미가 열대림의 지배자라고 하지만, 해저 생태계는 이보다 더 집단성이 강한 다른 동물이 한층 더 완벽하게 장악하고 있다. 바다 밑의 아마존 우림에 해당되는 오스트레일리아 해안 대보초(大堡礁)의 군체 동물은 해저 생태계의 최우위를 점할 뿐 아니라 생태계의 일차 생산자라는 의미에서 수목 그 자체이기도 하다. 대보초를 이루는 산호는 태양 에너지로 움직이는 연합조류(聯合藻類)를 이용해 탄소를 고정시키며, 수생 동물과 식물을 먹어치운다. 그들의 날카로운 촉수는 쉴새없이 물 속을 샅샅이 훑어 조류와 무척추 동물을 사로잡는다. 산호초는 개미와 마찬가지로 군체 동물인데, 차이점이 있다면 군체를 이루는 개개의 동물들이 개미처럼 제각기 활동성을 갖고 있는 것이 아니라 영구적으로 결합해 고착되어 있다는 점뿐이다. 개체는 죽지만 군체는 거의 불멸에 가깝다. 어떤 산호초는 나이가 2만 년이나 되는데, 역사를 따지자면 마지막 빙하기를 겪은 셈이다.[4]

지구상 최초의 생명체는 원자 수준의 개체였다. 이후 그것은 점차 응집되어 갔다. 응집이 시작되고부터 생존은 단식 경기가 아니라 팀 경기가 되어버렸다. 35억 년 전에는 몸의 길이가 100만분의 5미터이고 1,000여 개의 유전자를 갖춘 박테리아가 지구상에 등장했다. 이 생명체에도 팀워크는 있었을 것이다. 오늘날 어떤 종류의 박테리아는 아포를 널리 확산시키기 위해 한곳에 집결해 〈자실체(子實體, fruiting body)〉를 만든다. 또 어떤 청록조——박테리아 비슷한 단순 생명체——는 군체를 이루고 사는데, 군체 내의 세포들에서 노동 분화의 흔적이 발견된다. 16억 년 전에는 박테리아의 100만 배쯤 되는 무게에, 1만 개 이상의 유전자 조합을 갖춘 복합 세포인 원생 동물이 지구상에 등장했다. 5억 년 전에는 1억 개의 세포로 이루어진 더 복잡한 생물이 등장했는데, 이 시기에 지구상에서 가장 큰 동물은 생쥐만한 크기의 절족 동물인 삼엽충 trilobite이었다. 그때부터 덩치가 큰 것일수록 빠른 속도로 더 커져 갔다. 지구 역사상 가장 큰 동물과 식물——세쿼이아 삼나무와 청고래——은 지금도 지구상에 살고 있다. 청고래의 몸은 10^{17}개나 되는 세포로 이루어져 있다. 그러나 그것만이 아니다. 이미 새로운 차원의 응집이 이루어지고 있다. 사회적 응집이다. 1억 년 전에 이미 100만 마리 이상의 대집단으로 이루어진 개미의 복합 군체가 등장했는데, 그것은 지금까지도 지구 역사상 가장 성공적인 군집 설계 가운데 하나이다.[5]

포유 동물과 조류도 사회적으로 응집하기 시작했다. 플로리다 주의 덤불어치 scrub jay와 화려한 요정굴뚝새 fairy wren와 녹색의 숲후투티 woodhoopoe는 새끼를 협동적으로 양육한다. 부모 암수와 다 자란 여러 마리의 새끼들이 역할을 분담해서 갓 태어난 새끼들을 돌본다. 마찬가지로 늑대와 들개와 난쟁이몽구스도 무리 중의 상급 쌍에게 생식을 위임한다. 굴착성 burrowing 포유 동물이 흰개미의 집과 비슷한 형태의 집을 짓고 사는 신기한 일도 관찰되었다. 동아프리카 지역의 벌거숭이두더지쥐는 땅 밑에서 70-80마리씩 군체를 이루고 사는데, 무리 중에는 몸집이 큰 여왕이 하나 있고 나머지는 근면한 독신의 일꾼들이다. 흰개미나 꿀벌의 경우처럼 일두더지쥐도 군체를 위해 목숨을 바친다. 뱀이 굴에 침입하면 일두더지쥐들이 몰려가 몸으로 통로를 막는다.[6]

응집은 거역할 수 없는 흐름이다. 개미와 산호는 지구의 상속자이다. 언젠가는 벌거숭이두더지쥐도 그들처럼 대규모 응집에 성공할 것이다. 응집은 도대체 어디까지 진행될 것인가?[7]

협동의 생물학

대양을 유유히 떠돌아다니며 약탈을 일삼아 사막의 사파리개미 떼를 연상케 하는 전기해파리 Portuguese man-o'-war 피살리아 Physalia는 1.8미터쯤 되는 길이의 날카로운 촉수와 풍력 돛부레를 가지고 있다. 그러나 위협적인 연푸른색 몸빛과 그 무시무시한 이름에서 연상되는 것과는 달리 이 동물은 공동 생활체를 이루며 산다. 피살리아는 서로 꿰어져 공동 운명체가 되어버린 수천 개의 작은 개체 동물들이다. 군체에 속한 개미들처럼 각 개체는 정해진 자리와 역할을 갖고 있다. 복개충(腹個蟲, gastrozooid)은 식량을 모으는 일꾼이고, 지개충(指個蟲, dactylozooid)은 군체를 방위하는 군인이며, 생식개충(生殖個蟲, gonozooid)은 종족 번식을 담당하는 여왕이다.

빅토리아 시대 내내 동물학계에서는 피살리아에 관한 논쟁이 무성했다. 그것은 군체인가, 아니면 한 마리의 동물인가? 제국 군함 래틀스네이크 호의 갑판에서 피살리아를 해부해 본 토머스 헉슬리는 각각의 개충을 독립 개체로 보는 것은 난센스라고 주장했다. 그들은 하나의 신체를 구성하는 기관임에 틀림이 없어 보였던 것이다. 지금 우리는 그의 관찰이 잘못되었으며, 각각의 개충은 미세하지만 완전한 하나의 다세포 생물에서 유래한다는 것을 알고 있다. 그러나 헉슬리는 철학적으로는 옳았다. 이들 개충은 혼자서는 살아갈 수 없다. 그들은 우리의 팔이 위장에 의존하는 것 못지않게 군체에 의존하고 있다. 1911년 윌리엄 휠러 William M. Wheeler가 말했듯이, 똑같은 논리가 개미 군체에도 적용된다. 개미 군체는 면역 체계 대신에 병정개미가, 난소 대신에 여왕개미가, 소화기 대신에 일개미가 존재하는 단일한 유기체인 것이다.

그러나 이런 식의 이야기는 논점을 흐릴 수 있다. 중요하게 짚고 넘어가야 할 점은 전기해파리나 개미 군체가 단일 유기체라는 것이 아니라, 모든 단일 유기체가 실제로는 집합체라는 것이다. 하나의 유기체는 수백만 개의 개별 세포들로 구성되는데, 세포들은 모두 나름대로 자급자족을 하지만 동시에 일개미처럼 전체에 의존한다. 우리가 해명해야 할 것은 왜 어떤 생명체들은 모여서 군체를 형성하는가가 아니라, 왜 세포들은 모여서 하나의 생명체를 형성하는가이다. 상어는 전기해파리만큼이나 집합적이다. 둘 사이에 차이가 있다면, 상어는 상호 협동하는 수조(兆) 개의 세포들의 집합인 데 비해 전기해파리는 세포 집합체들의 집합이라는 점이다.

유기체 그 자체가 해명되어야 한다. 어째서 세포들은 하나로 모이는가? 이 문제를 최초로 명료하게 언급한 사람은 『확장된 표현형 The Extended Phenotype』의 저자인 리처드 도킨스 Richard Dawkins이다. 그는 만일 하나하나의 세포에 작은 전구처럼 불이 들어온다면, 어떤 생명이 머나먼 과거의 시간 속으로 걸어 들어갈 때 우리는 〈수조 개의 반짝이는 섬광들이 서로 어울려 운동하면서도 주변의 그와 비슷한 은하계들로부터는 늘 일정한 거리를 두고 움직이는 광경을 보게 될 것〉이라고 했다.[8]

세포가 혼자서는 살아가면 안 된다는 절대적 금칙이 있는 것은 아니다. 아메바를 비롯한 원생 동물들이 그렇듯이 많은 경우에 세포들은 혼자서도 잘 산다. 특이한 예를 하나 들자면, 단일 세포로도 살고 곰팡이 같은 방식으로도 사는 생물이 있다. 변형균(變形

菌)은 10만 개 정도의 아메바로 구성되는데, 이들 세포는 환경이 좋을 때에는 제각기 따로 산다. 생존 조건이 나빠지면 세포들은 한데 모여 봉분을 이룬다. 봉분은 점점 높아지다가 결국 무너지고, 이때 세포들은 쌀알만한 크기의 〈괄태충 slug〉으로 흩어져 새로운 정착지를 찾는다. 떠나지 못한 괄태충들은 멕시코 모자 모양으로 남게 되고, 그 중심부에서는 다시 새로운 세포구가 점차 위로 자라 올라 결국 길고 유연한 줄기 끝에 공이 매달린 형상이 된다. 8만여 개의 포자로 꽉 들어차 여물면 세포구는 바람에 흔들거리고 있다가 때마침 지나가는 벌레의 몸에 붙어 새로운 정착지로 옮겨지기를 기다린다. 세포구가 떨어져 나가면 2만 개의 줄기 세포들은 곧바로 죽고 만다. 포자들이 좋은 정착지에 살도록 하기 위한 줄기 세포들의 형제애적인 순교이다.[9]

변형균은 혼자서도 살 수 있고 함께 모여 일시적으로 유기체를 형성할 수도 있는 개별 세포들의 연합이다. 그러나 자세히 보면 각각의 세포들도 사실은 집합체이다. 세포는 박테리아들 사이의 공생적 관계로 형성된다. 아니 대부분의 생물학자들은 그렇게 믿고 있다. 우리 몸을 이루는 모든 세포 속에는 미토콘드리아가 살고 있는데, 이 미세한 박테리아는 7-8억 년 전 우리 조상들의 세포 속에 들어와 안전한 생활을 하는 대가로 독립성을 양도하고 에너지 생산 공장으로 특화된 것이다. 이렇듯이 우리 몸을 이루는 세포들 자체가 연합이다.

여기에서 끝나는 것이 아니다. 미토콘드리아 속에는 유전자를 갖고 있는 소염색체가 있고, 또 세포의 핵 안에는 좀더 많은 수의 유전자를 갖고 있는 46개의 대염색체가 있어서 세포 속의 유전자는 총 7만 5,000개가 된다. 이 염색체들도 제각기 따로따로 움직이는 것이 아니라 23개의 쌍으로 팀을 이루어 기능한다. 그러나 염색체는 박테리아처럼 독립된 개체로 살아갈 수도 있다. 염색체도 유전자들의 협동체이다. 유전자는 50여 개로 이루어진 작은 팀(이 경우 우리는 바이러스라고 부른다)으로도 기능할 수 있으나 대부분의 경우 그런 선택을 하지 않는다. 그들은 팀을 구성해 상호 긴밀하게 엮인 수천 개의 유전자들의 팀, 즉 염색체를 형성한다. 이 유전자도 더 이상 쪼갤 수 없는 원자적 존재는 아니다. 유전자 중 어떤 것은 불완전한 메시지밖에 갖고 있지 않기 때문에 다른 유전자의 메시지와 함께 엮여야만 의미를 가질 수 있다.[10]

협동에 관해 이야기하다 보니 어느새 생물학의 영역에 깊이 들어와 버렸다. 유전자는 협동해서 염색체를 만들고, 염색체는 협동해서 게놈 genome이 되고, 게놈은 협동해서 세포를 형성하고, 세포는 협동해서 복합 세포를 이루고, 복합 세포는 협동해서 개체를 만들고, 개체는 협동해서 군체를 이룬다. 한 마리의 꿀벌조차도 겉보기와는 달리 아주 높은 수준의 협동을 하며 산다.

이기적 유전자

1960년대 중반 생물학계에는 조지 윌리엄스 George Williams와 윌리엄 해밀턴 William Hamilton이 주도한 일대 혁명이 일어났다. 리처드 도킨스의 〈이기적 유전자〉라는 개념으로 널리 알려지게 된 이 혁명의 골자는 어떤 개체의 행동을 결정하는 일관된 기준은 그 소속 집단이나 가족의 이익이 아니며, 그 개체 자신의 이익도 아니라는 것이다. 개체는 오로지 유전자의 이익을 위해 행동한다.

30

어떤 개체이든 그 선조들의 행동을 물려받았기 때문이다. 우리의 직계 조상이 독신자였다면 우리는 세상에 존재할 수도 없었다.

윌리엄스와 해밀턴은 둘 다 기성 학계와는 거리가 먼 학자였다. 미국인 윌리엄스는 해양생물학자 출신이고, 영국인 해밀턴은 군생곤충학자이다. 윌리엄스는 1950년대 말에, 그리고 해밀턴은 1960년대 초에 일반적으로는 진화를, 특수하게는 사회적 행동을 해석하는 전혀 새로운 방법을 개발해 냈다. 윌리엄스의 이론에 따르면 개체의 입장에서 볼 때 늙고 죽는 것은 바람직한 일이 아니지만, 유전자의 입장에서 볼 때는 이미 번식을 끝마친 개체에게 쇠퇴 프로그램을 작동시키는 것이 당연한 일이다. 동물(식물도 마찬가지이다)은 그들이 속한 종이나 자신을 위해서가 아니라 그들의 유전자를 위해 행동하도록 설계되어 있다는 것이다.

유전적 이익과 개체적 이익은 대개의 경우 일치하지만 늘 그런 것은 아니다(연어는 산란을 하면서 죽어가고, 벌은 벌침을 쏘는 순간 죽는다). 생물은 대개 유전적 이익을 위해 그 자손에게 이로운 행위를 하지만 항상 그런 것은 아니다(새는 먹이가 모자라면 새끼를 버리고, 어미 침팬지는 애원하는 젖먹이를 매정하게 젖꼭지에서 떼어낸다). 경우에 따라서는 자식이 아닌 다른 혈연을 위해 행동하는 것이 유전자의 이익이 되기도 한다(일개미나 암컷 늑대는 그 자매의 자손 번식을 돕는다). 때때로 그것은 집단을 위해 희생하는 행위로 나타난다(사향소는 어린것들을 보호하기 위해 이리 떼 앞에서 어깨를 맞대고 잡아먹힌다). 또한 이따금 그것은 다른 생명체 때문에 우리 자신에게 해로운 행위를 하는 것을 의미한다(감기가 들면 기침을 하고, 살모넬라는 설사를 일으킨다). 하지만 어느 경우나 예외 없이 생명체들은 그들 자신의 유전자나 그 유전자의 전사체가 살아남아 복제할 기회를 증대시키는 방향으로 행동하도록 설계되어 있다. 윌리엄스는 특유의 직설적인 어투로 이렇게 말한다. 〈일반적으로 현대의 생물학자들은 타자에게 이로운 행위를 하는 동물을 보면 그가 그 타자에 의해서 조종되고 있다고 간주하거나, 아니면 그것이 교묘하게 위장된 이기성이라고 간주한다.〉[11]

이 사상에 이르는 데는 두 개의 경로가 있었다. 하나는 논리적 사고이다. 생물계의 자연선택이 유전자라는 복제 통화(通貨)를 통해 실현된다면, 자신의 생존율을 높이는 행위를 생명체에게 지령할 수 있는 유전자가 그렇지 못한 유전자를 도태시키고 살아남으리라는 것은 전혀 의심할 여지가 없는 산술적 결론이다. 이것은 복제라는 원리에서 도출되는 단순 결론이다. 다른 하나의 경로는 관찰과 실험이다. 개체나 종이라는 렌즈를 통해 볼 때는 수수께끼 같기만 하던 생명체의 수많은 행동이 유전자라는 렌즈를 통해 보면 한 순간에 명료하게 이해되었던 것이다. 해밀턴이 입증했듯이, 군체 곤충은 자매(여왕벌, 여왕개미)의 번식을 도움으로써 자신이 스스로 번식하는 것보다 더 많은 유전자를 다음 세대에 전할 수 있다. 그러므로 유전자의 관점에서 보면 일개미의 경이로운 이타주의는 사실 이기주의이다. 개미 군체의 이타적 협동 관계란 착각에 불과하다. 각각의 일개미는 그들 자신이 아니라 여왕개미의 혈통을 이어받은 자식, 곧 그들의 자매를 통해 유전적 영속성(永續性)을 추구한다. 그것은 인간이 경쟁자를 제거하고 승진의 계단을 올라가는 것과 전혀 다를 바 없는 유전적 이기성이다. 크로포트킨이 말했듯이 개미와 흰개미는 개별적으로는 〈홉스주의적 전쟁〉을 포기했지만, 그들의 유전자는 그것을 포기하지 않았다.[12]

생물학에 관심이 있는 사람들에게 이 새로운 이론은 극단적인 정신적 충격을 안겨주었다. 니콜라우스 코페르니쿠스Nicolaus Copernicus와 찰스 다윈이 그랬던 것처럼 윌리엄스와 해밀턴은 인류의 자부심에 치욕스런 일격을 가한 것이다. 인간은 또 하나의 동물일 뿐만 아니라 사리를 추구하는 유전자들로 구성된 협의체의 도구이자 일회용 노리개에 불과했다. 해밀턴은 자신의 몸과 게놈이 일종의 기계보다는 하나의 사회에 더 가깝다는 생각이 떠오른 순간을 이렇게 회상하고 있다. 〈게놈은 내가 여태까지 믿어왔던 것처럼, 내 생명을 보호하고 아이를 낳는다는 하나의 프로젝트를 위해 헌신하는 단일체적monolithic 데이터 뱅크와 그에 결합된 실행 팀의 복합체가 아니라는 깨달음이 문득 들었다. 대신에 게놈은 이기적 인간과 파벌들이 권력 투쟁을 벌이는 회사 중역실처럼 보이기 시작했다. …… 나는 이해 관계가 분분한 정치적 연합체의 명령을 받고 해외에 파견된 사절, 즉 내부적으로 분열된 제국의 변덕스런 여러 지배자들로부터 모순된 명령을 받는 존재였다.〉[13]

같은 대열에 섰던 젊은 과학자 리처드 도킨스도 마찬가지였다. 〈우리는 생존의 기계 장치, 즉 유전자라는 이기적 분자들을 맹목적으로 보존하도록 프로그램되어 있는 전달 로봇일 뿐이다. 나는 아직도 이 사실을 떠올릴 때마다 깜짝 놀란다. 그것을 알게 된 지 벌써 몇 년이 지났지만, 아직도 이 사실에 완전히 익숙해지지는 못했다.〉[14]

해밀턴의 저작을 읽은 사람에게 이 이론은 단순한 충격을 넘어선 비극이었다. 조지 프라이스George Price는 〈이타주의는 단지 유전자의 이기성일 뿐이다〉라는 해밀턴의 삭막한 결론을 뒤집기 위해 독학으로 유전학을 공부했다. 그러나 그는 엉뚱하게도 해밀턴의 이론이 논박의 여지없이 옳다는 것을 입증하고 말았다. 이후 두 사람은 공동 연구를 시작했지만, 시간이 갈수록 정신적으로 불안정해지기 시작한 프라이스는 정신적 안정을 위해 종교에 귀의했다. 이윽고 전 재산을 가난한 사람들에게 나누어준 뒤 그는 런던 시내의 쓸쓸한 폐가에서 자살하고 말았다. 그의 유품이라고는 해밀턴이 보내온 편지 몇 장뿐이었다.[15]

이같이 극적인 경우를 제외한다면, 사람들의 일반적 반응은 윌리엄스와 해밀턴이 한풀 꺾이기를 기다리는 쪽이었다. 〈이기적 유전자〉라는 어휘 자체가 지나칠 정도로 토머스 홉스에 가깝다는 이유로 사회 연구자들은 대부분 혁명의 대열에 동참하기를 회피했다. 게다가 그보다 전통주의적 위치에 서 있는 진화생물학자들, 예컨대 스티븐 제이 굴드나 리처드 르원틴 Richard Lewontin 같은 학자들은 그것에 대항하는 장기적인 이론 투쟁에 골몰하게 되었다. 크로포트킨이 헉슬리에 대해 느꼈던 것처럼, 그들은 윌리엄스나 해밀턴 일파가 세상의 모든 이타주의를 이기주의로 환원시키려 한다고 생각(곧 보게 되겠지만 실제로는 오해이다)했으며 그것을 참을 수 없었던 것이다. 프리드리히 엥겔스 Friedrich Engels의 말을 인용하자면, 그들의 이론은 자연의 풍요를 이기주의라는 차디찬 얼음물 속에 익사시키는 행위로 여겨졌다.[16]

이기적인 배아

그러나 〈이기적 유전자〉 혁명이 전하는 메시지는 다른 사람의 선의를 무시하고 배척하라는 냉혹한 홉스주의적 명령이 결코 아니다. 사실은 정반대이다. 그것은 결과적으로 이타주의의 입지를 확보해 준다. 다윈과 헉슬리는 고전경제학자들을 이어받아 인간이 사리 추구에 입각해 행동한다는 전제에 모든 것을 꿰어맞췄지만, 윌리엄스와 해밀턴은 인간의 행동을 조종하는 좀더 강한 동력, 즉 유전적 이익을 밝혀냄으로써 이타성이 끼여들 여지를 만들어주었다. 유전자는 이기적이지만 때로는 목적을 달성하기 위해 개체의 이타성을 활용하기 때문이다. 애초에 그들이 의도한 바는 아니었지만, 결과적으로 〈이기적 유전자〉 이론 덕분에 개체의 이타주의를 설명할 수 있게 된 것이다. 헉슬리는 개체의 관점에만 집착해 개체 사이의 투쟁에 매몰되었다. 그는 크로포트킨이 지적한 바와 같이 개체들 간에는 투쟁 외에도 다양한 관계 방식이 존재한다는 점을 간과했다. 그가 유전자의 관점에서 문제를 볼 수 있었다면, 그렇게 극단적인 홉스주의적 개체관에 도달하지는 않았을 것이다. 나중에 밝히겠지만, 생물학은 경제학의 결론을 경직시키는 것이 아니라 오히려 그것을 순화시키는 면이 있다.

유전자적 관점에서 생각하다 보면 인간의 행동 동기에 관한 해묵은 논쟁에 다시 말려든다. 그러나 어머니가 자식에게 헌신적인 것이 어머니가 가진 유전자의 이기성 때문이라고 해도, 세상의 모든 어머니가 이타적으로 행동한다는 사실 자체가 부정되는 것은 아니다. 개미 한 마리가 이타적인 것은 그의 유전자가 이기적이기 때문이라는 사실을 우리가 알고 있다고 해서, 그 개미 자체가 이타적이라는 사실이 부정되는 것은 아니다. 개체들이 서로에게 헌신적일 수 있다면 그 같은 선행을 일으키는 〈동기〉를 꼭 따질 필요는 없다. 실용주의적 관점에서 볼 때는 물에 빠진 이웃을 구하는 행위가 선행을 베풀기 위해서가 아니라 칭찬을 받기 위해서였다고 해도 크게 문제될 것은 없다. 마찬가지로 자유 의지가 아니라 유전자의 명령을 받아 그가 그렇게 했다고 해도 문제될 것은 없다. 행위 그 자체가 중요한 것이다.

철학자들 중에는 동물에게는 이타주의가 존재할 수 없다고 주장하는 사람들이 있는데, 그들은 이타주의란 것이 고결한 행동만으로는 불충분하며 고결한 동기를 갖추어야 되기 때문이라고 말한다. 성 아우구스티누스는 적선은 신의 사랑과 같은 순수한 동기에서 나오는 것이어야 하며, 자만에서 나오는 것이어서는 안 된다고 했다. 비슷한 문제 때문에 애덤 스미스Adam Smith는 그의 스승 프랜시스 허치슨Francis Hutcheson과 결별했다. 허치슨은 허영이나 사리 추구에서 비롯된 자비심은 결코 자비심일 수 없다고 주장했던 것이다. 스미스는 그의 주장에 아주 극단적으로 반발했다. 동기가 허영심일지라도 선행은 어차피 선행이라는 것이 그의 생각이었다. 경제학자인 아마티아 센Amartya Sen은 이마누엘 칸트Immanuel Kant를 모방해서 이렇게 말했다.

다른 사람의 극심한 고통을 인지했을 때 괴로움을 느낀다면 그것은 동정에 속한다. …… 동정에 근거한 행위는 어떤 의미에서, 아니 아주 중요한 의미에서 이기적인 행위라고 할 수 있다. 인간은 다른 사람의 기쁨을 보면 즐거워지고 다른 사람의 고통을 보면 고통스러워진다. 때문에 동정적 행위는 행위자 자신의 효용을 추구하는 데 도움이 된다.[17]

바꾸어 말하자면, 우리가 비탄에 빠진 사람에게 공감을 느끼면 그만큼 자신의 비탄을 경감시키는 결과가 되므로 그만큼 우리는 더 이기적이다. 즉 무감각하고 감정적 동요가 전혀 없는 신념을 갖고 덕을 베푸는 사람만이 진정한 이타주의자라는 것이다.

그러나 사회가 문제 삼는 것은 동기가 아니다. 내가 자선 단체를 세우기 위해 명사나 단체들로부터 수표를 받으려고 할 때, 그들이 자선 자체보다 선전PR에 더 관심이 있기 때문에 그들에게 수표를 요구하는 것은 아니다. 마찬가지로 해밀턴이 친족 선택kin selection 이론을 내놓았을 때 그의 논지는 일개미의 행위가 이기적이라는 것이 아니었다. 그는 반대로 일개미들이 독신으로 지내는 것은 그들의 이타성이라고 했다. 물론 그 이타성은 이기적 유전자에 의해 조종된다는 것이 그의 생각이었지만 말이다.

상속에 대해 이야기해 보자. 세계 어디에서나 사람들이 돈을 벌려고 하는 목적 중 하나는 후손에게 유산을 물려주기 위해서이다. 이것은 결코 근절할 수 없는 인간적 본능이다. 극히 예외적인 인간을 제외한다면, 사람들은 죽기 전에 부를 모두 탕진하거나 자선 기관에 기부해 생면부지의 사람들에게 나눠줄 바에야 후손에게 물려주려고 한다. 이것은 부정할 수 없는 사실이지만, 고전경제학 이론으로는 이 같은 나름의 숭고한 행위를 설명할 수 없다. 유산을 물려주는 행위가 개체 자신에게는 전혀 이익이 되지 않기 때문이다. 그러나 유전자를 중심에 놓고 생각하면 상속의 이타주의는 완벽하게 해명된다. 돈은 한 개체를 떠나더라도 그 유전자를 따라가는 것이다.

이처럼 이기적 유전자 이론은 홉스주의의 마수로부터 루소주의를 보호해 준다. 그러나 그렇다고 해서 이기적 유전자 이론을 전통적 사고 방식의 전적인 옹호자로 생각하면 착각이다. 왜냐하면 보편적 이타성이 지배하는 극도로 조화로운 세계가 설사 실현된다고 하더라도, 이기주의라는 곰팡이가 언제든지 그 대들보를 갉아먹어 붕괴시킬 수 있다는 것이 이기적 유전자 이론의 예언이기 때문이다. 따라서 사리 추구가 끊임없는 반란의 동기가 되리라는 예측을 완전히 배제할 수는 없다. 자연 상태는 결코 조화의 상태가 아니라는 홉스의 말처럼, 이기적 유전자 이론의 개척자인 해밀턴과 로버트 트리버스Robert Trivers는 부모와 자식, 부부, 동료들 간의 관계는 상호 충족의 관계가 아니라 그 관계로부터 이익을 취하려는 상호 투쟁의 관계라고 주장한다.

자궁 속에서 자라고 있는 태아를 예로 들어보자. 모체와 태아의 관계만큼 총체성을 갖는 관계는 드물다. 모체가 만삭까지 임신을 유지하기를 바라는 이유는, 태아가 그녀의 유전자를 다음 세대에까지 전달해 줄 것으로 믿기 때문이다. 반면에 태아가 모체의 생존을 바라는 이유는 모체가 죽어버리면 자기도 죽을 것이기 때문이다. 두 개체는 모체의 폐를 통해 산소를 얻고 모체의 심장에 의지해 맥박을 유지한다. 둘의 관계는 완벽한 조화이다. 임신은 과연 훌륭한 협동 작업이다.

아니, 생물학자들은 적어도 그렇게 믿었다. 그러나 트리버스가 출산 뒤의 모체와 영아 사이에 얼마나 많은 갈등(예컨대 젖을 떼는 문제 같은 것들)이 존재하는지를 간파한 이후, 데이비드 헤이그 David Haig는 이 발상을 자궁 속까지 확장했다. 모체의 이익과 태아의 이익이 일체를 이루지 않는 경우의 예들을 생각해 보자. 모체는 번식을 계속하기 위해 출산 후에도 살아남기를 원한다. 반면에 태아는 모체가 자기에게 마지막 생명력까지 투여해 주기를 바란다. 모체 입장에서 볼 때 태아의 유전자는 자신의 것과 절반쯤만 같다. 이것은 태아도 마찬가지이다. 만일 둘 중의 어느 하나

가 살기 위해 다른 하나가 죽어야 한다면 각자는 서로 생존자가 되기를 원할 것이다.[18]

1993년 말 헤이그는 장밋빛으로 미화되어 온 전통적인 모체-태아 관계를 부정하는 충격적 저작을 출간했다. 그는 태아와 그 하수인격인 태반이 모든 측면에서 모체의 협력자가 아니라 교묘한 내부 기생체로서 행동하며, 모체에게 자신들의 이익을 강요하려고 한다는 사실을 발견했다. 모체 혈액을 태반에 공급하는 동맥 속으로 태아의 세포가 침입해 동맥 벽에 자리잡고 그곳의 근육을 파괴함으로써, 그 동맥을 수축시킬 수 있는 통제력을 모체로부터 박탈하는 것이다. 그리 드물지 않은 임신 합병증인 고혈압과 자간전증은 이와 같은 태아의 조종으로 일어나는데, 태아가 모체의 신체 조직 혈류를 감소시키는 호르몬을 방출해 모체의 혈액을 자기편으로 더 많이 끌어오려고 노력하는 데 따른 결과이다.

혈당을 둘러싸고도 마찬가지 투쟁이 벌어진다. 임신의 마지막 석 달 동안에 모체는 대개 안정된 혈당량을 유지하지만, 사실은 이 기간 중 인슐린의 생산량은 날마다 증가하고 있다. 인슐린은 혈당량을 낮추는 작용을 하는 호르몬이다. 이 같은 패러독스의 이유는 간단하다. 태아의 조종을 받는 태반이 최유(催乳) 호르몬 human placental lactogen(hPL)이라는 호르몬의 생산량을 매일매일 증가시키고 있기 때문이다. hPL은 인슐린의 작용을 억제한다. 정상 임신중에는 이 호르몬의 생산이 평소에 비해 막대하게 늘어나는데, 물론 전혀 생산되지 않는 경우에도 모체나 태아에게는 아무런 해가 없다. 모체와 태아가 서로 상반된 기능을 가진 호르몬을, 오로지 서로를 상쇄할 목적으로 서로 경쟁적으로 생산해내는 것이다. 도대체 무슨 일이 일어나고 있는 것인가?

헤이그에 따르면 그것은 영양 공급원인 모체 혈액의 혈당량을 증가시키려는 욕심 많은 태아와 소중한 혈당을 태아에게 너무 많이 빼앗기지 않으려는 알뜰한 모체 사이의 줄다리기 싸움이다. 이 짧지만 숨가쁜 싸움의 결과로 일부 여성들은 임신성 당뇨에 걸리게 된다. 임신성 당뇨는 태아가 줄다리기에서 너무 많이 이겨서 나타나는 결과이다. 그뿐만 아니라 태아가 생산하는 hPL 호르몬은 아버지 쪽으로부터 물려받은 유전자에 의해 생산된다. 태아는 마치 모체 내에 심어진 아버지의 기생체 같다. 자궁 속의 조화라고 예외가 있겠는가?

물론 헤이그의 논지는 임신 그 자체가 적들 사이의 냉혹한 주도권 쟁탈전이라는 것은 아니다. 모체와 아기는 기본적으로 자손의 번식이라는 목표를 위해 협력하고 있다. 모체가 자녀의 양육과 보호에 관해 놀랄 만큼 이타적이라는 사실에는 변함이 없다. 그러나 그들 사이에는 공통된 유전적 이해 관계뿐만 아니라 상호 대립하는 유전적 야심도 존재한다. 모체의 이타주의의 이면에는 태아를 보호하든지 태아에 대항해 싸우든지 상관없이 오로지 이기성만을 기준으로 행동하는 모체만의 유전자가 숨어 있다. 사랑과 상호부조의 내밀한 성소(聖所)인 자궁에서조차 이기적 이해 관계의 냉혹한 주장이 발견된다.[19]

꿀벌 사회의 하극상

이처럼 협력 속에 내재한 갈등은 자연계의 모든 협동 관계 속에서 발견된다. 그뿐만 아니라 집단 정신을 붕괴시킬 수 있는 하극상이나 개인주의적 반란의 위협은 협동의 모든 단계에 상존한다.

독신자로 살아가는 일벌의 처지를 생각해 보자. 일개미들과는 달리 일벌은 번식할 능력이 없는 것은 아니다. 그러나 그들은 스스로 생식을 하지 않는다. 어째서일까? 왜 일벌은 자기 어미의 다른 딸들을 양육해야 하는 전제 질서에 대항해 반역을 일으키지 않는 것일까? 이것은 한가로운 상상이 아니다. 퀸즐랜드Queensland 지방의 한 벌집에서 최근에 바로 이와 같은 일이 일어났다. 일벌 중의 일부가 벌집의 일반 구역과 분리된 격리벽(몸집이 큰 여왕벌이 통과할 수 없는 그물) 안에 알을 낳기 시작했다. 알은 모두 부화해서 수벌이 되었으며, 일벌들이 짝짓기를 하지 않았기 때문에 이것은 이상한 일은 아니었다. 개미·꿀벌·말벌의 경우, 수컷에 의해 수정되지 않은 알은 자동으로 수컷이 된다. 이 곤충들에게서는 성이 이같이 단순한 메커니즘에 따라 결정된다.

만일 일벌에게 〈누가 네 벌집에 있는 수벌들의 어미가 되었으면 좋겠는가〉 하고 물으면 일벌은 첫번째는 자기 자신, 다음은 여왕벌, 그리고 그 다음은 다른(무작위로 선택된) 일벌의 순서로 대답할 것이다. 이것이 혈연 관계의 우선 순위이기 때문이다. 여왕벌은 14-20마리의 수벌과 짝짓기를 하여 그 정자를 골고루 뒤섞는다. 때문에 일벌들은 친자매가 아니라 의붓자매가 된다. 따라서 일벌은 자기 아들과 유전자의 절반이 같고 여왕벌의 아들과는 4분의 1, 자기의 의붓자매인 다른 일벌의 아들들과는 유전자의 4분의 1 이하만을 공유한다. 따라서 자신의 알을 낳는 일벌은 그것을 포기하는 일벌에 비해 후세에 더 큰 기여를 하는 것이다. 계속 그렇게 된다면 몇 세대 이내에 자기 새끼를 스스로 낳는 일벌들이 벌 세계를 상속받게 될 것이다. 그러나 이런 일이 일어나지 않는 까닭은 무엇일까?

일벌은 여왕벌의 아들보다는 자신의 아들을 선호한다. 그러나 그에 못지않게 일벌들은 다른 일벌의 아들보다는 여왕벌의 아들을 선호한다. 그리하여 일벌들은 체제를 스스로 감시함으로써 결과적으로 집단 이익을 지켜낸다. 그들은 여왕권(女王權)의 군체 내에서 서로서로 자기 자식을 낳지 못하도록 감시하는 것이다. 실제로 그들이 하는 일은 다른 일벌들의 새끼를 죽이는 일이다. 여왕벌 특유의 유인 물질인 페로몬pheromone이 묻어 있지 않은 알들은 일벌들에게 잡아먹힌다. 예외적 사례도 보고된 적이 있다. 과학자들은 오스트레일리아 지역의 어떤 꿀벌들의 경우, 한 마리의 수벌이 벌집 속의 일벌들 중 일부에게 이 감시 체계를 파괴해서 잡아먹히지 않는 알들을 낳는 유전적 능력을 전달해 주었다는 결론을 내렸다. 꿀벌들의 세계에서는 일종의 다수결주의를 관철시키는 그들의 의회가 일벌들의 자기 번식을 막고 있는 것이다.

여왕개미는 문제를 다른 방식으로 해결한다. 여왕개미는 생리적으로 번식할 수 없는 일개미를 낳는다. 일개미는 번식을 할 수 없기 때문에 반란은 애초에 불가능하다. 따라서 여왕은 여러 수컷과 짝짓기를 할 필요도 없다. 일개미들은 모두 친자매 관계이다. 때문에 그들은 여왕의 아들보다는 다른 일개미의 아들을 더 선호하지만, 생식을 못하므로 도리가 없다. 또 하나의 예외적 사례인 호박벌bumble bee의 경우를 살펴보면 이 규칙이 좀더 명료해질 것이다. 『한여름밤의 꿈A Midsummer Night's Dream』에서 보텀이 거미집 요정에게 말한다. 〈신사 양반, 빨간 궁둥이의 호박벌을 엉겅퀴나무 꼭대기에서 잡아 꿀주머니를 가져다 주오〉. 여기에서 보텀의 이야기는 거래의 제안이 아니다. 호박벌은 원래 양봉업자를 만족시킬 만큼의 많은 꿀을 모으지 않는다. 엘리자베스 시대의 개구쟁이들은 호박벌집을 털면 여왕벌이 비오는 날을 대비해 감춰 둔 작은 밀랍집을 훔칠 수 있음을 알고 있었지만, 호박벌을 치는 사람은 없었다. 호박벌은 꿀벌 못지않게 부지런한데 왜 꿀이 없을까? 이유는 간단하다. 호박벌 군체는 규모가 작다. 수천 마리를 거느리는 꿀벌과는 달리 호박벌은 기껏해야 일벌과 수벌을 합쳐 400마리 정도의 작은 집단을 형성한다. 활동기가 끝나면 여왕벌은 겨울잠을 자기 위해 혼자서 날아가버리고, 이듬해에 새출발을 한다. 이때 여왕벌을 따라가는 일벌은 없다.

　호박벌과 꿀벌의 이 같은 차이에 대해 새롭게 밝혀진 아주 흥미로운 사실이 있다. 여왕 꿀벌은 일처다부제로 여러 마리의 수벌과 짝짓기를 한다. 반면에 여왕 호박벌은 일처일부제여서 한 마리의 수벌하고만 짝짓기를 한다. 그 결과 유전학적 계산에 따른 승률 (勝率)이 나온다. 앞에서 수벌은 무수정란으로부터 부화한다고 했는데, 따라서 모든 수벌은 어미 유전자 절반의 순수한 클론clone 이다. 반면에 일벌은 아비와 어미가 있으며, 모두 암컷이다. 호박벌의 일벌은 어미의 아들(25%의 유전자를 공유)보다는 자매 일벌들의 아들(정확히 37.5%의 유전자를 공유)과 핏줄이 더 가깝다. 이 때문에 군체가 수컷을 생산하기 시작하면 일벌들은 꿀벌의 경우에서처럼 자매 일벌을 경계하고 여왕벌에 협력하는 것이 아니라, 자매들과 힘을 합쳐 여왕벌에 대항한다. 여왕의 아들 대신에 일벌의 아들을 번식시키는 것이다. 여왕벌과 일벌의 이 같은 불화 때문에 호박벌의 군체는 소집단을 벗어나지 못하고, 매년 활동기가 끝날 때마다 해체된다.[20]

　벌 사회의 질서는 개체들의 이기적인 하극상을 억압함으로써만

성취된다. 동일한 원리가 신체, 세포, 염색체, 유전자의 집단에도 적용된다. 변형균의 예에서 본 것처럼, 줄기를 만들고 그것을 이용해 포자를 퍼뜨리는 아메바들의 협동 속에도 전형적인 이해관계의 갈등이 존재한다. 연합에 가담한 아메바의 3분의 1 이상이 줄기에 투입되어야 하는데, 이들은 포자들과는 달리 죽어야 한다. 줄기에 투입되는 것을 모면한 아메바는 공익 정신에 투철한 동료들이 희생한 대가로 번식할 수 있으며 자신의 이기적 유전자를 좀더 많이 세상에 남길 수 있다. 이 협동체는 줄기에 투입되는 아메바들을 어떤 방식으로 설득하는가? 이 협동에는 계통이 다른 여러 클론들이 참가하는 경우가 적지 않을 것이므로, 이른바 친족 등용(親族 登用, nepotism)에서 그 이유를 구하는 것은 옳지 않을 것이다. 협동체 속에는 여러 계열의 이기적 클론들이 들끓고 있다.

이 수수께끼는 경제학자들에게는 익숙한 문제이다. 줄기는 공공 도로처럼 납세로 만들어지는 공공재이다. 포자는 그 도로를 이용함으로써 얻는 사적 이윤이다. 각 클론은 공공 도로를 건설하기 위한 납세액을 협의하는 기업체이다. 줄기에 투자할 클론의 총 수를 파악한 다음 〈순이익의 균등 분배 원칙〉을 적용하면, 각 클론이 얼마만큼의 포자(순수익)를 할당받을지 계산할 수 있다. 나머지 개체들은 줄기(세금)에 투여되어야 한다. 이 같은 일이 실제로 어떤 방식으로 이루어지는지는 모르지만, 어쨌든 이것은 속임수가 배제된 공정한 게임이다.[21]

인간의 경우에도 이기적 개체와 집단 이익 사이의 갈등이 상존한다. 이 경향은 아주 보편적이어서 사실상 정치학의 이론적인 틀 전체가 이 갈등을 출발점으로 삼고 있다. 제임스 뷰캐넌 James

Buchanan과 고든 털럭Gordon Tullock이 1960년대에 제창한 〈공공 선택 이론〉은 정치가나 행정 관료들도 자기 이해 관계와 상관없는 사람들은 아니라고 말한다. 그들의 소명은 자신의 출세나 보상보다 공익을 앞세우는 것이지만, 그들도 별수 없이 의뢰인이나 돈을 내는 납세자보다는 자신과 소속 기관에 가장 이익이 되는 방향을 추구하는 것이 일반적인 법칙이다. 그들은 남들에게 협동을 강요하고 스스로는 변절하는 기술을 구사한다. 지나치게 냉소적으로 들릴지 모르겠으나 이와 정반대의 견해, 즉 관료는 공익을 위한 헌신적인 공복이라는 관점(뷰캐넌의 표현을 빌리자면 관료는 경제적 환관이라는 관점)도 지나치게 순진한 생각이다.[22]

노스코트 파킨슨C. Northcote Parkinson이 그 유명한 〈파킨슨의 법칙(위 이론에 대한 설득력 있는 예언)〉을 정의하면서 말했듯이, 〈관료는 라이벌이 아닌 자기 부하를 증식시키고자 한다. 때문에 관료들은 서로를 위해 일한다.〉 파킨슨이 지적했듯이 영국의 식민지가 급격하게 줄어든 1935-1954년 사이에 영국의 〈식민국〉 관리 수가 다섯 배나 늘어났다는 사실은 아주 재미있는 아이러니이다. 〈구태여 파킨슨 법칙을 운운하지 않더라도, 제국 영토의 축소가 중앙 행정의 팽창에 반영되었다고 보는 것이 합리적일 것이다.〉[23]

간(肝)의 반란

고대 로마에는 평민과 귀족의 두 계급이 있었다. 타르퀸스Tarquins를 축출한 뒤 로마는 군주제를 폐지하고 공화제를 채택했다. 그러나 머지않아 귀족 계급이 정치 권력과 교권을 비롯한 법률적 특권을 독점하기 시작했다. 평민은 재산이 아무리 많아도 원로원 의원이나 성직자가 될 수 없었으며, 심지어 귀족을 상대로 소송을 제기할 수도 없었다. 유일하게 그들에게 보장된 특권 아닌 특권은 군에 입대해 로마를 위해 전쟁터에 나가는 것이었다. 기원전 494년 이 같은 불평등에 넌더리가 난 평민 계급은 더 이상의 종군을 거부하는 〈파업〉을 일으키는 데 성공했다. 다급하게 파견된 집정관 발레리우스Valerius로부터 파업의 책임을 묻지 않겠다는 약속을 받은 그들은 다시 군에 복귀해 아에키족과 볼스키족 그리고 사빈족을 차례로 물리치고 로마로 귀환했다. 은혜를 모르는 원로원이 발레리우스의 약속을 번복하자 분노한 평민들은 로마 외곽의 성산(聖山, Mons Sacer)에 캠프를 치고 공격 대오를 갖추었다. 원로원은 협상을 위해 현인 메네니우스 아그리파 Menenius Agrippa를 파견했는데, 그는 평민들에게 아래와 같은 우화를 들려주었다.

언젠가 몸의 구성원들이 모여 자기들은 뼈빠지게 일하는데 위는 하는 일 없이 게으르게 자빠져 자기들의 노동의 결과를 즐기고 있다고 불평을 하기 시작했다. 그래서 손과 입과 이빨은 위를 굶겨서 굴복시키기로 뜻을 모았다. 그러나 위를 굶길수록 자신들도 점점 허약해져 갔다. 이로써 위도 자기의 역할을 가지고 있는 것이 명백해졌다. 위의 일은 받아들인 음식을 소화시키고 재분배해서 다른 구성원들을 살지게 하는 것이었다.

부패한 정치가들을 위해 이같이 궁색한 변명을 늘어놓음으로써

46

아그리파는 반란을 진정시켰다. 평민 계급에서 호민관 두 명을 선출할 것과 귀족의 사적 형벌을 거부할 권리를 약속받고 평민들이 해산함으로써 질서가 회복되었다.[24]

우리의 신체가 온전할 수 있는 것은 하극상을 억제하는 정교한 메커니즘 덕분이다. 여성의 몸 속에 자리잡고 있는 간(肝)의 입장이 되어 생각해 보자. 간은 70여 년간 아무런 대가 없이 혈액을 해독하고 몸의 화학 물질들을 조절한다. 결국 간은 죽고 썩어서 잊혀진다. 그러나 그의 바로 옆, 겨우 몇 인치 거리에 자리잡고 있는 난소는 별로 필수적이지도 않은 호르몬 몇 가지를 생산하는 것 말고는 하는 일 없이 고상하게 앉아 있지만, 유전자를 다음 세대에 전해주는 난자를 생산함으로써 불멸이라는 행운을 누린다. 간의 입장에서 볼 때 난소는 기생충과 같은 존재이다.

해밀턴의 친족 선택 이론에서 파생된 친족 등용의 논리를 적용한다면, 간도 난소와 동일한 클론이므로 간은 난소의 기생성에 대해 그렇게 〈신경 쓸〉 필요는 없다고 할 수 있다. 간과 난소가 공유하는 유전자가 난소를 통해 살아남는 이상 간의 유전자가 소멸하는 것은 문제가 되지 않는다. 간에 서식하는 기생충과 난소는 전혀 다르다. 기생충은 간과 유전자를 전혀 공유하지 않지만, 난소의 유전자는 간의 그것과 같다. 그러나 어느 날, 혈액을 타고 난소까지 가서 자신의 사본(寫本)을 거의 갖고 있지 않은 난자들을 몰아내고 그 자리에 대신 들어앉을 수 있는 특수한 능력을 갖춘 돌연변이 세포가 간 속에 생겨났다고 상상해 보자. 돌연변이 세포는 정상적인 간 세포를 희생시키면서 번식해 점차 확산될 것이다. 몇 세대가 지나지 않아 우리는 (원래의) 난소가 아닌 어머니의 간의 후손이 될 것이다. 돌연변이 간 세포는 친족 등용의 논리에 구애받지 않는다. 왜냐하면 그것이 처음 생겨났을 때 그것의 유전자는 난소의 유전자와 같지 않았기 때문이다.

물론 이것은 의학이 아닌 공상 속의 이야기이지만, 사실과 전혀 무관한 것은 아니다. 이것은 암에 관한 개략적인 묘사이기도 하다. 암이란 세포가 증식을 멈추지 못하는 상태이다. 무한히 증식하는 세포는 정상 세포의 희생 위에서 번식한다. 암종들, 특히 전이 metastasis(몸 전체로 퍼지는 것)하는 것들은 결국 인체를 전복시키고 만다. 암을 방지하기 위해 인체는 수천조 개에 이르는 세포들에게 성장이나 수리가 완료되면 증식을 멈춘다는 규율에 복종하도록 설득해야 한다. 이것은 말처럼 쉬운 일이 아니다. 헤아릴 수 없이 까마득한 선조들의 세대를 거쳐오면서도 세포들은 분열을 멈추는 일만큼은 해본 적이 없기 때문이다. 만일 그랬다면 그들은 대를 이을 수 없었을 것이다. 우리의 간 세포는 모체의 간이 아니라 난소의 난자로부터 생긴다. 증식을 멈추고 선량한 간 세포가 되는 것은 20억 년에 걸친 그들(세포)의 불멸의 역사에서 전혀 상상해 본 적이 없는 일이다(난자 세포는 복제 중간기 상태로 수정을 기다리며 쉬고 있기는 하지만, 한 여성의 생애를 통해 본다면 결코 증식을 멈추지는 않는다). 그럼에도 그들은 복종해야 하며, 그들이 복종하지 않으면 인체는 암에 굴복하고 만다.

다행히도 세포들의 복종을 감시하는 일련의 장치, 즉 암이 발생하기 위해서는 반드시 망가뜨리지 않으면 안 되는 엄청난 숫자의 안전 장치와 조기 경보 장치들이 존재한다. 이 메커니즘은 인생이 말기(암이 호발하는 연령은 종에 따라 다르기 때문에 반드시 말기라고 할 수는 없다)에 도달했을 때, 그리고 과도한 방사능이나 발암 물질의 공격을 받았을 때 고장나기 시작한다. 그러나 악성도가 높은 암 중에 바이러스를 통해 전달되는 것들이 있다는 사실은 단순히 넘길 문제가 아니다. 종양의 반란 세포들이 난소를 점령하는 식의 어려운 방법을 사용하지 않고도 자신들을 좀더 쉽게 전파할 수 있는 새로운 방법을 획득한 것이다.[25]

담즙 속의 기생충

이 같은 논리는 암에만 적용되는 것이 아니다. 이 관점을 적용하면 많은 노인성 질환들이 새로운 면을 드러낸다. 인체의 전반적인 생명력이 소진되어 감에 따라 생존 능력이 뛰어난 세포계 cell line 가 적자생존하는 것은 피할 수 없는 일이며, 그중에는 인체를 갉아먹으면서 번식하는 세포계도 포함될 것이다. 이것은 조물주의 실수가 아니라 어쩔 수 없는 필연이다. 이 과정을 내적 기생 endogenous parasitism이라고 명명한 브루스 찰턴 Bruce Charlton은 〈유기체란 그것이 형성되는 순간부터 점진적으로 자기 파괴를 하는 존재로 개념화될 수 있다〉고 말한 바 있다. 노화는 설명을 필요로 하지 않는다. 설명을 필요로 하는 것은 불로(不老)이다.[26]

발달 과정을 겪는 배아 내의 이기적 세포와 총체적 이익 사이의 갈등은 커다란 위험을 내포하고 있다. 배아 세포——재생산을 하게 될 세포——의 자리에 자신의 세포를 대신 끼워 넣을 수 있는 유전적 돌연변이 종이 있다면, 그것은 배아가 성장함에 따라 결국 다른 돌연변이 종 모두를 물리치고 증식에 성공할 수 있다. 이처럼 발달이란 이기적인 생체 조직들 간의 생식권 쟁탈전이다. 그러나 이런 일이 일어나지 않는 까닭은 무엇일까?

최근의 어느 설명에 따르면, 그것은 배아의 발달 과정에서 나타나는 모성 예정maternal predestination과 생식 세포계 격리 germline sequestration라는 두 가지 독특한 현상 때문이라고 한다. 수정이 일어난 처음 며칠 동안 수정란은 유전적으로 폐쇄된다. 즉 유전자들은 전사(傳寫)를 금지당한다. 이 같은 침묵의 경보를 내리는 것은 모체의 유전자이며, 모체 유전자는 스스로 만들어낸 물질들을 배아 전체에 확산시킴으로써 배아에게 일정한 패턴을 각인시킨다. 배아 자신의 유전자가 가택 연금에서 풀려날 즈음에는 배아 유전자의 운명이 거의 결정된 상태가 된다. 얼마 뒤에 ──인간의 경우 수정된 지 56일 후에── 생식 세포계는 완성되어 격리된다. 즉 성인이 된 후에 난자와 정자가 될 세포들은 이때부터 배아 내의 다른 세포들과 격리된다. 격리 속에서 이들은 인체의 모든 유전자에 영향을 미치는 손상이나 뇌파에 의한 돌연변이로부터 보호를 받게 된다. 태내 생활 56일째부터는 태아의 고환이나 난소에 직접 상처를 입히지 않는 변화는 결코 자손의 유전자에 영향을 미치지 못한다. 생식 세포를 제외한 모든 조직은 조상 세포가 될 기회를 박탈당하며, 조상 세포가 될 기회를 박탈당한다는 것은 경쟁자를 물리치고 진화할 기회를 박탈당하는 것이다. 따라서 세포들은 야망을 포기하고 집단 이익의 의사를 따르게 된다. 반란은 진압된다. 어느 생물학자가 지적했듯이 〈참으로 감명 깊게 느껴지는 발달 과정의 조화란 사실은 알고 보면 독립적이고 협동 지향적인 주체들의 공동 이익이 아니라 정교하게 설계된 기계 장치의 강제된 조화〉이다.[27]

모성 예정과 생식 세포계 격리는 세포들의 이기적 반란을 억압하기 위한 장치로 이해할 수밖에 없다. 이런 일은 동물에서만 있으며 식물이나 곰팡이류에는 없다. 식물은 반란을 다른 방식으로 억압한다. 즉 생식 능력은 모든 세포가 보유하되, 견고한 세포벽을 활용해 어떤 세포도 몸 전체를 돌아다닐 수는 없도록 한다. 때문에 식물에는 전신 암이 없다. 곰팡이류는 또다른 방식을 쓴다. 그들은 애초에 세포를 갖고 있지 않으며 유전자들은 생식권을 얻기 위해 추첨을 한다.[28]

이기주의적 반란은 다음 단계의 응집체에서도 위협이 된다. 인체가 세포의 이기주의적 반란을 억압함으로써 힘겹게 얻어지는 총체적 조화이듯이, 세포 자체도 사실은 아슬아슬한 타협의 산물이다. 우리 몸의 각 세포 속에는 46개의 염색체가 있는데, 이것은 아버지와 어머니로부터 각각 23개씩을 받은 것이다. 이것이 우리의 〈게놈〉, 즉 염색체들의 팀이다. 그들은 완벽한 조화 속에서 움직이면서 세포의 활동을 지시한다.

그러나 만일 자신도 모르는 사이에 인구의 2-3%만이 갖고 있는 특이한 기생체에 감염되어 있다면, 당신은 염색체에 대해 조금 다른 견해를 갖게 될 수도 있다. B염색체라고 불리는 이 기생체는 보통 염색체에 비해 크기가 조금 작을 수도 있지만 겉모습은 다를 바가 없다. 그러나 이 염색체는 정상 염색체처럼 짝을 지어 행동하지 않고 세포의 정상 기능에 기여하는 것도 거의 없으며, 다른 염색체와 유전자를 맞바꾸는 것조차 거부한다. 그들은 세포 생활에 단지 소극적으로 가담할 뿐이다. 게다가 그들은 일상적으로 화학 물질의 보충을 필요로 하기 때문에 그들이 기생하는 생명체의 성장을 늦추고 번식력과 건강을 해친다. 인간에게서는 B염색체가 거의 연구된 적이 없지만, 어느 연구 결과에 따르면 그것은 여성의 수태를 지연시킨다. B염색체는 다른 동물과 식물에서 훨씬 많

이 발견되며 유해성도 명백하다.[29)]

그들은 무엇을 위해 그 자리에 있는 것일까? 생물학자들은 이 질문에 답하기 위해 많은 노력을 기울였다. 어떤 이들은 그것이 유전자의 변이도를 높이기 위한 것이라고도 하고, 또 어떤 이들은 그것이 유전자의 변이도를 낮추기 위한 것이라고도 한다. 그러나 두 견해 모두 타당성은 별로 없다. 사실 B염색체는 기생체이다. 그들은 세포의 이익을 위해서가 아니라, 그들 자신의 번식을 위해 그곳에 존재한다. 그들은 영악하게도 생식 세포에 자리를 잡으며, 자리잡는 데 성공한 뒤에도 주도면밀하게 행동한다. 난자를 형성하기 위해 세포가 분열할 때 유전자의 절반은 무작위로 솎아져 폐기되는데(폐기된 자리는 정자의 유전자로 대체된다), 이들은 극체polar body를 형성하는 데 소모된다. 신비스럽게도 B염색체는 극체에 쓰일 확률이 거의 없다. 그래서 B염색체를 갖고 있는 동식물은 보통의 동식물에 비해 살아서 번식할 확률이 적음에도 불구하고 B염색체가 그 자손에게 나타날 확률은 다른 유전자에 비해 높다. B염색체는 반란 염색체로서, 게놈의 조화를 전복시키려는 이기주의자이다.[30)]

염색체 속에서도 반란은 일어난다. 모체의 난소에서는 〈나〉의 절반을 형성하는 난자를 만들어내기 위해 이른바 〈감수 분열〉이라는 고상한 카드 게임이 벌어진다. 딜러는 먼저 모체 유전자라는 카드의 패를 섞고 이것을 반으로 나눈다. 절반은 폐기되고 나머지 절반은 내 유전자의 절반이 된다. 모체의 유전자들은 난자에 등용될 50 대 50의 확률을 가진다. 탈락자는 겸허한 마음으로 패배를 인정하며 영원을 향한 여행을 떠나는 운 좋은 동료들의 무운을 빈다.

그러나 내가 생쥐나 과실파리라고 한다면, 패 나누기 과정에서 속임수로 끼여든 〈분리 왜곡자 segregation distorter〉라는 유전자를 틀림없이 물려받았을 것이다. 왜곡자는 카드를 아무리 공정하게 섞어 나누더라도 반드시 난자나 정자에 끼여들 수 있는 독특한 능력이 있다. B염색체와 마찬가지로 분리 왜곡자는 생쥐나 과실파리에게 전혀 도움이 되지 않는다. 그들은 오직 자기 자신을 위해 존재한다. 그들은 진화에 워낙 잘 적응하기 때문에 포식자에게 해를 끼치고도 자신만은 계속 살아남는다. 그들은 현존 질서에 대한 폭도이다. 그들은 평온해 보이는 유전자 세계의 저변에 깔려 있는 팽팽한 긴장을 대변한다.

대의(大義)

그러나 위와 같은 일들은 쉽게 일어나지 않는다. 무엇이 반란을 억제하는가? 분리 왜곡자나 B염색체와 암 세포는 왜 승자가 되지 못하는가? 전체의 조화가 개체의 이기성보다 우세한 이유는 무엇인가? 그것은 유기체, 즉 응집이 대의를 주장하기 때문이다. 그렇다면 유기체란 무엇인가? 그런 것은 없다. 유기체란 단지 그것을 구성하는 이기적인 부분들의 총합일 뿐이다. 선천적으로 이기적인 단위들로 구성된 집단이 이타적으로 되는 것은 불가능하다.

이 패러독스를 해결하기 위해 다시 꿀벌의 세계로 돌아가보자. 일벌들은 저마다 자기 아들을 낳고 싶은 욕구를 가지고 있다. 그러나 다른 일벌이 아들을 낳지 못하게 하려는 욕구도 이에 못지않게 크다. 즉 이기적 욕구를 가지고 있는 일벌 하나하나는 그의 아들 생산을 방해하려는 이기적 욕구를 가지고 있는 수천 마리의 일벌들에게 감시당하고 있다. 따라서 벌의 사회는 셰익스피어가 생각한 것처럼 위로부터 움직여지는 전제군주 국가가 아니다. 그것은 다수의 개개인이 가진 욕망이 각자의 이기주의를 억제하는 민주주의 사회이다.

암 세포나 무법적인 배아 조직, 분리 왜곡자, B염색체도 마찬가지이다. 다른 유전자의 이기주의를 억압하는 유전자를 발생시키는 돌연변이가 일어날 가능성은 이기적 돌연변이가 일어날 가능성보다 작지 않다. 게다가 그 같은 변이가 일어날 공간은 훨씬 넓다. 이기적 돌연변이가 어느곳에서 일어났다고 해도, 그 주변에는 어쩌다가 이기적 돌연변이를 억압하는 메커니즘을 획득하게 될 경우 스스로 번식할 수 있는 수많은 유전자가 존재한다. 에그버트 리 Egbert Leigh가 말했듯이 〈유전자들로 구성된 의회를 연상해 보자. 의원들은 각자가 사리 추구를 위해 행동한다. 그러나 누군가가 다른 의원에게 해를 끼치는 행위를 하면 다른 이들은 힘을 합쳐 그를 견제한다〉.[31] 분리 왜곡자의 경우를 보면, 이기주의의 발현은 게놈이 다수의 염색체로 분할되는 과정과 〈염색체 교차〉라는 현상에 의해 억제된다. 염색체 교차는 유전자의 앞뒤를 바꿈으로써 분리 왜곡자를 자체의 파괴 방지 장치로부터 격리시키는 효과를 낳는다. 물론 이 방법에 허점이 없는 것은 아니다. 일벌들이 벌집 세계의 의회 감시를 간혹 벗어나듯이, 분리 왜곡자도 유전자 의회의 감시를 간혹 벗어날 수 있다. 그러나 대부분의 경우에는 크로포트킨이 바라는 것처럼 대의가 승리한다.

노동의 분화

자급자족에 대한 과대평가로부터의 탈피

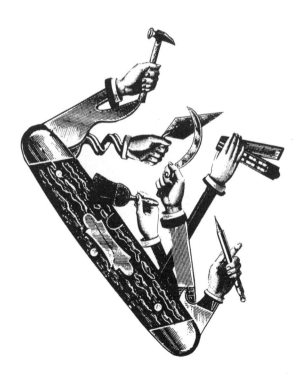

수많은 유기체들이 각기 어떤 하나의 진리에 최면이 걸린 채로 뛰어다니고, 그 모

든 진리들이 동일하지만 서로서로에게 논리적으로 모순된다고 생각해 보자. 그 진

리란 〈내 유전 물질이 지구상에서 가장 중요하다. 이것의 생존은 당신의 좌절, 고

통, 심지어 죽음까지도 정당화시킨다〉이다. 그리고 여러분도 이 유기체들 중 하나

이므로 논리적 불합리 속에서 살아가고 있다.

— 로버트 라이트의 『윤리적 동물 The Moral Animal』(1994)에서

〈후 터 Hutter 형제단〉은 가장 성공적이고 생명력이 강한 종교 집단이다. 16세기 유럽에서 처음 형성된 그들은 19세기에 아메리카 대륙으로 집단 이주해서 북미 전역에 걸쳐 농업 공동체를 건설했다. 그들은 일반 농부들이 경작에 실패한 캐나다 지역의 한계 농지에서도 정착에 성공함으로써 높은 출산율과 근검절약과 자급자족 체계가 생존의 훌륭한 공식임을 입증했다. 이들의 생존 공식이란 바로 집단주의이다. 후터 형제단 사회에서 최고 덕목으로 여겨지는 것은 방념(放念, Gelassenheit)인데, 그것은 〈신이 무엇을 내리든 간에 그것이 설령 고통이나 죽음일지라도 감사하게 받아들이고 자기 의지와 이기적 생각과 사유 재산에 대한 모든 집착을 버리는 것〉을 의미한다. 1650년 그들의 지도자 에렌프라이스Ehrenpreis는 이렇게 말했다. 〈참사랑이란 구성원들이 서로 의존하고 서로를 위해 봉사하는 것이며, 전체 유기체를 위해 성장하는 것이다.〉

후터 형제단 신자들은 한마디로 꿀벌과 같다. 그들은 전체에 종속된 부속물이다. 실제로 그들은 자신들을 꿀벌에 비유하는 것을 반가워하며 자기네끼리도 이런 표현을 쓴다. 그들은 유전자와 세포와 벌이 수백만 년 동안 진행된 응집 과정에서 획득한 것, 즉 이기주의자의 하극상에 대한 일종의 방어벽 같은 것을 의식적으로 만들어냈다. 후터 형제단 공동체가 성장해서 세대 분열을 할 만큼 커지게 되면 그들은 먼저 새로운 정착지를 물색한 다음, 공동체의 구성원들 중 연령·성별·기술 수준이 같은 사람들을 둘씩 짝짓는다. 새 공동체를 분리시키는 날이 되면 짝지은 두 사람 중에서 누가 새 정착지로 떠날지 고향에 남을지를 제비뽑기로 결정한다. 이 과정은 난자로 들어갈 행운의 유전자를 선발하고 나머지를 폐기하는 과정 또는 카드 놀이에서 패를 섞는 과정과 비슷하다.[1]

물론 이 같은 통제 수단이 필요하다는 것(이기성을 드러내는 신자에게 가해지는 가혹한 형벌)은 집단의 통일성을 파괴할 수 있는 이기성이 상존하고 있음을 의미한다. 그것은 감수 분열의 엄정한 공평성이 거꾸로 유전자가 지닌 하극상의 가능성을 입증해 주는 것과 마찬가지이다. 사실 후터 형제단의 분열 과정은 그 신자들이 〈인간적인 꿀벌〉이 아님을 보여준다. 후터 형제단에 관한 데이비드 윌슨David Wilson과 엘리엇 소버Eliot Sober의 연구를 평하면서 리 크롱크Lee Cronk는 이렇게 말했다. 〈후터 형제단의 사례에서 우리가 알 수 있는 사실은, 인간이 후터 형제단처럼 행동하는 것은 지극히 어려운 일이며 그렇게 해보려는 시도는 대부분 참담한 실패로 끝난다는 것이다.〉

그러나 후터 형제단을 포함한 모든 인간에게는 이기주의를 거부하는 터부taboo가 있다. 이기주의는 무조건 악덕으로 간주된다. 살인이나 도둑질·강간·사기가 죄악으로 간주되는 이유는 가해자에게는 이익을, 피해자에게는 해악을 끼치는 이기적이고 악의적인 행동이기 때문이다. 반면에 집단의 이익은 무조건 미덕으로 간주된다. 우리가 미덕이라고 여기는 것들은 거의 예외 없이 이타적 동기를 전제로 하며, 그렇지 않은 경우에는(예컨대 검약이나 금욕) 그것이 미덕인지 아닌지도 판별하기가 모호해진다. 협동, 이타적 행위, 아량, 동정, 친절, 자기 희생 등 모두가 인정하는 명백한 미덕은 반드시 다른 사람의 행복과 관계가 있다. 이것은 서구 문화에 국한된 편협한 전통이 아니다. 모든 인종이 공유하는 심리적 경향이다.

내가 말하고 싶은 것은 우리 모두의 내면에는 후터 형제단이 자리잡고 있다는 것이다. 의식적이든 무의식적이든 우리에게는 집단선에 대한 신념이 있다. 우리는 비(非)이기적인 행위를 칭송하고 이기적인 행위를 비방한다. 크로포트킨은 처음에 길을 잘못 들어서서 미궁에 빠지고 말았다. 동물 세계에서 도덕적인 사례들을 발견한다고 해서 인간의 본성이 도덕적이라는 사실을 입증할 수 있는 것은 아니다. 오히려 동물 세계에서 인간과 같은 도덕적 사례들이 발견되지 않을 때 인간의 본능적 도덕성은 입증될 수 있다. 우리가 인간에 관해 해명해야 하는 것은 인간이 왜 늘 악행을 저지르는가가 아니라 왜 간혹 미덕을 실천하는가이다. 윌리엄스는 이렇게 질문했다. 〈이미 더 이상 이기적일 수 없는 유기체가 낯선 사람, 심지어 짐승에게까지 자선을 베풀 것을 심심치 않게 주장하고 이따금씩은 실천도 한다는 사실을 어떻게 설명할 것인가?〉[2] 미덕을 행해야 한다는 강박은 인간을 포함한 진정으로 사회적인 동물들의 고유한 특징이다. 인류도 응집을 겪고 있는가? 우리도 저마다 개체성을 상실하고 사회라는 최우선적 가치를 지닌 통합체의 부속품이 되어가기 시작한 것인가? 지금 우리에게 이런 일이 일어나고 있는 것일까? 만일 그렇다면 인간은 응집을 겪고 있는 생물들 중에서도 매우 별종에 속한다. 우리는 저마다 자식을 낳기 때문이다.

우리는 생식권을 여왕에게 양도하지는 않았다. 하지만 그렇다고 해서 인간이 개미나 꿀벌들에 못지않게 상호의존적이라는 사실이 부정되는 것은 아니다. 이 책을 쓰고 있는 순간에도 나는 컴퓨터와 전기와 소프트웨어 같은, 내 능력으로는 결코 만들 수 없는 것들에 의존하고 있으며, 글을 쓰다가도 문 밖에만 나가면 가게에서 음식을 살 수 있다는 것을 알고 있기 때문에 다음 끼니를 걱정하지 않는다. 나에게 사회라는 것이 주는 이점은 한마디로 노동의 분화이다. 인간 사회를 부분들의 단순 합보다 더 위대하게 만드는 것은 전문화이다.

집단 이기주의

한 생명체가 개체의 이익보다 집단 이익을 앞세운다면, 그것은 개체의 운명이 집단의 운명과 불가분의 관계에 놓여 있기 때문이다. 이런 경우에 개체는 집단과 운명을 같이한다. 비행기 탑승객이 생명 보존을 위해 기대할 수 있는 최선책은 조종사의 생존이듯이, 생식을 할 수 없는 일개미가 불멸을 위해 기대할 수 있는 최선책은 여왕개미의 출산을 통한 〈대리 번식〉이다. 친족을 통한 대리번식이야말로 세포와 산호충과 개미가 응집해서 조화로운 협동팀을 이룰 수 있는 비결이다. 이미 살펴보았듯이 개별 세포들의 헌신성을 증진시키기 위해 배아는 그들의 세포 분열을 금지한다. 일개미들의 헌신성을 증진시키기 위해 여왕개미는 그들을 생식

불능으로 만든다.

짐승 무리나 산호충의 클론이나 개미 군체는 모두 하나의 거대 가족이다. 가족 내의 이타주의는 전혀 놀라운 일이 아니다. 앞에서 말했듯이 유전적 근친성은 협동의 충분한 동기가 되기 때문이다. 그러나 인간은 가족의 범위를 넘어서서 협동을 한다. 후터 형제단 공동체는 가족이 아니다. 수렵채집 사회의 부족이나 농촌의 농업 공동체도 가족이 아니다. 군대나 스포츠 팀 또는 종교적 집단 역시 가족이 아니다. 다시 말해 19세기 서아프리카 왕국에서 시도했다가 좌절된 단 한 번의 실험을 제외한다면, 일찍이 인간 사회에서 번식의 역할을 하나의 커플이나 일부다처제의 가장에게 제한시키려고 한 시도는 없었다. 이렇듯이 단일한 거대 가족으로 이루어진 인간 사회는 없다. 이 사실이 인간 사회의 상호 호의적 측면을 더욱 설명하기 어렵게 한다. 생식권의 만민 평등주의야말로 인간 사회의 아주 독특한 특징이다. 다른 군체 포유 동물들, 곧 늑대·원숭이·고릴라 등은 생식권을 소수의 수컷이나 암컷에게 양도한다. 그러나 인간은 누구나 어디에서나 생식권을 갖는다. 〈인간 사회가 아무리 전문화되고 노동이 세분화되어도 인간은 생식 활동을 할 권리만큼은 각자에게 있음을 항상 주장한다〉고 리처드 알렉산더 Richard Alexander가 말했다. 그는 가장 조화로운 사회는 구성원 각자에게 평등한 생식 기회를 부여하는 사회라고 믿고 있다. 다른 집단에게 정복당했을 때 일부일처제 사회가 일부다처제 사회보다 더 강력한 단결력을 보이고 위기를 잘 버텨낸다는 보고가 있다.[3]

인간은 생식권을 다른 사람에게 양도하지 않을 뿐 아니라, 사회의 집단 이익을 위해 친족 등용을 억제하려고 한다. 친족 등용은 이유 여하를 불문하고 혐오스러운 단어이다. 지극히 사적인 가

정사에 관한 경우를 제외하고 사회의 다른 구성원보다 친족을 편애하는 풍토는 사회 붕괴의 조짐이다. 1970년대 초 쥐라Jura 지방에 거주하는 프랑스인들에 관한 연구에서 로버트 레이턴Robert Layton은 친족 등용에 대한 혐오를 뒷받침하는 많은 증거를 발견했다. 물론 마을 수준에서는 친족 등용이 어느 정도 존재했다. 그러나 지방 자치 단체 수준에 이르면 친족 등용 주의는 강력하게 억제되었다. 지방 자치 단체나 농업 협동 조합은 아버지와 아들 또는 형제가 같은 선거에 출마하는 것조차 금지했다. 지역 사회의 공동 자산을 친족 파벌의 손아귀에 맡길 수 없다는 것이 모두의 공통된 생각이었다. 이 같은 친족 등용적 파벌의 전형적인 예로는 마피아가 있다.[4]

인간과 군체 곤충은 많은 유사성을 갖고 있지만, 인간은 곤충과 달리 친족 등용을 혐오한다. 우리는 대리 생식을 하지 않을 뿐 아니라 그런 위험을 피하기 위해 까다로운 절차를 밟는다. 이 점은 염색체도 마찬가지이다. 염색체는 번식에 관한 한 지극히 평등주의 성향을 띤다. 물론 염색체는 이타주의자는 아닐 것이다. 그들은 복제의 권리를 양보하지 않는다. 그러나 그들의 행위는 이기주의와도 뭔가 다르다. 염색체는 〈집단 이기적 groupish〉이다. 염색체는 개별 유전자의 이기적 하극상을 억압함으로써 전체 게놈의 통합성을 지켜낸다.[5]

핀 생산자

인간이 개미보다 나은 것이 하나 있다면 그것은 노동의 분화이다. 물론 개미도 일개미와 병정개미, 집안일꾼과 약탈꾼, 건축가와 위생 전문가 등으로 노동의 분화를 이루고 있다. 그러나 인간의 기준으로 보면 그것은 아주 보잘것없는 수준이다. 개미 사회에는 신체적 특징으로 구분이 가능한 직능군 네 개가 존재하는데, 개미가 해야 할 일에는 40종이 넘는 전혀 이질적인 업무가 존재한다. 그러나 일개미는 나이를 먹어감에 따라 직업을 바꾸고, 병정개미는 팀 작업의 유연성을 활용해 처리할 수 있는 업무의 영역을 크게 확대해 이 문제를 해결한다.[6]

꿀벌 사회에는 여왕벌과 일벌의 구분 외에 더 이상의 노동 분화가 없다. 『헨리 5세 *Henry V*』에 등장하는 행정 장관, 벽돌공, 짐꾼, 장사꾼 등의 꿀벌은 모두 환상이다. 그 모든 일은 일벌들이 하며, 그들은 모든 종류의 일을 닥치는 대로 하는 잡부이다. 꿀벌에게 사회란 가장 많은 꿀을 가장 짧은 시간에 얻을 수 있는 꽃밭에 노동을 집중하게 하는 효율적 정보 처리 장치이다. 이런 일에는 역할의 분화가 필요없다.

그러나 사회가 인간에게 주는 가장 큰 이점은 노동의 분화이다. 정도의 차이는 있지만 모든 인간은 어느 정도 전문가이므로, 정신적으로 미숙한 어린 시기에도 특정 작업에 숙련되는 것은 가능하다. 따라서 인간의 분화된 노동의 총합은 모든 인간이 아무 일이나 할 수 있는 만능 잡부일 때의 총합보다 크다. 인간은 단 하나의 전문화 앞에서만 머뭇거리는데, 그것은 개미들이 그토록 열성적으로 받아들이는 생모와 보모 간에 이루어지는 생식과 양육의 노동 분화이다.

인간 사회가 똑딱거리며 쉬지 않고 돌아가는 것은 전문가들 사이의 시너지 synergy 덕분이며, 이것이 바로 인간을 다른 사회적 동물들과 구별 짓는 특징이다. 기능의 전문화라는 측면에서 볼 때 인간 사회에 필적할 만큼 복잡한 것은 인체를 구성하는 세포들의 사회밖에 없다. 세포들의 노동 분화를 보면 인체가 얼마나 오묘하게 만들어졌는지를 새삼 느낄 수 있다. 적혈구 세포는 간 세포에 못지않게 중요하며, 간 세포도 마찬가지이다. 모든 세포는 저마다 중요한 역할을 맡고 있으며, 저마다 서로의 관계를 통해 단독으로 이룩할 수 있는 것보다 훨씬 많은 것을 이룬다. 각각의 기관, 근육, 치아, 신경, 뼈 들이 하나의 전체성 속에서 서로 다른 역할을 담당한다. 이들 중 어느것도 혼자서 모든 일을 해결하려 하지 않으며, 이것이 인체가 변형균보다 더 많은 것을 성취할 수 있는 이유이다. 사실 노동의 분화는 생명의 기원 그 자체를 가능하게 한 결정적 관문이었다. 하나의 세포를 작동시키는 여러 가지 기능은 전문화된 개별 유전자들이 담당한다. 그러나 유전자라는 것 자체가 애당초 정보 저장이라는 기능으로 특화된 것은 단백질과 역할을 분담하면서부터이다. 유전자가 정보 저장 기능으로 전문화된 반면, 단백질은 촉매와 구조 형성의 역할을 하도록 전문화되었다. 유전자를 구성하는 물질 중에서 더 원시적이고 적은 물질인 리보핵산 ribonucleic acid(RNA)이 정보 저장과 화학 반응의 촉매라는 두 가지 역할을 모두 담당할 수 있는 잡부라는 사실에서 이 같은 분화의 역사를 추정할 수 있다. RNA는 두 가지 일을 다 할 수 있지만 정보 저장 기능에서는 디옥시리보핵산deoxyribonucleic acid(DNA)보다 뒤지고, 촉매 기능에서는 단백질보다 뒤진다.[7]

인간 사회가 부분들의 총합보다 위대한 것은 노동 분화 덕분이라는 사실을 처음으로 인식한 사람은 애덤 스미스이다. 『국부론 An Inquiry into the Nature and Causes of the Wealth of Nations』의 서문에서 그는 핀 생산자의 경우를 들어 그것을 설명했다. 핀 생산에 숙련되지 않은 사람은 핀을 하루에 한 개밖에 만들지 못하며 숙련공일지라도 기껏 20여 개를 만들 수 있다. 그러나 핀 생산자와 다른 재화의 생산자 사이에 노동을 분화시키고, 핀 제작 과정을 몇 단계의 전문 작업으로 분화시킴으로써 우리는 생산자당 핀의 생산량을 크게 증대시킬 수 있다. 이렇게 분화가 이루어진 핀 공장에서는 노동자 열 명이 하루 4만 8,000개의 핀을 생산한다. 어떤 사람이 그 공장에서 핀 스무 개를 구입하는 데는 하루 노동량의 240분의 1에 해당하는 비용밖에 들지 않지만, 그가 손수 핀 스무 개를 만드는 데는 적어도 하루가 걸릴 것이다.

스미스에 따르면 이것은 노동의 분화가 가져오는 세 가지 중요한 변화의 결과이다. 첫째, 핀 제작에만 전문적으로 종사함으로써 핀 생산자는 숙련 과정을 통해 솜씨를 향상시킬 수 있다. 둘째, 이 작업에서 저 작업으로 옮겨다니면서 소모되는 시간을 절약할 수 있다. 셋째, 그로 인한 수익을 통해 작업 속도를 높여주는 전문화된 기계 설비를 개발하거나 구입해 사용할 수 있다. 산업 혁명의 여명기에 쓴 이 책에서 스미스는 이후 2-3세기에 걸쳐 일어나게 될 엄청난 부의 증가 이유를 단 몇 쪽의 글 속에 예언적으로 서술했다(뿐만 아니라 그는 과도한 전문화가 초래하는 소외 현상도 인식했다. 〈오로지 몇 개의 단순 작업을 수행하는 데 일생을 소비하는 사람은 …… 인간으로서 더 이상 우둔하고 무지할 수 없는 상태에 이르게 된다〉고 함으로써 카를 마르크스 Karl Marx와 찰리 채플린 Charlie Chaplin을 예견했다). 경제학자들은 근대 세계의 경제 성장이 전적으로 노동 분화에 따른 부의 축적 효과 때문이라는 스미스의 주장에 이의를 제기하지 않는다. 물론 여기에는 시장에 기초

한 유통과 새로운 기술에 따른 혁신이 함께 고려되어야 한다.[8]

생물학자들은 스미스의 이론을 발전시키는 데 기여한 바는 없지만, 그의 이론을 생물학적으로 실험해 보았다. 스미스는 사회적 노동 분화에 관해 두 가지 사실을 더 언급했다. 즉 노동 분화는 시장의 규모가 커짐에 따라 더 진전되며, 일정 크기의 시장을 전제로 할 때 분화는 통신과 운송의 발달에 비례해 진전된다는 것이다. 이 두 가지 공리는 단순한 세포 사회, 예컨대 볼복스Volvox처럼 서로 협력권 내에 모여 살지만 주로 자급자족의 생활을 하는 세포들의 사회에서 사실임이 입증되었다. 볼복스 군체는 규모가 커질수록 노동의 분화가 진행되어 일부 세포가 생식 세포로 전문화한다. 세포 사이의 연결이 많아질수록 노동 분화도 진전된다. 메릴리스페라Merillisphaera의 경우 세포들은 한 세포에서 다른 세포로 흐르는 화학 물질 때문에 사적 연결망을 잃고 말지만, 유볼복스Euvolvox에서는 연결망이 지속된다. 결과적으로 유볼복스는 전문화된 생식 세포를 위해 다른 세포들이 잉여 노동을 더 많이 공급할 수 있기 때문에 생식이 더 빠르다.[9]

존 보너John Bonner는 변형균의 노동 분화를 연구한 것이 계기가 되어 생물과 사회의 노동 분화를 연구하게 된 사람이다. 그는 사회의 크기와 노동 분화에 관한 스미스의 공리기 옳다는 것을 입증하는 사례들을 발견했다. 일반적으로 생명체는 몸집이 클수록 더 많은 종류의 세포를 갖는다. 마찬가지로 사회가 커질수록 직능군의 수는 늘어난다. 대략 열다섯 명 단위의 집단을 이루고 살던 멸종한 태즈메이니아인에서는 두 개의 직능군만이 확인되지만, 2,000여 명 단위의 대집단을 이루고 사는 마오리족에서는 60여 종의 직능군이 관찰된다.[10]

스미스 이후 생물학계나 경제학계에서는 노동 분화에 관해 주목할 만한 업적이 거의 나오지 않았다. 노동 분화와 그것의 종국적 결과인 비효율적인 독점과의 갈등 관계에 대한 이론 정도가 경제학 분야에서 상당한 관심을 모았을 뿐이다. 이 이론은 사람들이 모두 서로 다른 일을 한다면 아무도 경쟁이라는 자극을 받지 않게 될 것을 경고하고 있다.[11]

그러나 생물학자들은 왜 어떤 개미에게는 몇 개의 직능군이 있고 어떤 개미에게는 단 하나의 직능군밖에 없는지조차 설명하지 못했다. 마이클 기셀린Michael T. Ghiselin은 이렇게 말했다. 〈생물학자나 경제학자가 노동 분화에 거의 주의를 기울이지 않는 것은 이상하다. 노동의 분화는 설명을 필요로 하기에는 너무나 명백해 보여 그저 존재하는 사실로 받아들여지고 그 기능적 중요성은 거의 무시되어 온 것 같다. 노동은 어떤 경우에는 분화되지만 또 어떤 경우에는 오히려 통합되는데, 아직까지 이것에 대한 적절한 설명이 제시된 적은 없다.〉[12]

기셀린은 패러독스를 하나 발견했다. 개미나 흰개미나 벌은 〈수렵채집〉 생활로부터 농경 생활로 이행할 때 예전보다 전문화되었다. 인간과 마찬가지로 그들도 분화, 즉 노동의 사회를 활용해서 곡물을 경작하고 가축을 사육한다. 개미의 경우 곰팡이와 진디가 밀과 젖소를 대신하지만 원리는 같다. 한편 잡식성이라는 기준에서 보면 군집성 곤충이 독립성 곤충에 비해 전문화 수준이 낮다. 독립성인 딱정벌레나 나비 유충은 한 가지 종류의 나무만을 먹는다. 장수말벌도 한 가지 종류의 먹이만을 사냥하도록 먹이에 맞는 신체를 갖추고 있다. 그러나 군집성인 개미는 닥치는 대로 종류를 가리지 않고 먹는다. 흰개미는 나무를 갉아먹고 살지만 나무의 종류를 가리지 않는다. 농사를 짓는 곤충도 잡식성이다. 잎가위개미는 집에서 재배하는 곰팡이에게 여러 종류의 나뭇잎을 먹인다.

이것은 노동 분화의 커다란 장점이다. 즉 개체의 수준에서 〈전문화〉됨으로써 군체 수준에서는 그 종이 더 〈일반화〉되는 것이다. 그래서 개미는 딱정벌레에 비해 수가 훨씬 많은데도 생물학적 다양성은 훨씬 적다는 패러독스가 생긴다.[13]

스미스의 핀 생산자로 되돌아가 보자. 핀 생산자와 고객의 생활은 예전보다 나아졌다. 고객은 전보다 싼값으로 핀을 살 수 있게 되었고, 핀 생산자는 자신의 생활에 필요한 다른 재화들을 넉넉히 사들일 수 있을 만큼의 핀을 생산하게 되었다. 이 같은 관찰로부터 인류의 사상사에서 가장 푸대접을 받아온 이론이 탄생했다. 스미스는 사회의 이익이 개인의 악덕으로부터 비롯된다는 이상한 이론을 펼쳤다. 인간 사회의 특징인 협동을 통한 진보는 이타주의의 결과가 아니라 이기주의의 결과이다. 이기적 야망이 근면을 부르고, 원한이 전쟁을 억제하고, 공명심이 선행의 동기가 된다.

동물의 다른 종들은 대개 성숙하게 자라면 완전히 독립하며, 이후에는 자연 상태에 있는 다른 생명체의 도움을 전혀 필요로 하지 않는다. 그러나 인간은 거의 항상 동족의 도움을 필요로 하므로, 자비심에서 비롯되는 도움에만 의존하려는 것은 부질없다. 다른 사람들의 자기애가 자신에게 유리하게 작용하도록 유도하는 편이, 그리고 자신이 얻고자 하는 것을 베푸는 것이 그들 자신에게도 이익이 된다는 것을 그들에게 보여주는 편이 좀더 확실한 방법일 것이다. …… 우리는 푸줏간 주인이나 양조장 주인 또는 빵가게 주인의 자비심이 아니라 그들 자신의 이해 타산에 따라 저녁 식사를 기대한다.

우리는 그들의 인간애가 아니라 그들의 자기애에 호소하며, 우리 자신의 필요에 관해서가 아니라 그들의 이익에 관해서 말한다. 거지를 제외하고는 이웃 시민의 자비심에 호소하는 사람은 아무도 없다.[14]

새무얼 브리턴Samuel Brittan이 경고했듯이 스미스의 이 구절은 오해를 불러일으키기 쉽다. 푸줏간 주인이 고기를 제공하는 동기가 자비심은 아니지만, 그렇다고 남에게 해를 끼치려는 나쁜 마음도 아니다. 사리 추구는 이타주의가 아니지만 악의의 추구도 아니다.[15]

스미스의 논지를 이해하기 위해 인체의 면역 체계를 예로 들어 보자. 면역 체계는 이종(異種) 단백질을 자기 몸으로 에워싸서 사로잡는 분자들로 구성된다. 이 임무를 수행하기 위해 면역 체계의 분자들은 그 공격 목표물에 정확히 대응되는 형태를 갖추고 있으며, 그만큼 고도로 특이적이다. 각각의 항체 또는 T세포는 한 종류의 침입자만을 공격할 수 있다. 따라서 면역 체계가 제대로 작동하려면 거의 무수한 종류의 방어 세포를 갖추고 있어야 한다. 방어 세포의 종류는 100만 개가 조금 넘는다. 그러나 한 종류의 방어 세포는 극소수로 이루어져 있고, 그것이 일단 목표물을 만나면 급속히 증식한다. 그 〈동기〉는 어떤 의미에서는 이기적이라고 할 수 있다. 하나의 T세포가 증식을 할 때 그것은 아무것도 의식하지 않으며, 아마 침입자를 죽이겠다는 충동조차 갖고 있지 않을 것이다. 즉 증식하려는 욕구에만 사로잡혀 있을 가능성이 높다. 면역 체계는 침입자를 만났을 때 그 기회를 놓치지 않고 분열하는 세포들만이 살아남는 경쟁적 세계이다. 증식하기 위해 〈킬러〉 T세포는 〈보조〉 T세포로부터 인터루킨interleukin을 공급

받아야 한다. 〈킬러〉의 인터루킨 획득을 허락하는 세포는 처음에 〈킬러〉에게 침입자를 알려준 세포이다. 〈보조〉가 돕는 것은 그에게 돕는 행위를 명령하는 분자가 바로 그 자신이 성장하는 데 필요한 분자이기 때문이다. 따라서 외부 침입자에 대한 공격은 이 세포들에게 성장과 분열이라는 정상적 세포 활동의 파생적 결과일 뿐이다. 생명체의 전체 시스템은, 세포들이 각자의 이기적인 야망을 충족시키려면 각자의 임무를 수행하지 않을 수 없도록 정교하게 설계되어 있다. 이기적인 개인의 행위가 시장 기능을 통해 사회 이익에 기여하게 되듯이, 세포들의 이기적 야망은 결과적으로 시스템 전체의 이익을 지향하게 되는 것이다. 우리의 혈액은 침입자를 찾아낼 때마다 상으로 주는 초콜릿이 탐나서 침입자를 찾아 돌아다니는 보이스카우트들로 가득 차 있다.[16]

스미스의 통찰을 현대적 용어로 표현하자면 〈인생은 제로섬 게임 zero-sum game이 아니다〉이다. 제로섬 게임에서는 테니스 경기처럼 승자가 있으면 반드시 패자가 있다. 그러나 모든 게임이 제로섬 게임은 아니다. 때로는 둘 다 이기기도 하고 둘 다 지기도 한다. 상거래를 예로 들자면, 상대와의 거래를 통해 이득을 얻으려는 나의 이기적 욕망과 나와의 거래를 통해 이득을 얻으려는 상대편의 이기적 욕망이 거래를 통해 〈둘 다〉 충족될 수 있는 것이다. 우리 각자는 자기 이익을 위해 행동하지만 결과적으로는 서로와 세계에 도움을 주게 된다. 인간이 근본적으로 악하다는 홉스의 견해도 옳지만, 정부가 존재하지 않더라도 조화와 진보가 가능하다는 루소의 견해 또한 옳다. 보이지 않는 손이 우리를 미래로 이끄는 것이다.

오늘날처럼 자의식이 강한 시대에 이 같은 냉소주의는 충격적

일지도 모른다. 그러나 미덕이 사악한 동기로부터 나올 수 있다는 이 오묘한 테마는 결코 무시될 수 없는 주장이다. 이것은 사람들이 선행을 하고, 그래서 인류 사회의 공동선이 실현된다고 해서 반드시 천사의 존재가 입증되는 것은 아니라는 이야기이기도 하다. 사리 추구가 공동선을 이룰 수 있는 것이다. 애덤 스미스는 『도덕 감정론Theory of Moral Sentiments』에서 〈우리는 어떤 인간에 대해서도 이기성의 결여를 기대하는 데 익숙하지 못하다〉고 말했다. 그에 따르면 인정(人情)은 거대 사회에서 협동을 이룩하는 데는 적절한 도구가 아니다. 사람들은 인정에 관한 한 친족이나 친구에게 어쩔 수 없이 경도되기 때문이다. 인정에 기초해서 이룩된 사회는 친족 편애 때문에 엉망진창이 되고 말 것이다. 낯선 사람들 간의 이기적 욕망을 이합집산하는 시장의 보이지 않는 손이 훨씬 이롭다.[17]

과학 기술이 지배한 석기 시대

앞에서는 현대 사회의 노동 분화에 대해 살펴보았다. 그렇다면 인류가 거쳐온 진화의 오랜 세월 중 대부분을 차지하는 단일 부족 사회에는 노동 분화가 없었을까? 노동 분화는 최근에 일어난 사건인가? 크로포트킨의 영향을 받은 것으로 보이는 흰개미 전문가 앨프레드 에머슨Alfred Emerson은 1960년에 이렇게 말했다. 〈전문가 사이의 노동 분화가 진전됨에 따라 좀더 높은 단위 체계에서는 통합이 진전된다. 또 사회의 항상성이 향상될수록 개인은 자기 통제력을 상실하여 노동 분화와 사회 체계의 통합에 대한 의존도도

높아진다.)[18]

에머슨은 노동 분화의 역사가 무척 짧고 아직도 진행중이라고 생각했다. 경제학자들은 노동 분화가 현대적 산물이라고 결론 내리는 데 주저하지 않는다. 인간이 대부분 농부였던 시절에 인간은 모두 잡부였으며, 근대 문명의 혜택이 막 전파될 무렵부터 우리는 전문화되기 시작했다는 것이다.

그러나 내 생각은 다르다. 수십만 년 전 수렵채집인의 노동도 아주 세밀하게 전문화되어 있었다. 현대의 수렵채집 원주민들은 우리 눈으로 직접 확인할 수 있다. 파라과이의 에이크족을 보면 어떤 사람은 굴 속의 아르마딜로를 찾아내는 전문가이고, 어떤 사람은 그것을 파내는 데 전문가이다. 또 오스트레일리아의 원주민 사회에서는 특정한 기술이나 재능 때문에 특별히 존경받는 인물들이 있다.[19]

나는 여덟 살 되던 해부터 열두살 때까지 기숙 학교에 묵었는데, 그 학교는 골치 아픈 학과와 운동 시간이 많지 않은 편이어서 전쟁 놀이가 우리의 주된 일과였다. 편을 가르고 대장의 이름을 따서 팀에 이름을 붙인 우리는 마치 침팬지 무리처럼 나무 위나 굴 속에 난공불락의 요새를 짓고 숨어 있다가 상대편을 공격하고는 했다. 부상이라고 해봤자 아주 가벼운 깃이었지만, 당시로서는 제법 심각한 전쟁이었다. 어느 날 나는 남들이 내 실력을 몰라준다는 생각에 나무 등걸을 타고오르는 팀에 끼워 달라고 요구했다(그 이유는 기억이 나지 않지만). 그것은 모두를 깜짝 놀라게 할 만한 도전이었다. 나는 우리 팀에서 어린 축에 속했고 나무타기는 X가 주도해야 하는 것을 누구나 알고 있었기 때문이다. 나는 허락을 받았지만 실패하고 말았다. X는 의기양양하게 자기의 권위를

72

재확인했고, 나는 몇 등급이나 강등되었다. 어린 시절의 놀이에도 노동 분화가 있었던 것이다.

우리의 조상인 수렵채집인들처럼 상당히 오랜 세월 동안 팀을 이루어 작업을 해온 성인들의 집단에서 이 같은 식의 전문화가 나타나지 않았을 리가 없다.

날품팔이 노동자의 엉성한 모직 외투 하나를 만드는 데에도 양치기, 직조공, 상인, 공구 제작자, 목수, 그리고 심지어는 양치기가 양털을 자르는 데 쓰는 가위를 주조하기 위해 용광로에 불을 지필 석탄을 캐내는 광부에 이르기까지 얼마나 많은 종류의 직업이 필요한지를 설명하면서, 스미스는 18세기 노동자들의 노동 분화가 어느 정도였는지를 생생하게 보여주고 있다. 중세나 그리스-로마 사회도 이와 다를 것이 없었다. 더 거슬러 올라가자면 후기 신석기 시대도 그렇다. 1991년 티롤 알프스 정상 부근의 녹아내리던 빙하 속에서 5,000년 전 신석기 시대인의 미라가 발견되었을 때, 사람들은 그 소지품의 다양함과 정교함에 놀라움을 금치 못했다. 그가 살던 시대의 유럽은 석기 문화의 영향 아래 있었고 인구가 작은 부족 사회였다. 구리 제련 기술은 있었지만 청동은 아직 사용되지 않았다. 수렵 대신에 옥수수 경작과 축우(畜牛)로 생계를 영위하기 시작한 지는 제법 오래 되었지만, 문자와 법률과 정부는 아직 없었다. 이 신석기 시대의 미라는 풀로 엮은 외투 밑에 모피를 껴입고 있었으며, 물푸레나무 손잡이가 달린 돌칼, 구리 도끼, 주목(朱木)을 깎아 만든 활과 화살통, 나무 살에 뿔촉을 꽂아 만든 열네 개의 화살, 불을 붙이기 위한 부싯깃용 버섯, 자작나무 껍질로 만든 상자 두 개와 그중 하나의 상자에 담긴 단풍나무 잎으로 싼 불씨, 개암나무 광주리, 뼈를 깎아 만든 바늘, 돌 송곳과 흙손, 돌을 날카롭게 다듬기 위한 라임나무와 가지뿔 공구 세트, 약품용 상자와 항생제용 자작나무 곰팡이 등을 비롯한 그 밖의 여러 가지 물품들을 소지하고 있었다. 그가 소장한 구리 도끼를 주조하고 담금질한 기술은 현대의 주물학으로써도 흉내내기 어려운 수준이었다. 도끼는 주목으로 만든 도끼 자루에 고정되어 있었는데, 그것을 고정한 위치는 공학적으로 가장 이상적인 지렛대 비율에서 몇 밀리미터밖에 어긋나지 않았다.

그는 과학 기술의 시대에 살고 있었던 것이다. 당시의 사람들은 과학 기술에 푹 젖어 살았다. 그들은 가죽, 나무, 나무껍질, 곰팡이, 구리, 돌, 뼈, 풀을 이용해서 옷과 로프, 쌈지, 바늘, 아교, 장신구 등을 만들었다. 아마도 그 미라는 그를 처음 발견한 등산객 부부보다도 더 많은 종류의 소지품을 갖고 있었던 것 같다. 고고학자들은 그의 소지품이 제각기 해당 전문가에 의해 만들어졌을 것이며, 그의 관절염 걸린 관절에 새긴 문신 또한 마찬가지일 것으로 믿고 있다.[20]

그뿐만이 아니다. 나는 신체와 뇌가 지금의 우리와 다를 바가 없는 10만 년 전의 조상들 또한 같은 정도의 노동 분화를 이루고 있었다고 믿는다. 한 사람은 돌 도구를 만드는 전문가, 또 한 사람은 사냥감을 찾아내는 전문가, 또다른 사람은 창을 던지는 전문가, 또다른 사람은 전략가 등등 ……. 어려서부터 어떤 일에 자주 접하면 그 일에 익숙해진다는 일반적 경향을 발견하고부터는, 젊은이들의 도제 교육을 통해 노동 분화가 재생산되고 더욱 심화되었을 것이다. 훌륭한 테니스 선수나 체스 선수를 양성하는 가장 효과적인 방법은 그 분야에 재능 있는 청소년들을 발굴해 다른 학업의 부담이 적은 학교에 보내는 일이다. 나는 직립 원인

(*Homo erectus*) 시절 최고의 손도끼 제작자는 어린 시절부터 연로한 남성 밑에서 도제 생활을 시작했을 것이라고 추측한다.

왜 남성인가? 내가 이 이야기에서 여성을 거론하지 않는 것은 여성을 경멸해서가 아니라 이야기를 쉽게 진행시키기 위해서일 뿐이다. 여성 사회의 노동 분화도 남성들의 그것에 못지않게 전문화되었을 것이다. 그러나 모든 인간 사회에서 가장 두드러지는 노동분화는 남성과 여성, 좁혀 말하자면 남편과 아내의 노동 분화이다. 남편은 잡기는 어려워도 단백질이 풍부한 육류를 사냥하고, 아내는 지천으로 널려 있지만 단백질이 부족한 과일을 채집함으로써 부부는 동물 세계와 식물 세계를 둘 다 이용했다. 인간 외에 어떤 영장류도 이런 식으로 성적 노동 분화를 하지는 않았다 (제5장 참조).

인간 사회의 장점은 노동 분화와 그로 인해 성취되는 〈넌제로섬 non-zero-sumness〉이다. 로버트 라이트 Robert Wright가 처음 사용한 이 개념은, 사회가 부분들의 단순 총합보다 더 클 수 있다는 사실을 정확하게 포착한다. 그러나 이 개념만으로는 사회가 처음에 어떻게 시작되었는지 설명되지 않는다. 우리는 인간의 사회가 친족 등용에 의해 시작된 것이 아님을 알고 있다. 인간사회에는 친족 등용적인 군체에 필수 요소인 대리 양육과 대리 번식의 증거가 없다. 그렇다면 그 동력은 무엇이었을까? 가장 그럴 듯한 가설은 호혜주의reciprocity이다. 스미스의 말을 빌리자면 〈한 물건을 다른 것과 교환하고 교역하고 거래하려는 경향〉이다.[21]

3

죄수의 딜레마

이기주의자들의 협동화 유도

나는 호의가 없이도 타인에게 봉사하는 것을 배운다. 왜냐하면 나는 그가 같은 봉

사를 더 받기를 바라는 기대감에서 그리고 나를 비롯한 타인들과 선의의 관계를

유지하기 위해서 나의 봉사에 보답하리라는 것을 예측하기 때문이다. 내가 제공한

봉사로부터 발생한 이익을 누린 그는 자신의 역할을 수행하게 되는데, 그 이유는

그가 역할 수행을 거부했을 때의 결과를 예측하기 때문이다.

— 데이비드 흄의 『인간 본성에 관한 논고 *A Treatise of Human Nature*』(1740)에서

푸 치니 Giacomo Puccini의 오페라 「토스카 *Tosca*」에서 여주
인공은 끔찍한 딜레마에 놓인다. 그녀의 애인 카바라도시
Cavaradossi는 경찰총장 스카르피아Scarpia에게 사형 선고를 받
는다. 그리고 스카르피아는 그녀에게 거래를 제안한다. 토스카가
그에게 몸을 바치면 총살 집행인에게 공포탄을 쏘라고 명령해서
그녀의 애인을 살려주겠다는 것이다. 토스카는 그의 요구에 응할
것처럼 해서 그를 속이고, 공포탄을 쏘라는 명령이 내려진 후에
그를 칼로 찔러 죽이려고 결심한다. 그녀는 계획대로 스카르피아
를 죽였으나, 그가 죽고 난 다음에서야 그도 속임수를 썼다는 사
실을 알게 된다. 총살 집행인은 실탄을 쏘았고 카바라도시는 죽었
다. 결국 토스카도 자살함으로써 세 사람 모두 죽고 만다.

　물론 당사자들은 그렇게 생각하지 못했겠지만 토스카와 스카르
피아는 하나의 게임을 하고 있었다. 이 게임은 생물학과 경제학의
경계 영역을 넘나드는 난해하기로 유명한 게임으로서, 최근 수
년간의 눈에 띄는 과학적 발견들 가운데 상당수가 이 게임에 관련
되어 있다. 이 게임의 목적은 사람들이 왜 서로에게 호의적인가를
밝히는 것이다. 토스카와 스카르피아는 두 사람 모두의 비참한 운

명을 점칠 수 있었음에도 불구하고 결국 이 게임 이론이 예측하는 바에 따라 행동했다. 어찌된 일일까?

〈죄수의 딜레마prisoner's dilemma〉로 알려져 있는 이 게임은 개체의 이익과 공동의 이익이 상충하는 모든 상황에 적용된다. 토스카와 스카르피아가 서로 약속을 지킨다면 두 사람 모두에게 이익이다. 토스카는 애인의 목숨을 구할 수 있고, 스카르피아는 그녀와 잘 수 있다. 그러나 두 사람은 각자 상대방에게는 약속을 지키게 하고 자신은 약속을 어길 때 더 많은 이익을 얻을 수 있다. 토스카는 애인의 목숨을 구하면서 정조를 지킬 수 있으며, 스카르피아는 욕망을 채우면서 연적을 제거할 수 있다.

죄수의 딜레마는 이기주의자들 사이에 협동——터부나 도덕적 강제 또는 윤리 규범에 의한 것이 아닌 협동——을 이루는 방법에 관한 총체적 가상 체험이다. 편협한 사리 추구에 따라 행동하는 개인이 집단 이익에 기여하는 것은 과연 가능한가? 이 게임이 죄수의 딜레마라고 불리는 것은 게임의 상황을 설명하기 위해 사용되는 이야기가 서로에 대해 불리한 증거를 제시함으로써 자신의 형량을 줄일 수 있는 기회를 갖고 있는 죄수 두 사람에 관한 이야기이기 때문이다. 두 죄수가 서로 의리를 지킨다면 두 사람 다 유죄를 선고받겠지만, 서로 불리한 증거를 폭로한 경우보다는 형량이 적기 때문에 두 사람 모두에게 이익이다. 그러나 어느 한쪽이 배신을 한다면 배신한 쪽이 훨씬 유리해진다. 여기에서 딜레마가 생긴다.

게임의 상황을 자세히 알아보자. 편의상 죄수에 대해서는 잠시 잊어버리고 당신이 어떤 사람과 점수따기 게임을 하고 있다고 가정하자. 두 사람이 의리를 지키면(침묵을 지키면) 각자 3점씩(포상)을 얻는다. 둘 다 배신하면 각각 1점씩(징벌)을 얻는다. 그러나 어느 한쪽이 배신하고 다른 쪽은 의리를 지키면 의리를 지킨 자는 점수를 얻지 못하고(어리석음의 대가), 배신자는 5점을 얻는다(악마의 유혹). 따라서 상대편이 배신할 것이라면 당신도 배신하는 것이 유리하다. 그래야만 0점이 아닌 1점이라도 얻는다. 그러나 상대편이 배신을 하지 않는다고 해도 여전히 당신은 배신하는 편이 유리하다. 이 경우 당신은 3점 대신에 5점을 얻는다. 결국 〈상대방의 태도에 관계 없이 당신은 배신하는 편이 유리하다〉. 그러나 상대방도 똑같이 생각하기 때문에 결론은 상호 배신이다. 의리를 지키면 두 사람 다 최소한 3점을 얻을 수 있지만 결국 1점밖에는 얻지 못하는 것이다.

도덕 감정을 개입시키면 상황이 너무 복잡해진다. 두 사람이 점잖게 협력하는 경우는 고려되지 않는다. 우리가 이 게임을 통해 발견하고자 하는 것은 도덕적 진공 상태에서의 논리적 〈최선〉 행위이다. 〈올바른〉 행위가 무엇인지 묻는 것이 아니라는 말이다. 그런데 정답은 〈배신〉이다. 이기적으로 행동하는 것이 가장 합리적이다.

넓은 의미에서 볼 때 죄수의 딜레마는 에덴 동산만큼이나 오랜 역사를 가지고 있다. 홉스는 이 점을 잘 이해하고 있었다. 루소는 여기에 더해 사슴 사냥에 관한 좀더 복잡한 각색본을 만들었는데, 이것은 〈등위(等位) 게임 coordination game〉이라고 불린다. 사냥에 나선 원시인의 집단을 묘사하면서 그는 이렇게 말했다.

사슴 사냥을 할 때는 저마다 제 위치를 충실하게 지켜야 한다는 것을 누구나 잘 알고 있다. 그러나 만일 사냥꾼들 중 한 사람 옆으로 산토끼가 우연히 지나간다면 토끼를 잡으려고 그가 선뜻 대열을 이탈할 것은 예상되는 일이다. 토끼를 잡은 그는 동료들이 그들의 몫을 잃은 데 대해서는 전혀 개의치 않을 것이다.[1]

이해를 돕기 위해 좀더 설명을 해보자. 어느 마을의 부족 전체가 사슴 사냥을 갔다고 하자. 그들은 사슴이 쉬고 있는 수풀 주변을 둥글게 포위한 다음 원을 좁히면서 사슴에게 다가간다. 마침내 사슴이 좁혀진 포위망에서 벗어나려고 할 때 사슴의 도주 방향에서 가장 가까운 사냥꾼이 사슴을 죽인다. 그러나 그들 중 하나가 도중에 산토끼를 만났다고 가정해 보자. 그는 조금만 움직이면 토끼를 틀림없이 잡을 수 있지만, 그러려면 포위망을 이탈해야 한다. 그가 토끼를 잡으려고 하면 사슴이 도망칠 수 있는 빈틈이 생기는 것이다. 그렇게 해서 토끼를 잡은 그는 아무 문제가 없지만——그는 고기를 손에 넣었다——그를 제외한 다른 사람들은 그의 이기심 때문에 저녁을 굶어야 한다. 개인에게는 정당한 결정이 집단에게는 부당한 결정이니, 사회적 협동이란 얼마나 무망한 꿈인가?(결론에 실망한 루소는 서글프게 말했다.)

더글러스 호프스태터 Douglas Hofstadter는 사슴 사냥의 현대판 격인 〈늑대의 딜레마 wolf's dilemma〉라는 게임을 내놓았다. 스무 명의 사람이 각자 작은 칸막이 속에 앉아 손가락을 버튼 위에 올려놓고 있다. 아무도 버튼을 누르지 않고 기다리면 10분 후에는 모두에게 1,000달러씩이 배당되지만, 누군가가 버튼을 누르면 그 사람은 100달러를 받고 나머지 사람들은 한 푼도 받지 못한다. 영리한 사람이라면 버튼을 누르지 않고 기다렸다가 1,000달러를 받을 것이다. 그러나 좀더 영리한 사람이라면 누군가가 멍청하게 버

82

튼을 누를 수 있는 아주 작은 확률이 존재하며, 이 경우에는 차라리 자기가 먼저 눌러버리는 것이 이익임을 눈치챌 것이다. 그러나 아주 영리한 사람이라면 앞의 좀더 영리한 사람이 그 같은 추론의 결과 먼저 버튼을 누를 것임을 알기 때문에 자기가 먼저 버튼을 눌러버릴 것이다. 죄수의 딜레마에서처럼 논리적으로 옳은 판단이 집단적 재앙을 가져온다.[2]

죄수의 딜레마라는 개념은 역사가 오래되었지만, 하나의 게임으로 모양을 갖춘 것은 1950년 캘리포니아 RAND 협회의 메릴 플러드 Merril Flood와 멜빈 드레셔 Melvin Dresher의 노력을 통해서였다. 그리고 우리가 이미 알고 있는 죄수의 일화는 그로부터 몇 달 후 프린스턴 대학의 앨버트 터커 Albert Tucker가 재구성한 것이다. 플러드와 드레셔에 따르면 죄수의 딜레마는 우리 주변 어디에나 존재한다. 내가 하고 싶은 어떤 행위가 있는데, 만일 모든 사람이 그 행위를 한다면 엄청난 문제가 일어날 수 있는 상황에는 으레 죄수의 딜레마가 적용된다(죄수의 딜레마에 대한 대수적 정의는 악의 유혹이 포상보다 크고, 포상이 징벌보다 크고, 징벌이 어리석음의 대가보다 큰 것이다. 물론 유혹이 나머지에 비해 엄청나게 클 때는 상황 자체가 달라지겠지만……). 세상의 모든 사람이 차를 도둑질하지 않는다고 믿을 수 있다면 차를 잠글 필요가 없고, 보험료나 보안 장치 따위에 낭비되는 많은 시간과 비용을 절약할 수 있다. 그러나 그런 신뢰 사회에서 누군가가 사회 계약을 어기고 차를 훔친다면 그는 이익이다. 모든 어부가 남획을 자제한다면 어부 모두에게 이익이지만, 모든 어부가 최대한으로 남획하려고 할 때 혼자서 자제하는 어부는 자신이 차지할 수 있는 몫을 더 이기적인 누군가에게 빼앗기는 꼴밖에 되지 않는다. 이 때문에 우리는 개인주의에 대한 집단적 대가를 치르는 것이다.

이상한 소리처럼 들리겠지만 열대 우림도 죄수의 딜레마에 따른 결과이다. 우림에서 자라는 나무들은 에너지의 대부분을 본연의 목적인 생식이 아니라 하늘을 향해 위로 뻗어나가는 데 소모한다. 만일 그들이 서로 가지뻗기를 금지하고 키를 3미터쯤으로 제한하는 협정을 맺는다면 모두에게 이익이다. 그러나 그들은 그럴 수 없다.

복잡한 인생사를 단순한 게임으로 환원시키는 것은 경제학자들의 취미이지만, 이에 대한 세상의 평판이 그리 좋지는 않다. 그러나 그들의 의도는 삶의 모든 문제를 〈죄수의 딜레마〉라는 틀에 구겨 넣어 끼워맞추려는 것이 아니라, 집단 이익과 개별 이익이 상충할 때 발생하는 문제를 연구하기 위한 개념화된 일화를 만들어내려는 것이다. 우리는 이 같은 개념적 실험을 통해 뭔가 새로운 사실을 발견하면 다시 현실 세계로 돌아와 그 사실이 현실의 일상사에 어떤 빛을 비춰주는지를 확인할 수 있다.

바로 그와 같은 일이 죄수의 딜레마 게임에서도 일어났다(일부의 논객들은 발길질을 하고 고함을 치면서 현실 세계로 끌려나갔지만). 1960년대에 수학자들은 배신만이 합리적 결론이라는 죄수의 딜레마의 냉혹한 가르침에서 탈출구를 찾기 위해 거의 광적으로 연구에 몰두했다. 그들은 계속해서 뭔가를 발견했다고 주장했는데, 그중에서 가장 유명한 것은 1966년 니겔 하워드Nigel Howard가 게임의 초점을 죄수의 행위에서부터 죄수의 의도로 옮겨 재구성한 것이었다. 그러나 하워드 식의 해결책은 다른 대부분의 해결책과 마찬가지로 그저 희망에 근거한 주관적 결론임이 밝혀졌다. 게임의 전제를 준수한다면 협동은 비논리적 결론이다.

죄수의 딜레마에서 오는 결론은 수많은 사람들의 증오를 샀다. 그 이유는 결론의 비도덕성 때문만이 아니라 실제 사람들의 행동 양식과도 상충하는 것으로 여겨졌기 때문이다. 협동은 인간 사회에서 흔히 발견되는 특징이며, 신뢰는 사회 생활의 진정한 기초이다. 이것이 비이성적이란 말인가? 서로 잘 지내려는 인간의 본능을 과연 이렇게 짓밟아야 하는 것인가? 범죄가 이익인가? 사람들은 대가가 주어질 때만 정직한가?

1970년대 후반이 되자 죄수의 딜레마는 인간의 사리 추구에만 강박적으로 매달리는 경제학자들의 속물 근성을 상징하는 표상처럼 되고 말았다. 만일 그 같은 딜레마 상황에서 개체가 내린 합리적 결정이 이기적으로 행동하는 것임을 그 게임이 입증했다면, 그것은 게임의 가정이 잘못되었기 때문이라고 사람들은 말했다. 인간이 언제나 이기적인 것은 아니며, 인간은 사리 추구에 위배되더라도 공동 이익을 위해 행동하는 경우가 있다. 고전경제학의 200여 년 역사는 인간의 사리 추구라는 전제에 매몰되어 있었기 때문에 결국 헛발을 딛고 말았다.

여기에서 잠깐 게임 이론의 역사를 살펴보자. 1944년 헝가리의 위대한 천재 요한 폰 노이만Johann von Neumann의 독창적이고 냉철한 두뇌에서 탄생한 게임 이론은 경제학이라는 〈음울한 과학 dismal science〉에 잘 어울리는 수학의 한 분야였다. 게임 이론은 행위의 가치 판단이 타인의 행위에 따라 결정되는 세계를 다루기 때문이다. 둘에 둘을 더하는 옳은 방법은 상황과 무관하게 결정되지만, 어떤 투자물을 살 것인가 팔 것인가는 전적으로 상황에 따라 특히 다른 사람들의 결정에 따라서 결정된다. 그러나 그런 경우에도 누구라도 취할 수 있는 행동이 있는데, 그것은 다른 사람들의 행위에 관계 없이 제멋대로 행동하는 전략이다. 시장에서의 투자 결정처럼 실제 상황에서 완전한 전략을 찾는 것은 불가능에 가깝겠지만, 그렇다고 해서 남의 행위와 무관한 완전한 전략이 존재하지 않는다고 단언할 수는 없다. 게임 이론의 목적은 단순화시킨 세계에서 이같이 완전한 전략, 즉 보편적 처방을 발견하는 것이다. 프린스턴 대학의 수학자 존 내시 John Nash(그는 이 이론을 1951년에 창안했는데, 그후 오랫동안 정신분열증을 앓다가 1994년 이 이론으로 노벨상을 받았다)가 창안한 〈내시 평형 Nash equilibrium〉이 그 실마리가 되었다. 내시 평형이란 모든 게임 참가자가 다른 참가자들의 전략에 대한 적정 반응으로 자신의 전략을 선택하고, 동시에 어느 누구도 그들이 선택한 전략으로부터 이탈할 만한 유혹을 받지 않는 상태이다.

내시 평형을 이해하기 위해 페터 하메르슈타인 Peter Hammerstein 과 라인하르트 젤텐 Reinhard Selten이 고안한 게임을 해보도록 하자. 이 게임에는 콘라드 Konrad와 니코 Niko라는 두 인물이 등장하는데, 두 사람은 주어진 돈을 서로 분배해야 한다. 콘라드에게 우선권이 있어 그는 돈을 똑같이(공정하게) 나눌지, 다른 비율로 (불공정하게) 나눌지를 결정한다. 니코는 분배할 돈의 총액, 즉 판돈의 규모를 크게 할 것인가 작게 할 것인가를 결정한다. 그런데 만일 콘라드가 불공정 분배를 결정한다면 그는 니코의 아홉 배나 되는 돈을 갖게 된다. 한편 니코가 큰 판돈을 선택하게 되면 작은 판돈을 선택할 때에 비해 두 사람 다 열 배의 돈을 갖게 된다. 콘라드는 우선권을 가지고 있으므로 불공정 분배를 선택할 수 있으며, 이에 대해 니코가 할 수 있는 일은 아무것도 없다. 니코는 작은 판돈을 선택해서 콘라드를 혼내줄 수 있지만 그렇게 하면 자기 몫도 줄어든다. 때문에 그는 콘라드에게 작은 판돈을 선택하겠다는 협박을 할 수 없다. 내시 평형에서 콘라드는 불공정 분배를 선택하고 니코는 큰 판을 선택하게 된다. 이것은 니코로서는 이상적인 결과는 아니지만 어차피 불리한 조건에서의 최선의 선택이다.[3]

그러나 내시 평형에서 항상 최선의 결과가 나오는 것은 아님을 알아야 한다. 즉 그렇지 않은 경우가 더 많다. 내시 평형의 양 끝에 놓여 있는 두 개의 전략이 어느 한쪽 또는 양쪽 모두를 빈털터리로 만들어버리는 경우가 적지 않으며, 참가자들이 이런 비극적 상황을 피하려고 해도 피할 수 없는 경우가 있다. 죄수의 딜레마가 그 같은 경우이다. 보통 사람들이 단판 게임을 벌일 경우 내시 평형의 결론은 한 가지, 즉 두 사람 다 배반한다는 것이다.

매와 비둘기의 싸움

그런데 이 결론을 뒤집는 증거가 나왔다. 지난 30년간 우리가 죄수의 딜레마로부터 완전히 잘못된 결론을 도출해 왔음을 어느 실험이 입증한 것이다. 이 실험에 따르면, 죄수의 딜레마 게임을 두 차례 이상 시행할 경우에 가장 합리적인 선택은 이기주의가 아니다.

아이러니컬하게도 이 같은 현상은 죄수의 딜레마 게임이 처음 만들어진 당시에 이미 관찰되었으나 곧바로 망각 속에 묻히고 말았다. 플러드와 드레셔는 처음 게임을 고안한 당시에 이해하기 힘든 현상 하나를 관찰했다. 그들은 두 동료 학자——아멘 앨키언

Armen Alchian과 존 윌리엄스John Williams——에게 판돈을 주고 100회에 걸쳐 게임을 반복하도록 했는데, 예상 밖으로 그들은 서로 진지하게 협동하는 모습을 보였다. 그들은 100회의 게임 중에서 60회나 협동을 해서 상호부조의 이익을 누렸다. 게임 중에 기록한 노트를 보면 그들은 상대의 호의를 유도하기 위해 자진해서 먼저 상대에게 호의를 보였다. 이런 태도는 마지막으로 상대를 속이고 한판 승부를 노릴 수 있는 막판 게임에서도 나타났다. 동일한 상대와 반복적으로 여러 차례의 게임을 할 때에는 적의 아닌 호의가 게임의 규칙이었던 것이다.[4]

앨키언 대 윌리엄스의 토너먼트 경기는 잊혀졌지만, 사실 사람들에게 게임을 시켜보면 논리적으로 잘못된 전술로 결론이 내려진 상호부조를 끊임없이 시도한다는 것은 누구나 알고 있는 사실이었다. 그러나 이것은 인간의 비합리성, 즉 일반적으로 설명되지 않는 호의성이라는 식으로 폄하되었고 그리 중요하게 다루어지지 않았다. 어떤 학자들은 심지어 〈평범한 사람들은 DD(둘 다 배신) 전략이 유일하고도 합리적인 전략이라는 계산을 해낼 만큼 세련되지 못했음에 틀림이 없다〉고 말했다. 우리는 현실을 있는 그대로 받아들이기에는 너무 어리석었던 것이다.[5]

앨키언-윌리엄스 실험은 1970년대 초에 한 생물학자에 의해 재발견되었다. 공학유전학자인 존 스미스John M. Smith는 죄수의 딜레마에 대해서는 특별히 연구하지 않았지만, 경제학처럼 생물학도 게임 이론을 유용하게 활용할 수 있으리라는 재미있는 발상을 하게 되었다. 이성적인 개인이 어떤 상황에서든 게임 이론이 예측하는 최소악(最少惡)의 전략을 추구하는 것처럼, 동물들도 자연선택에 따라 최소악의 전략을 본능적으로 추구하도록 설계되었을 것이라는 게 그의 생각이었다. 바꿔 말하면 하나의 게임에서 내시 평형을 선택하는 결정이 의식적이고 합리적인 추론에 따라 내려지듯이, 그러한 결정은 진화의 역사에 의해서도 내려진다는 것이다. 개체가 아닌 자연선택이 결정을 내린다. 메이너드 스미스는 내시 평형에 이르는 진화된 본능을 〈진화론적 안정 전략 evolutionary stable strategy〉이라고 불렀다. 이 전략을 추구하는 동물은 다른 전략을 추구하는 동물에게 진화에서 결코 밀리지 않는다.

메이너드 스미스는 먼저 동물들이 대개는 죽음에 이르기까지 싸우지 않는 이유를 밝히려고 했다. 그는 매와 비둘기가 등장하는 게임을 만들었다. 죄수의 딜레마에서 〈배반자〉격인 매는 비둘기를 가볍게 이기지만, 다른 매와의 싸움에서는 피투성이가 된다. 죄수의 딜레마에서 〈협력자〉격인 비둘기는 비둘기를 상대하게 되면 행운이고 매를 상대로 싸워서는 살아남을 수 없다. 그러나 게임을 여러 차례 반복하게 되면 비둘기의 유순한 특성의 장점이 모습을 드러낸다. 특히 보복자Retaliator——매를 만나면 매로 변신하는 비둘기——전략이 매우 성공적인 전략임이 밝혀진다. 보복자 전략에 대해 알아보자.[6]

메이너드 스미스가 고안한 게임은 생물학의 문제를 다룬다는 이유로 경제학자들에게 외면당했다. 그러나 1970년대 말 그렇게 쉽게 외면할 수 없는 사건이 일어났다. 컴퓨터가 그 냉혹하고 논리밖에 모르는 두뇌를 가지고 죄수의 딜레마 게임에 참가했는데, 뜻밖에도 그것은 어리석고 순진한 보통 사람들의 방식——비합리적일 정도로 협력을 지향하는 방식——으로 작동하기 시작했다. 수학계에 비상 경보가 울렸다. 이에 대해 젊은 정치학자 로버트 액설로드Robert Axelrod는 1979년에 협동의 논리를 밝히기 위한 토너먼트 하나를 구상했다. 그는 학자들에게 저마다 프로그램을 하나씩 내놓고 처음에는 서로 다른 프로그램 간에 경기를 벌이고, 다음에는 같은 프로그램끼리, 그 다음에는 각자의 프로그램과 나머지 프로그램 중에서 무작위로 선발된 프로그램 사이에 총 200회의 게임을 벌일 것을 제안했다. 이 방대한 게임이 끝나면 각 프로그램의 승률 점수가 매겨진다.

학자 열네 명이 다양한 수준의 프로그램들을 가지고 게임에 참가했다. 그런데 결과는 의외로 〈호의〉적인 프로그램의 우세로 끝났다. 8위까지 상위권의 프로그램은 토너먼트 게임 중 한번도 배신을 하지 않았다. 최우수는 가장 호의적이면서 가장 단순한 프로그램이었다. 피아니스트이자 핵 대결 문제에 조예가 깊은, 그래서 세상 누구보다도 죄수의 딜레마를 잘 알고 있는 캐나다의 정치학자 애너톨 래퍼퍼트Anatol Rapoport는 〈맞대응Tit-for-tat〉이라는 프로그램을 출전시켰다. 이 프로그램은 게임을 시작하면 처음에는 일단 협력자로 행동해 보고 그 뒤에는 상대편의 태도를 보고 대응하는, 다시 말해 받는 대로 주는 프로그램이다. 〈맞대응〉은 사실 메이너드 스미스의 〈보복자〉와 다름없는 전략이다.[7]

액셀로드는 다시 토너먼트를 열고 이번에는 지난번 토너먼트의 우승자 〈맞대응〉을 이겨보라고 제안했다. 62개의 프로그램이 도전했지만 우승은 다시 맞대응에게 돌아갔다. 맞대응이 최고임이 입증된 것이다. 액셀로드는 그의 책에서 이렇게 설명했다.

맞대응이 승리하는 이유는 그것이 우호성과 보복성, 관용성과 투명성의 복합체라는 데에 있다. 우호성은 불필요한 분쟁에 휘말리는 것을 막는다. 보복성은 한번 배신을 시도한 상대편에게 다시는 배신을 꿈꾸지 못하게 한다. 관용성은 서로 적대 경험을 가진 상대와 다시 상호부조 관계를 회복하는 데 도움이 된다. 투명성은 위의 사실들을 다른 참가자들에게 명료하게 전달함으로써 다른 참가자들과의 장기적인 협력을 가능하게 한다.[8]

액설로드의 토너먼트는 다양한 전략 간에 벌어지는 적자생존의 전쟁이며, 이른바 〈인조 생명〉이라는 것의 초기 사례 가운데 하나이기도 하다. 진화의 원동력인 자연 도태가 컴퓨터상에서 모의 실험된 것이다. 실제의 생명체들이 세상에서 번식하고 공간을 차지하려고 투쟁하듯이, 소프트웨어 생명체들은 컴퓨터 화면의 공간을 차지하고자 투쟁한다. 패배한 전략은 싸움이 반복될 때마다 조금씩 화면 바깥쪽으로 밀려나고 결국 가장 강력한 프로그램이 화면을 점령한다. 화면에서 모의 실험이 진행되는 모습은 무척 흥미롭다. 전쟁의 초기에는 비열한 전략들이 호의적이고 순진한 전략들을 밀어내고 살아남는다. 맞대응 같은 보복자 전략만이 그들의 공격에서 어느 정도 버틸 수 있다. 쉬운 상대가 점차 줄어들자 비열한 전략들끼리의 싸움이 시작되었고, 따라서 그들의 수도 줄어들기 시작했다. 결국은 맞대응이 전면에 등장하여 전장의 유일한 지배자가 되었다.

피를 나눠주는 박쥐의 형제애

액설로드는 그의 연구 결과가 생물학자들의 흥미를 끌 것으로 기대하고 미시간 대학의 한 학자를 찾아갔는데, 그는 다름 아닌 해밀턴이었다. 액설로드를 만나본 해밀턴은 10년의 세월을 건너뛴 우연한 일치에 놀라지 않을 수 없었다. 10년 전 하버드 대학교 생물학과 대학원생인 트리버스가 자신의 논문을 가지고 해밀턴을 찾아간 일이 있었다. 트리버스는 동물이나 인간은 항상 사리 추구를 위해 행동한다는 전제를 가지고 연구를 시작했지만, 기대와는 달리 동물 세계나 인간 사회에서 협동이 무척 자주 일어난다는 것을 관찰했다. 그는 이기적인 개체들이 서로 협동을 하는 것은 〈호혜성〉 때문이라고 생각했다. 호혜성이란 〈네가 내 등을 긁어주면 나도 네 등을 긁어주겠다〉는 것이다. 동물이 호의를 베풀면 그 호의를 입은 상대는 나중에 그에게 보답함으로써 양쪽 모두에게 이익이 돌아간다. 물론 호의를 베푸는 비용이 받는 비용보다 적은 경우에 한해서이겠지만……. 동물이 서로를 돕는 것은 이타주의가 아니고 이기적인 동기에서 비롯된 상호적 호혜성이다. 해밀턴의 격려를 받은 트리버스는 상호적 이타주의에 관한 첫 논문을 썼다. 트리버스는 상호적 이타주의를 논증하기 위해 반복적인 죄수의 딜레마를 고안했는데, 그는 두 개체 간에 상호 작용하는 횟수가 누적될수록 협동의 확률이 커질 것이라고 보았다. 그는 바로 맞대응의 출현을 예견했던 것이다.[9]

그로부터 10년이 지난 후 트리버스의 생각이 옳았다는 수학적 증거가 해밀턴의 앞에 던져졌다. 이후 액설로드와 해밀턴은 맞대응에 대한 생물학자들의 관심을 불러일으키기 위해 「협동의 진화 *The Evolution of Cooperation*」라는 공동 논문을 발표했다. 이 논문은 학계의 폭발적 관심을 모았고, 학자들은 이들의 이론을 입증하는 사례를 자연계에서 찾아내기 위해 조사에 착수했다.[10]

그리 오래지 않아 성과가 나왔다. 코스타리카에서 조사를 하고 1983년 캘리포니아로 돌아온 생물학자 제럴드 윌킨슨 Gerald Wilkinson은 조금은 섬뜩한 이야기를 보고했다. 그가 코스타리카에서 연구한 흡혈박쥐는 낮에 고목에 매달려 있다가 밤이 되면 짐승들을 찾아가 몰래 살갗에 작은 절개창을 내고 조용히 피를 빨아먹는다. 그러나 마땅한 대상을 찾지 못하거나 찾았다 해도 상대에게 들켜서 피를 빨지 못하는 경우가 있기 때문에 배를 자주 굶는 불안정한 생활을 한다. 노련한 박쥐는 열흘에 하루꼴로 이런 불행을 겪지만, 어리고 미숙한 박쥐에게는 사흘에 하루꼴로 이런 일이 일어나기 때문에 연이틀을 굶는 경우도 적지 않다. 박쥐는 60시간 동안 피를 먹지 못하면 아사 위기에 처한다.

그러나 다행히도 그들은 하루 필요량 이상의 피를 빨아두었다가 잉여분은 다시 토해내서 다른 박쥐에게 줄 수가 있다. 이런 좋은 해결책이 있지만, 박쥐의 처지에서 본다면 이것은 죄수의 딜레마이다. 서로 여분의 피를 주는 박쥐들은 그렇게 하지 않는 박쥐들보다 이익이다. 그러나 먹이를 얻기만 하고 주지 않는 박쥐가 가장 이익이며, 주기만 하고 받지 못하는 박쥐는 가장 손해이다.

박쥐는 같은 장소에 여러 마리가 함께 서식하는 경향이 있는데, 그들의 수명이 8년 이상으로 제법 길기 때문에 액셀로드의 컴퓨터 프로그램처럼 특정 상대와 여러 차례 게임을 반복할 기회가 있다. 통계적으로 볼 때, 한 장소에 동거하는 이웃들은 가까운 친족이 아니기 때문에 이들의 아량을 친족애로 설명할 수는 없다. 윌킨슨은 박쥐들이 맞대응 게임을 하는 것이라고 생각했다. 과거에 피를 제공한 박쥐는 그 상대로부터 피를 보답받는다. 남은 피를 주지 않는 박쥐는 다음에 피를 얻지 못한다. 박쥐들은 이 규칙을 성실하게 준수하는 것으로 보이는데, 서로 털을 손질해 주는 행위는 아마도 이 규칙을 강제 이행하기 위한 것으로 짐작된다. 그들은 서로 깃털을 손질해 줄 때 피를 저장하는 위가 있는 부위에 특별히 주의를 기울인다. 그 때문에라도 포식으로 불룩해진 배를 다른 박쥐에게 들키지 않는다는 것은 어려운 일이다. 속임수를 쓰는 박쥐는 쉽게 적발된다. 박쥐의 거처는 호혜성의 규칙이 지배하고 있다.[11]

아프리카의 버빗원숭이도 그렇다. 원숭이 한 마리가 싸울 때 도움을 청하는 소리를 녹음해 두었다가 틀면, 전에 그 원숭이의 도움을 받은 원숭이가 가장 빨리 달려온다. 물론 가까운 친척일 경우에는 전에 도움을 받았는지의 여부는 문제가 되지 않는다. 이론대로 맞대응은 친족을 제외한 개체 간에 협동을 발생시키는 메커니즘이다. 새끼는 어미의 호의를 당연하게 받아들이며, 그것을 얻기 위해 거래할 필요가 없다. 형제와 자매 사이에도 호혜주의는 적용되지 않는다. 그러나 혈연 관계가 없는 개체들은 서로 사회적인 부채를 예민하게 의식한다.[12]

맞대응이 가능하기 위해서는 관계가 안정적이고 경쟁적이어야 한다. 두 개체의 만남이 일회적이고 우연성이 높을수록 맞대응을 통해 협동이 이루어질 가능성은 적어진다. 트리버스는 자신의 생각을 뒷받침해 주는 사례를 산호초의 청소장cleaning station에서 발견했다. 해저의 보초(堡礁)에는 식육어를 비롯한 대형 물고기들이 그곳에 상주하는 작은 물고기와 새우들의 도움을 받아 몸의 기생체들을 〈세척〉하는 독특한 장소가 있다.

열대어종에게 세척은 생존을 위해 꼭 필요한 요소이다. 이곳에서는 45종 이상의 물고기와 6종 이상의 새우가 세척 서비스를 제공하는데, 주로 이 일로 먹고사는 것들도 많다. 이들은 고객의 눈을 끌기 위해 현란한 몸 색깔을 연출하고 멋지게 헤엄을 친다. 이곳을 찾는 물고기들 중에는 암초 밑의 해저 동굴뿐 아니라 멀리 대양에서 오는 것도 있다. 그중 어떤 물고기들은 서비스를 받으려고 왔음을 알리는 방법으로 몸 색깔을 바꾸기도 한다. 큰 물고기일수록 청소는 더욱 중요하다. 많은 물고기들이 먹이를 구하는 데 쓰는 만큼의 시간을 세척에 투자한다. 특히 상처를 입거나 병에 걸렸을 때에는 하루에도 몇 차례씩 찾아온다. 산호초에서 청소어들을 없애버리면 당장 반응이 나타난다. 물고기의 수는 줄어들고 마치 기생충이 번지듯 상처가 나고 감염된 물고기들의 숫자가 빠르게 증가한다.

작은 물고기는 식량을 얻고 큰 물고기는 몸을 청소한다. 상호 이익이다. 그러나 청소어는 고객의 먹이와 비교할 때 크기나 모양이 다르지 않다. 그런데도 청소어는 고객의 입 속을 들락날락하고 아가미 속으로 헤엄쳐 들어가는 목숨을 건 도박을 한다. 그러나 고객이 청소어를 해치는 일은 없으며, 서비스에 만족한 고객이 청소장을 떠날 때에는 청소어의 안전을 배려하듯이 주의 깊게 신호를 보내고, 이에 대해 청소어는 신속하게 철수하는 것으로 화답한다. 청소 습관을 지배하는 본능은 아주 강하다. 트리버스가 인용한 예에 따르면, 수족관에서만 6년 동안 키워 120센티미터쯤 길이로 자란 대형 열대어 그루퍼 grouper에게 청소어를 던져주자 평소 수족관에 던져주는 물고기를 덥석덥석 받아먹던 습관과는 달리 난생 처음 만난 청소어에게 입과 아가미를 벌리며 청소를 요구했다. 수족관에서 위생적으로 키웠기 때문에 기생체가 없는데도 불구하고…….

청소장을 찾아온 물고기들은 먹이감을 왜 먹어버리지 않는가? 사실 서비스를 받고 나서 먹어버리면 금상첨화일 것이다. 그러나 이것은 죄수의 딜레마에서 배신에 해당된다. 그런 일이 일어나지 않는 것은 인간 사회에서 배신이 흔치 않은 것과 같은 이유이다. 도덕심 같은 것은 눈을 씻고도 찾아볼 수 없는 뉴욕 시민들에게 불법 이민자 파출부는 일당을 떼어먹고 1주일마다 갈아치울 수 있는데 왜 구태여 돈을 주는지 물으면 그들은 이렇게 대답할 것이다. 〈훌륭한 청소부는 구하기가 쉽지 않기 때문에.〉 고객이 청소어를 소중하게 대하는 것은 단골로서의 의무감 때문이 아니다. 유능한 청소어는 당장의 먹이보다 내일의 청소부로서 더 값어치가 있기 때문이다. 이런 상황이 가능한 것은 특정한 산호초의 특정한 장소에서 같은 청소어를 오늘도 내일도 계속 만날 수 있기 때문이다. 관계의 영속성 또는 지속성이 이 방정식의 핵심이다. 뜨내기 만남은 배신을 부추긴다. 잦은 반복은 협동을 조장한다. 대양의 방랑자적 삶에는 청소장이 존재할 수 없다.[13]

액설로드가 발견한 또다른 사례는 제1차 세계대전 당시의 서부 전선이 배경이다. 당시 전쟁은 교착 상태에 빠져서 같은 지역을 뺏고 뺏기는 장기전이 계속되었다. 이에 따라 서로 같은 부대를 상대로 한 교전이 거듭 반복되었다. 죄수의 딜레마에서 게임이 반복되었을 때처럼 적대 전술은 협력 전술로 바뀌었고, 이 때문에 서부 전선은 연합군 부대와 독일군 부대 사이의 비공식적 휴전으로 〈병들었다〉. 휴전의 경계선을 합의하고 우발적 침해가 일어났을 때에는 서로 사과하는 등 상대적 평화를 유지하는 정교한 통신 체계가 개발되었다. 양측의 상부는 이것을 모르고 있었다. 휴전을 유지하는 통제 수단은 단순한 보복이었다. 배신을 저지른 상대에 대해서는 기습 공격과 집중 포화가 동원되었고, 피의 보복이 으레 그렇듯이 사태가 걷잡을 수 없이 확대되기도 했다. 이 상황은 〈맞대응〉과 무척 닮았다. 상호부조가 조장되었으며 배신은 배신으로 갚았다. 이런 상황을 알게 되었을 때 양측의 장성들이 택한 가장 단순하고도 효과적인 처방은 잦은 부대 재배치였다. 상호부조의 관계가 형성될 만한 시간 여유를 주지 않는 처방이다.

그러나 제1차 세계대전의 예가 말해 주듯이 맞대응에는 어두운 일면이 있다. 두 사람의 맞대응꾼이 만나 첫발을 잘 내디디면 그들은 영원히 협력한다. 그러나 둘 중 한쪽이 우연히 또는 무심히 배신을 저지르기라도 하면, 그들은 탈출구가 없는 끊임없는 상호 보복의 수렁에 빠지게 된다. 시칠리아 지방이나 16세기의 스코틀랜드 국경 지역, 고대의 그리스, 현대의 아마존 유역 등 사람들이 분파 간의 반목과 복수에 중독되어 버린 지역에서의 〈죽을 때까지의 맞대응〉이 바로 이것이다. 맞대응은 만병 통치약이 아니다.

그러나 인간 사회에서는 호혜주의가 보편적으로 발견된다. 그것이 인간 본성의 불가결한 일부, 즉 본능일 가능성이 높다는 것을 의미한다는 점은 되새겨야 한다. 우리는 〈선행은 선행으로 보답받는다〉는 결론에 이르기 위해 복잡한 추론을 거치지 않는다. 그것은 우리가 성장하면서 자연스럽게 깨닫게 되는 뿌리 깊은 소양이다. 왜 그럴까? 그것은 우리 인간이 사회적 삶을 통해 좀더 많은 것을 획득하도록 적자생존이 호혜주의를 선택했기 때문이다.

4

비둘기와 매의 구별

좋은 평판에서 오는 보답

사리(私利) 추구를 위해서라면 모든 유기체가 이웃을 도울 것이리라는 예측은 합

리적이다. 다른 대안이 없는 경우에는 누구나 공공 노역의 굴레를 짊어질 것이다.

그러나 전적으로 자신의 이익에 따라 행동할 기회가 주어진다면, 오직 사욕(私慾)

만이 형제나 배우자, 부모, 자식을 짐승처럼 학대하고 상처 입히고 죽이는 것을 막

을 수 있다. 〈이타주의자〉를 할퀴어 〈위선자〉의 피가 흐르는 것을 보라.

— 마이클 기셀린의 『자연의 경제학과 성의 진화 *The Economy of Nature and the*

Evolution of Sex』(캘리포니아 대학교 출판부; 버클리, 1974)에서

흡 혈박쥐는 몸집에 비해 아주 큰 머리를 가지고 있다. 신피
질 neocortex, 즉 영민함을 관장하는 뇌의 앞부분이 일반
적인 생체 기능을 담당하는 뇌의 뒷부분에 비해 지나치게 크기 때
문이다. 흡혈박쥐는 박쥐 중에서 가장 큰 신피질을 가지고 있다.
앞 장에서 살펴본 것처럼 그들이 일반 박쥐들과는 달리, 혈연 관
계가 없는 이웃들과의 호혜적 관계를 비롯한 복잡한 사회 관계를
맺으며 사는 것은 우연이 아니다. 호혜주의 게임을 하기 위해서는
누가 누군지를 식별할 수 있어야 하며, 선의에 보답할 줄 아는 자
와 은혜를 모르는 자를 기억속에 담아두고 그에 상응하는 경의와
유감을 표시할 수 있어야 한다. 육상 포유 동물 중에서 가장 영리
한 영장류를 비롯한 육식 동물들을 살펴보면, 뇌의 크기와 사회
집단의 규모 사이에 밀접한 상관 관계가 발견된다. 이루고 사는
사회가 클수록 뇌 전체에서 신피질이 차지하는 비율이 높다. 복잡
한 사회를 이루고 살아가기 위해서는 큰 뇌가 필요하다. 반대로
큰 뇌를 갖기 위해서는 복잡한 사회에서 살아야 한다. 두 가지 진
술 모두 옳으며 그만큼 상관도(相關度, corelation)도 높다.[1]

둘의 상관도가 이렇게 높기 때문에, 어떤 동물의 집단 규모를

모르더라도 뇌 크기를 알면 거꾸로 집단의 규모를 예측할 수 있다. 이 방법으로 추산해 보면 인간은 150명 규모의 사회에서 산다. 보통의 읍이나 시는 이보다 훨씬 큰 규모이지만, 좀더 생각해 보면 150명이라는 수는 옳다. 그것은 전형적인 수렵채집 부락의 주민 수나 평균적인 종교 공동체의 구성원 수, 개인 주소록의 기입란 수, 보병 중대의 병력 수, 그리고 원활하게 돌아가는 공장의 직공 수와 대략 일치한다. 150은 인간이 더불어 살아가기에 가장 적당한 규모이다.[2]

호혜주의는 사람들이 서로를 잘 식별해야만 실현될 수 있다. 은 인과 원수를 구별하지 못하면 은혜를 갚는 것도 보복을 하는 것도 불가능하기 때문이다. 그뿐만 아니라 호혜주의에는 게임 이론에서는 고려되지 않는 아주 중요한 요소가 하나 있다. 그것은 평판(評判, reputation)이다. 서로가 서로를 잘 아는 사회에서는 죄수의 딜레마 게임을 아무하고나 할 필요가 없다. 게임 상대를 고를 수 있는 것이다. 과거에 나에게 협력한 적이 있는 사람이나 주위에서 믿을 만하다고 평가되는 사람, 호의적인 몸짓을 보이는 사람을 골라서 상대할 수 있다. 게임 상대를 선택할 수 있다는 것이다.

대도시에는 지방의 소도시나 시골 마을에 비해 무례한 사람들이 더 많이 들끓고, 예기치 못한 모욕과 폭력을 만나기가 십상이다. 고향 마을의 근처 도로에서 차를 몰면서 맨해튼이나 파리 중심가에서처럼 다른 운전자에게 욕설을 해대고 경적을 울려대는 사람은 거의 없다. 이런 차이가 어디에서 비롯되는지는 누구나 알고 있다. 대도시는 익명의 장소이다. 뉴욕이나 파리나 런던에서는 낯선 사람에게 제멋대로 무례하게 굴더라도 그 사람을 다시 마주치게 될 확률이 아주 낮다(특히 차를 타고 있는 경우에는). 고향 마을에서 우리의 행위를 제어하는 것은 호혜주의에 대한 날카로운 인식이다. 서로를 익히 아는 작은 마을에서는 누군가에게 무례하게 굴면 똑같이 무례한 행동을 되돌려받을 확률이 높다. 반대로 호의를 베풀면 보답이 돌아올 확률도 높다.

인간 사회의 진화 과정을 돌아보자면, 낯선 사람을 접할 기회가 아주 드물었던 소규모 부족 사회에서는 누구나 호혜주의적 의무감에 젖어 살았다. 지금도 시골 마을은 그렇다. 아마 맞대응은 인간의 사회적 본능 속에 뿌리를 내리고 있을 것이다. 포유 동물 중에서 인간만이 벌거숭이두더지쥐의 사회적 본능과 유사한 본능을 갖게 된 의문은 이것으로 설명할 수 있을 것이다.

암사자들의 전략

액설로드의 토너먼트 이후 맞대응 이론에 대한 몇 가지 반론이 나왔다. 경제학자들과 동물학자들이 서로 다른 이유로 맞대응 이론의 반대 진영에 집결했다.

동물학자들이 제기한 문제는 자연계에서 맞대응의 사례를 찾아보기 힘들다는 것이었다. 윌킨슨의 흡혈박쥐, 트리버스의 산호초 청소장, 그리고 돌고래·원숭이·고릴라에서 관찰된 몇 가지 사례를 제외하고 맞대응의 흔적이 없었다. 1970년대에 이루어진 대대적인 사례 발견 노력의 결과치고는 너무 빈약했다. 동물들은 당연히 맞대응을 할 것으로 기대되었지만, 결과는 그렇지 않았다.

사자가 좋은 예이다. 무리를 이루고 사는 암사자들은 자신들의 세력권을 다른 무리의 침입으로부터 철저하게 지킨다(수사자는 교미를 위해서만 무리에 가담하므로 일은 거의 않고 사냥이나 세력권 방어에도 관심이 없다. 단, 다른 수사자가 침입했을 때는 예외다). 암사자는 자기 세력권을 알릴 때 큰소리로 포효를 하는 습성이 있기 때문에 한 무리의 세력권 안에 녹음기를 설치하고 다른 암사자의 포효 소리를 틀어주면 그들은 누군가가 침입한 것으로 착각을 한다. 로버트 헤이손Robert Heinsohn과 크레이그 패커Craig Packer는 이 방법을 써서 탄자니아 지방에서 암사자들의 반응을 관찰해 보았다.

녹음기를 틀면 으레 암사자 몇 마리가 소리나는 곳으로 오는데, 이때 부지런히 달려오는 놈이 있는가 하면 마지못해 뒤에서 꾸물거리는 놈도 있다. 맞대응이 성립하기에 적절한 상황이다. 〈침입자〉에 대한 방어에 앞장 선 사자는 뒤에서 꾸물대는 느림보에게서 호혜주의적인 보답을 기대할 것이다. 말하자면 이번에 느림보짓을 했으면 다음번에는 앞장 서서 위험을 감수하기를 기대할 것이다. 그러나 그런 행동 양식은 찾아볼 수 없었다. 앞장 선 암사자는 화가 난 표정으로 뒤에 처진 느림보에게 계속 눈총을 주지만, 이번에 앞장 선 놈이 다음번에도 역시 앞장을 섰다. 느림보는 영원히 느림보일 뿐이었다.

우리는 암사자들을 전략에 따라 네 가지 유형으로 구분했다. 즉 늘 반응을 선도하는 〈무조건적 협력자〉, 항상 뒤에서 꾸물대는 〈무조건적 느림보〉, 긴박한 상황일수록 게으름을 적게 피우는 〈조건부 협력자〉, 긴박한 상황일수록 뒤로 처지는 〈조건부 느림보〉이다.[3]

느림보에 대한 처벌이나 호혜주의적 규제의 기미는 발견되지 않았다. 솔선수범하는 암사자들은 자신들의 용기가 전혀 보답받지 못하는 상황을 그대로 감내한다. 암사자들의 세계에 맞대응이란 없는 것이다.

그러나 짐승들이 맞대응을 하지 않는다고 해서 인간 사회가 호혜주의를 근거로 세워지지 않았다고 할 수는 없다. 뒤에서 자세히 논의하겠지만, 인간 사회가 상호 의무의 네트워크라는 것을 보여주는 증거는 아주 많다. 호혜주의는 언어나 몸짓처럼 인간 고유의 용도로 발전시켜 온 것 가운데 하나일 수 있으며, 다른 동물들은 호혜주의의 유용성을 발견하지 못했거나 그것을 활용할 만한 정신적 능력을 갖추지 못했을지도 모른다. 인간에게 상호부조가 존재한다는 이유로 곤충에게도 그것이 있으리라고 기대했던 것이 크로포트킨의 오류였다. 어쨌든 동물학자들의 문제 제기는 중요한 사실 하나를 깨닫게 했다. 맞대응 같은 단순 전략은 복잡한 현실 세계보다는 컴퓨터 토너먼트 같은 단순 세계에 더 잘 어울린다는 것이다.

맞대응의 아킬레스건

경제학자들은 다른 종류의 의문을 제기했다. 액설로드의 발견은 『협동의 진화』라는 저서를 통해 세상에 널리 알려지면서 대중적 인기를 얻었고 언론에도 자주 오르내렸다. 그의 인기는 원래 시기심 많은 게임 이론가들의 질시를 사기에 충분했고, 으레 그렇듯이 깎아내리기가 시작되었다.

후안 카를로스 마르티네스콜 Juan Carlos Martinez-Coll과 잭 허슐레이퍼 Jack Hirshleifer는 이렇게 말했다. 〈아주 이상한 주장이 요즘 널리 받아들여지고 있다. 맞대응이라는 단순한 호혜주의 전략이 액설로드가 고안해 낸 특수한 환경뿐 아니라 모든 조건에서 최선의 전략이라는 주장이다.〉 그들은 게임의 설계를 조금만 바꾸면 맞대응이 우승하지 못하는 토너먼트를 얼마든지 만들 수 있다고 주장했으며, 여기에서 한걸음 더 나아가 비열한 전략과 고상한 전략이 뒤죽박죽으로 공존하는 복잡한 세계, 즉 우리가 살아가고 있는 세계를 모의 실험한다는 것은 불가능한 일이라고 말했다.[4]

켄 빈모어 Ken Binmore도 날카로운 비판을 했다. 그는 액설로드의 모의 실험에서도 맞대응이 〈더 비열한〉 전략과의 게임에서 이긴 적이 한번도 없었다는 사실에 이목을 끌어들였다. 때문에 일련의 연속된 게임이 아닌 단판 승부에서까지 맞대응을 하라는 것은 참으로 터무니없는 잘못된 충고라고 했다. 그런 충고는 풋내기들에게나 통할 것이다. 액설로드는 매번의 게임에서 각 전략이 얻은 점수들을 합산해서 순위를 매겼다는 사실을 기억하라. 맞대응은 게임에서 이긴 적이 별로 없고, 여러 차례의 고득점 무승부와 패배의 점수를 합산해 우승한 것이다.

빈모어는 그 같은 수학적 합리화를 우리가 무비판적으로 받아들이는 이유는 우리가 맞대응을 당연한 것——우리는 누구나 사회가 잘 돌아가고 유지되는 것이 호혜주의 덕분임을 내면적으로 깊이 인식하고 있다——으로 여기는 데 익숙해져 있기 때문이라고 보았다. 그는 이렇게 덧붙인다. 〈컴퓨터 모의 실험으로부터 외삽(外挿)된 결론들을 삶 속에 수용한다는 것은 아주 위험한 일이다.〉[5]

그러나 이와 같은 비판은 대부분 핵심을 비켜간 것들이다. 아이

작 뉴턴 Isaac Newton이 중력의 원리를 가지고 정치학을 설명하지 못했다고 비판할 수 없듯이, 액설로드가 세상에서 일어나는 모든 일을 고려하지 않았다고 비판할 수는 없다. 액설로드 이전에 죄수의 딜레마는 배신이 합리적인 것이며, 이것을 깨닫지 못하는 자는 바보라는 삭막한 교훈을 가르쳐왔다. 그러나 액설로드는 자신이 말한 〈미래의 투영 the shadow of the future〉이 이 결론을 완전히 뒤집는다는 사실을 발견한 것이다. 매번 아주 단순하고 호의적인 전략이 토너먼트의 우승자가 되었다. 설사 그의 게임 설계가 비현실적인 것으로 판명된다 할지라도, 즉 인생이 액설로드 식의 토너먼트가 아니라는 것이 밝혀진다 할지라도, 죄수의 딜레마에서 〈유일한〉 합리적 전략은 배신이라는 이제까지의 결론을 완전히 뒤집어놓은 그의 업적을 부정할 수는 없다. 예의를 지키는 자도 생존의 게임에서 우승을 할 수 있게 된 것이다.

맞대응이 비기거나 진 게임의 점수들을 합산해 우승한 것이라는 비판에 대해 말하자면, 바로 그 점이 중요한 것이라고 말하고 싶다. 맞대응은 전투에서는 지거나 비기지만 전쟁에서는 이긴다. 맞대응은 대부분의 게임이 점수따기라는 사실을 각성시킴으로써 우리의 잘못된 생각들을 돌이켜볼 수 있게 해준다. 맞대응은 상대를 〈박살내려고〉 하지 않는다. 맞대응에게 인생은 제로섬 게임이 아니다. 나의 성공이 반드시 너의 희생을 전제로 하는 것이 아니며, 둘 다 승리하는 것이 가능하다. 맞대응에게 게임은 결투가 아니라 거래인 것이다.

뉴기니 섬 중부 지방의 고산족은 살얼음판 같은 동맹과 투쟁의 상호 관계망을 형성하고 있는 여러 부족으로 구성되어 있는데, 최근 그곳에 축구가 전파되었다. 그러나 그들은 게임에 패배할 경우

혈압이 너무 치솟는다는 것을 깨닫고 게임의 규칙을 바꿨다. 게임은 양쪽이 일정한 수의 골을 넣을 때까지 계속된다. 게임이 끝날 때까지 화 한번 내는 일이 없으며, 패배자도 없고 득점을 한 사람은 모두 승리자이다. 이것은 넌제로섬 게임이다.

새로 부임해 온 어느 신부가 게임의 심판을 보다가 화가 나서 〈그렇게 하는 게 아냐!〉 하고 소리쳤다. 〈게임의 목적은 상대 팀을 박살내는 것이란 말이야. 누군가는 이겨야 한다!〉는 것이었다. 그러자 양 팀의 주장들이 대답했다. 〈아닙니다. 그렇게 하는 게 아닙니다. 적어도 이곳 아스마트Asmat에서는 누군가가 이기면 지는 사람이 생기기 때문에 좋을 것이 없죠.〉[6]

게임에 관한 한 이 같은 생각은 너무 낯설고 심지어 기이하게 여겨진다(나도 뉴기니 식 축구의 재미가 무엇일지 궁금하다). 그러나 무역의 경우를 예로 들어보자. 무역은 당사국들에게 도움이 된다는 것이 경제학자들의 공리처럼 되어 있다. 두 국가가 무역을 증진시키면 모두 그만큼 잘살게 된다는 것이다. 그러나 보통 사람의 얕은 생각은 지역구를 대표하는 선동꾼 국회의원이 뭐라고 주장하든 간에 그와는 다르다. 보통 사람에게 무역은 경쟁적 문제이다. 좋은 것을 수출하고 나쁜 것을 수입한다.

뉴기니의 경우와는 조금 다른 형태의 축구 토너먼트를 생각해보자. 대회의 우승 팀은 가장 많은 게임을 이긴 팀이 아니라 가장 많은 골을 넣은 팀에게 돌아가는 것이 이 토너먼트의 규칙이다. 참가 팀 중 일부는 정상적인 축구, 즉 되도록 골을 적게 먹고 많이 넣는 축구를 하기로 결정했다. 그러나 일부 팀은 다른 전략을 채택했다. 그들은 서로 득점을 하도록 내버려두면서 자기도 득점을 하려고 한다. 후자의 전략을 채택한 팀들끼리 게임을 하게 되면, 그들은 서로에게 호혜적인 우대를 하고자 할 것이다. 어떤 팀이 우승자가 될지는 명백하다. 그것은 맞대응하는 팀이다. 이 새로운 형태의 축구는 제로섬 게임이 아니라 넌제로섬 게임이다. 세상사에서 제로섬 게임은 극히 드물다.

그러나 빈모어 등의 비판은 우리에게 중요한 사실 하나를 일깨워 주었다. 액설로드는 맞대응이 〈진화적으로 안정적이다〉──맞대응 전략은 다른 전략에게 당하지 않는다──는 결론을 너무 성급히 내렸다. 로브 보이드 Rob Boyd와 제프리 로버바움 Jeffrey Loberbaum 은 새로운 컴퓨터 모의 토너먼트를 개발해 맞대응이 우승하지 못하는 토너먼트를 실증해 보였다.

새 토너먼트에서는 무작위로 선발된 전략 팀들이 일정한 공간을 장악하기 위해 서로 싸움을 벌이는데, 이때 각 팀은 바로 전에 치른 게임에서 얻은 점수(5, 3, 1, 0점)의 비율로 공간 확장을 하면서 게임을 하게 된다. 이 새로운 조건에서 처음에는 〈상습적 변절자〉와 같은 비열한 전략이 순진한 협동 전략을 물리쳐서 공간 밖으로 밀어낸다. 그러나 그 결과 변절자들끼리만 서로 상대하게 되므로 그들은 계속 1점밖에 얻지 못해 곧 전투력을 상실하고 위축된다. 이때 맞대응이 등장한다. 그는 〈상습 변절자〉를 만났을 때에는 5점을 상대에게 주지 않기 위해 변절한다. 그러나 같은 맞대응을 만났을 때에는 서로 협력해서 3점씩을 얻는다. 따라서 몇 개의 맞대응들이 작은 협동 동맹을 형성하게 되면 그들은 급속히 확장해 〈상습 변절자〉를 축출한다.[7]

그러나 이때부터 맞대응의 약점이 드러난다. 원래 맞대응은 한 번의 실수에 취약하다. 그는 배신을 당하기 전에는 협력을 하지만 일단 배신을 당하면 보복을 한다. 맞대응 두 개가 만나면 그들은 대개 평화로운 협동 관계를 구축하지만, 만일 어느 한쪽이 예기치 못한 실수로 변절을 하게 되면 상대는 보복을 하고, 이때부터 양자는 전혀 소득이 없는 상호 보복의 구렁텅이에 빠져들고 만다. 예컨대 아일랜드 공화국군Irish Republican Army(IRA) 무장대가 영국 군인을 향해 쏜 총탄이 우연히 길을 가던 개신교 신자에게 맞는 일이 생겼다면, 이 실수는 보수당 무장대의 가톨릭 교도에 대한 무차별적 보복전을 촉발할 것이고, 이것은 다시 끝없는 보복전으로 이어질 것이다. 북아일랜드에서는 이 같은 일이 실제로 적지 않게 일어났는데, 사람들은 이것을 〈맞대응 살인〉이라고 불렀다.

이 같은 약점 때문에 액설로드의 토너먼트에서 맞대응이 거둔 승리는 게임의 형식에 힘입은 바가 크다는 사실이 밝혀졌다. 액설로드의 토너먼트에서는 맞대응의 약점이 가려져 있었던 것이다. 실수가 가능한 세계에서 맞대응은 2차적인 전략이다. 어떤 전략도 그보다는 나았다. 이때부터 새로운 전략들이 화려하게 무대에 등장하기 시작했고, 액설로드의 명료했던 결론은 붕괴되기 시작했다.

파블로프의 전략

이제 무대를 오스트리아의 빈으로 옮겨보자. 1980년대 말 어느 날 천재 수학자 카를 지크문트Karl Sigmund는 학생들과 게임 이론에 관한 세미나를 열고 있었다. 이때 세미나를 경청하고 있던 학생 마르틴 노와크Martin Nowak는 그 자리에서 화학 공부를 포기하고 게임 이론가가 되기로 결심했다. 노와크의 결심에 감명받은 지크문트는 맞대응이 등장함으로써 죄수의 딜레마를 둘러싸고 벌어진 혼란스런 상황을 해결해 보라고 말했다. 가장 완전한 전략을 찾아내라고 요구한 것이다.

노와크는 미리 규정된 것이 아무것도 없고 모든 것이 확률에 의해 결정되는 새로운 토너먼트를 구상했다. 토너먼트에 참가한 전략들은 일정한 확률로 임의의 실수를 저지르고 일정한 확률에 따라 전술을 변경한다. 그러나 그들은 성공적인 전술은 보존하고 실패한 전술은 폐기하는 식으로 발전 또는 〈학습〉도 한다. 그뿐만 아니라 그들의 행동을 조절하는 확률도 점진적으로 발전적 변화를 겪는다. 이 새로운 사실주의적 게임은 과거의 모든 화려한 전략들의 약점을 폭로함으로써 유용성을 금방 드러냈다. 토너먼트가 진행됨에 따라 과거처럼 여러 전략들이 엎치락뒤치락 우승을 다투는 것이 아니라 하나의 전략이 아주 분명하게 승좌에 올랐다. 우승자는 〈맞대응〉이 아니라 그 친척격인 〈아량 있는 맞대응 Generous-Tit-for-tat〉이었다(앞으로 〈아량〉이라고 부르겠다).

〈아량〉은 상대가 저지르는 일회적 실수를 이따금씩 눈감아준다. 즉 첫번째 배신은 3분의 1의 확률로 관대하게 용서해 준다. 일회적 배신을 모두 용서해 주는 전략——〈두 번 맞으면 한 번 치는〉 전략——은 상대에게 이용만 당한다. 그러나 3분의 1의 확률로 무작위적으로 용서하는 것은 비열한 상대에게 이용당하지 않으면서도 상호 보복의 연쇄를 끊는 효과가 있다. 종종 실수를 저지르고 그 때문에 상호 보복의 늪에 빠져버리는 맞대응들 속에서 〈아량〉이 전체를 평정하고 세력권을 넓혀간 것이다. 여기에서 맞대응의 역할은 자신보다 더 우호적인 전략을 위해 길을 닦는 것이었다. 그는 메시아가 아니라 세례 요한이었다.

그러나 〈아량〉 역시 메시아는 아니었다. 그것은 아량이 너무 넓기 때문에 더 점잖고 순진한 전략이 확산되는 것을 허용한다. 예컨대 〈무조건 협력자〉는 〈아량〉을 물리치지는 못하지만 그들 속에서 증식한다. 즉 무덤 속에서 다시 기어나온다. 그러나 〈무조건 협력자〉는 지나치게 우호적이어서 다시 가장 비열한 〈무조건 배반자〉에게 쉽게 함락된다. 〈아량〉들 속에서 〈무조건 배반자〉는 설 땅이 없다. 그러나 〈무조건 협력자〉가 등장하기 시작하면 〈무조건 배반자〉는 이들을 물리칠 수 있다. 결국 게임의 최종 결과는 평화로운 호혜주의적 세계가 아니다. 〈맞대응〉이 〈아량〉을 영접하고, 〈아량〉은 〈무조건 협력자〉를 영접하고, 〈무조건 협력자〉는 다시 〈무조건 배반자〉를 해방시켜서, 게임은 출발점으로 다시 돌아온다. 이로써 액설로드의 결론 중 적어도 하나는 틀렸음이 입증되었다. 이 게임에 안정된 종착점은 없다.

1992년 여름이 시작될 무렵 지크문트와 노와크는 죄수의 딜레마 게임에 확실한 해법이 없다는 결론을 앞에 놓고 실의에 빠져 있었다. 그들이 얻은 결론은 죄수의 딜레마가 이론가들이 좋아하지 않는 어수선한 〈의사(意思) 결정 게임〉이라는 것이었다. 그러나 행운의 조짐이었는지, 역사가인 지크문트의 아내는 자신이 연구하고 있는 중세 인물의 후손인 그라프 Graf의 초청으로 남부 오스트리아의 발트비어텔 Waldviertel에 자리잡은 동화 속의 성 슐로스 로젠부르크 Schloss Rosenburg에서 여름을 보내게 되었다. 지크문트는 노와크에게 동행을 제안했고 그들은 죄수의 딜레마 토너먼트를 위한 랩톱 컴퓨터를 가지고 휴가를 떠났다. 당시 로젠부르크 성은 사냥매 훈련소로 쓰이고 있었기 때문에, 이 수학자 둘은 두 시간마다 흰죽지수리들이 기술을 연마하기 위해 수천 미터

상공에서 성의 정원을 향해 활강하는 모습에 눈길을 빼앗기곤 했다. 그곳은 그들이 컴퓨터 속에 만들어낸 마상(馬上) 창시합에 썩 어울리는 중세적 무대였다.

두 사람은 출발점으로 다시 돌아가서 그 동안 선수 명단에서 누락되었던 모든 전략을 하나씩 다시 입력하기 시작했다. 우승을 거두고 그후에도 안정적으로 승좌를 지키는 전략을 찾아내려는 것이 목적이었다. 그들은 게임에 참가한 자동 인형들의 기억력을 조금 높여보기로 했다. 이제 전략들은 맞대응처럼 상대편의 지난번 방식만을 기억하는 것이 아니라, 상대편과의 싸움에서 자신이 지난번에 선택했던 방식도 기억해 그에 따라 행동하게 되었다. 그러던 어느 날 흰죽지수리가 창 밖을 날쌔게 스쳐가는 순간 문득 영감이 떠올랐다. 낡은 전략, 그것도 다름아닌 래퍼퍼트가 시도했던 전략이 갑자기 상위로 진입하기 시작했다. 래퍼퍼트는 이 전략을 폐기하면서 쓸모없는 〈숙맥 simpleton〉이라고 불렀다. 그러나 그때 래퍼퍼트는 〈숙맥〉에게 너무 힘겨운 상대인 〈무조건 배반자〉와 싸우게 했다. 노와크와 지크문트는 맞대응이 지배하는 게임에 〈숙맥〉을 출전시켰다. 그러자 〈숙맥〉은 이 역전의 노장을 물리쳤다. 〈숙맥〉은 〈무조건 배반자〉를 이길 수는 없었지만, 일단 맞대응이 〈무조건 배반자〉를 축출한 뒤에 주역의 자리를 가로챌 수는 있었다. 맞대응은 다시 한번 세례 요한이 되었다.

〈숙맥〉은 〈파블로프〉라고도 불렸는데, 사실 어처구니없는 이름이라고 혹평하는 사람이 많다. 그는 조건 반사와는 전혀 관계가 없다. 노와크는 다소 거북스럽지만 정확한 명칭은 〈승리 고수/패배 교체〉로 해야 옳았을 것이라고 생각했다. 그러나 그렇게까지 할 필요는 없다는 생각이 들어 이름이 파블로프로 굳어지고 말았다. 파블로프는 단순한 룰렛 도박자처럼 행동한다. 빨간색에 걸어 돈을 따면 다시 빨간색에 건다. 만일 잃으면 이번에는 검은색에 건다. 이기면 3점(포상)이나 5점(악마의 유혹), 지면 1점(징벌)이나 0점(어리석음의 대가)이다. 패배하지 않는 이상 행동을 수정하지 않는다는 이 원칙은 애완견 훈련이나 아동 교육을 포함한 수많은 일상 생활에 적용되고 있다. 우리는 아이들을 교육하면서 그들이 포상받는 행동은 계속하고 처벌받는 행동은 중단할 것이라고 기대한다.

파블로프는 맞대응처럼 협력을 조장한다는 점에서 우호적이고, 좋은 상대에게 보답을 한다는 점에서 호혜적이며, 〈아량〉처럼 실수를 응징한 뒤에도 다시 협력 관계를 회복한다는 점에서 관대하다. 그러나 〈무조건 협력자〉처럼 너무 순진한 상대를 징벌하는 보복자적인 기질도 갖고 있다. 그는 어리숙한 상대를 만나면 계속 배반을 한다. 이렇게 함으로써 파블로프는 자신이 이룩한 협동 세계가 무임 승차자가 들끓는 과도한 신뢰의 유토피아로 썩어가도록 방치하지는 않는다.

그러나 파블로프에게도 약점이 있다. 파블로프는 〈무조건 배반자〉에게는 무력하다. 그는 배반 전략을 택했다가 지면 다시 〈협력〉으로 작전을 변경해 〈어리석음의 대가〉를 치른다. 그래서 원래 이름이 숙맥이다. 때문에 파블로프는 맞대응이 특유의 능력을 발휘해서 악한들을 물리친 뒤에야 능력을 발휘할 수 있다. 그러나 노와크와 지크문트는 파블로프의 결점이 결정론적인 게임, 즉 모든 전략이 사전에 정의되어 있는 게임에서만 드러난다는 것을 발견했다. 매번의 전략이 다음번 행동을 결정짓는 참고 자료로 이용되는 확률과 학습의 세계에서는 전혀 다른 일이 일어났다. 파블로프는 신속하게 자신의 왕좌가 〈무조건 배반자〉에 의해 위협받지 않을 정도로 확률을 재조정했다. 파블로프는 진정한 의미에서 진화적으로 안정적이었다.[8]

담력을 시험하는 물고기

동물 세계나 인간 사회에서도 파블로프의 전략이 발견되는가? 노와크와 지크문트가 자신들의 실험 결과를 발표하기 전에 맞대응의 가장 흡사한 사례는 맨프레드 밀린스키Manfred Milinski의 큰가시고기 실험에서 관찰되었다. 큰가시고기와 황어의 포식자는 참꼬치인데, 참꼬치가 등장하면 그들은 소규모 정찰대를 파견해 주의 깊게 그 위험성을 테스트한다. 이처럼 무모한 용기에는 틀림없이 어떤 대가가 있을 것이다. 박물학자들은 정찰대가 몇 가지 유용한 정보를 수집할 수 있다고 믿고 있다. 만일 참꼬치가 식욕이 없거나 방금 식사를 마쳤다는 결론이 내려지면, 그들은 원대로 복귀하고 먹이 찾는 일을 계속하면 되는 것이다.

큰가시고기 두 마리가 포식자를 향해 정찰을 갈 때, 그들은 서로 번갈아가면서 앞장을 서는 일종의 단거리 역주(力走)를 하면서 이동한다. 참꼬치가 어떤 기미를 보이면 그들은 쏜살같이 도망친다. 밀린스키는 여기에서 축소판 죄수의 딜레마를 보았다. 그들은 다음에는 내가 앞장서겠다는 〈협력적〉 몸짓을 보여주거나, 동료가 계속 앞장서도록 하는 〈배반자〉의 길을 선택해야 한다. 밀린스키는 거울을 교묘하게 조작해서 큰가시고기 한 마리에게 한 번은 동료(사실은 거울에 비친 자기 모습)가 보조를 함께 유지하는 모습

보게 하고, 다음번에는 참꼬치에게 다가갈수록 동료가 뒤로 처지는 모습을 보게 했다. 이 결과를 밀린스키는 맞대응이라고 해석했다. 실험 물고기는 배반자와 있을 때보다 협력자와 있을 때 더 용감했다. 그러나 파블로프에 관한 이야기를 전해 들은 그는 그의 물고기가 보여준 모습이 이전에 협력하던 동료가 계속 배신을 할 때 협력 전략과 배반 전략 사이에서 끊임없이 왔다갔다하는 모습으로 해석될 수 있다는 생각이 떠올랐다. 맞대응이 아니라 파블로프의 행동이었던 것이다.

현학적인 게임 이론가가 나타나기를 기대하면서 물고기를 들여다보는 것은 우스꽝스러운 일이다. 그러나 게임 이론에서는 물고기가 자신이 하는 행동을 이해하는 것이 전제될 필요가 없다. 전혀 의식이 없는 자동 인형일지라도 다른 자동 인형과 함께 죄수의 딜레마 상황 속에서 반복적으로 상호 작용을 하는 조건이라면 호혜주의로 진화할 수 있다. 컴퓨터 모의 실험이 그것을 입증하고 있다. 전략을 실천하는 주체는 그 물고기가 아니라 전략을 물고기에게 프로그래밍할 수 있는 진화이다.

이 이야기는 파블로프에서 끝나지 않는다. 노와크가 옥스퍼드 대학교로 돌아갔기 때문에 케임브리지 대학교의 누군가가 파블로프를 능가하기 위한 도전을 하는 것은 예상된 일이었다. 케임브리지의 마쿠스 프린Marcus Frean은 게임을 실제 상황에 더 가깝게 하기 위해 게임 당사자 양쪽이 동시적으로 행동하지 않는 새로운 트릭을 가미했다. 흡혈박쥐들은 같은 시점에 서로 호의를 주고받는 것이 아니다. 그들은 교대로 번갈아가면서 호의를 베푼다. 그저 재미로 음식을 교환하는 것과는 전혀 다르다. 이 〈교차성 죄수의 딜레마〉 토너먼트가 벌어지자 프린의 컴퓨터에서는 파블로프

116

를 물리치는 전략이 등장했다. 프린은 강하지만 공정하다는 의미에서 새 전략을 〈공정한 강자Firm-but-fair〉라고 불렀다. 그것은 협력자에게는 협력을 하고 상호 배반 후에는 협력으로 복귀하며, 어리숙한 상대는 계속 배반해서 처벌한다는 점에서 파블로프와 같다. 그러나 파블로프와는 달리 이전의 게임에서 배반당한 후에도 협력의 여지가 있다. 좀더 우호적인 것이다.

이 사건의 중요성은 〈공정한 강자〉를 새로운 신으로 추대하자는 데에 있는 것이 아니다. 게임을 비동시적으로 진행하면 주의 깊은 아량이 좀더 큰 보답을 받는다는 것이다. 이것은 상식에도 맞는다. 만일 당신이 상대편보다 먼저 행동해야 한다면, 우호적인 태도로 협력 관계를 조장하려고 할 것이다. 우리는 나쁜 평판을 달갑게 여기지 않기 때문에 처음 보는 상대를 험악하게 맞이하지는 않고 미소로 반긴다.

문제는 배반자!

그러나 좀더 만만치 않은 문제가 등장한다. 죄수의 딜레마는 2인조 게임이다. 두 개체가 횟수 제한 없이 게임을 벌이는 경우에 협력은 자연스럽게 발전한다. 더 정확하게 표현하자면 가까운 이웃들만을 마주치는 세계에서는 호의를 베풀면 보답이 돌아온다. 그러나 세상은 그렇지가 않다.

한 쌍의 관계에서도 호혜주의적 협력이 발생하려면 상당히 까다로운 조건이 충족되어야 한다. 서로 다시 만나게 될 것과 만났을 때 서로를 알아볼 것을 확신할 수 있어야 서로의 계약을 감시할 수 있다. 세 사람 이상이라고 할 때는 얼마나 더 어려워지겠는 가? 집단이 커지면 커질수록 협력의 이득은 더 감지하기 힘들어지며 장애물도 커진다. 보이드는 맞대응을 포함한 모든 호혜주의적 전략은 대규모 집단 내에서의 협력을 설명하는 데 적합하지 않다고 주장했다. 대규모 집단에서의 성공적인 전략은 아주 드문 배반이라도 엄격하게 응징할 수 있어야 하며, 그렇게 하지 않을 경우에는 다른 무임 승차자들——상습적으로 배반을 하고, 받고도 보답하지 않는 자들——이 선량한 시민의 희생 위에 급속히 확산되기 때문이라는 것이다. 그러나 드문 배반에 대해 엄격하다는 바로 그 특질이 몇 안 되는 호혜주의자들이 처음에 함께 모이는 것을 어렵게 한다는 점도 고려되어야 한다.[9]

이에 대한 해답은 보이드 스스로가 내놓았다. 즉 배반자를 처벌하는 것이 아니라 배반자를 처벌하지 못하는 자를 처벌하는 메커니즘을 도입하면 호혜주의적 협력이 진전될 수 있다는 것이었다. 보이드는 이것을 〈도덕주의자〉라고 명명했지만, 사실 이 전략은 협력뿐만이 아니라 대의에 도움이 되든 되지 않든 또는 개체의 희생이 아무리 작든 크든 상관없이 의도한 모든 것을 확산시킬 수 있는 전략이다. 참으로 무시무시한 권위주의적 발상이다. 맞대응은 우호성을 강요하는 권위가 전혀 없는 세계에서도 이기적 존재들 간에 우호적 행위가 확산될 수 있음을 보여주었지만, 보이드의 〈도덕주의자〉에서는 파시스트나 광신 집단의 지도자가 휘두르는 칼날이 엿보인다.

대규모 집단에서의 무임 승차 문제에 관해서라면 다른 강력한 수단이 있다. 그것은 사회적 추방이다. 배반자와는 게임을 거부하면 된다. 이렇게 하면 배반자는 유혹(5점)과 포상(3점)은 물론이

고 징벌(1점)도 획득할 수 없다. 배반자들은 단 1점을 축적할 기회
도 갖지 못한다.

철학자 필립 키처 Philip Kitcher는 사회적 추방의 효과를 연구
하기 위해 〈선택적 죄수의 딜레마〉를 고안했다. 그는 컴퓨터에 네
가지 전략을 입력했다. 〈분별 있는 이타주의자 discriminating
altruist(DA)〉는 배반 경력이 없는 상대하고만 게임을 한다. 열성
적 배반자는 항상 배반을 기도한다. 은자(隱者)는 모든 게임을 회
피한다. 선택적 배반자는 배반 경력이 없는 상대와 게임을 하지만
괘씸하게도 상대를 배반한다.

DA를 은자들의 무리에 집어넣으면 DA는 자기들끼리 상대하게
되므로 〈포상〉을 얻어 승자가 된다. 그런데 놀라운 일이 발생했
다. 선택적 배반자의 소굴에 DA를 집어넣으면 DA는 침투에 성공
하여 증식하지만, 선택적 배반자는 DA의 무리 속에서 살아남지
못한다. 맞대응만큼이나 〈우호적〉인 DA가 반사회적인 무리들 속
에 들어가 증식했다. 물론 DA는 맞대응과 마찬가지로 〈무조건 협
력자〉에게 밀려난다는 약점이 있다. 그러나 DA의 승리는 죄수의
딜레마를 해결하는 데 사회적 추방의 위력을 시사한다.[10]

키처의 프로그램에서는 전적으로 상대편의 과거 행동에 근거해
서 그의 신뢰도를 판단했다. 그러나 잠재적 이타주의자들 간의 분
별은 꼭 과거 행동의 자료를 필요로 하지는 않는다. 게임의 진행
과정에서 잠재적 배반자를 알아내고 그를 회피하는 것이 가능할
것이다. 경제학자 로버트 프랭크 Robert Frank의 실험을 보자. 그
는 생면부지의 사람들을 30분간 같은 방에 머물게 한 뒤 한 사람
씩 불러내서, 단판 승부인 죄수의 딜레마 게임을 한다면 누가 배
반을 하고 누가 협력할지를 점쳐 보도록 요구했다. 실제로 확인

한 결과 그들은 확률적으로 유의미한 정도를 훨씬 뛰어넘는 상당히 정확한 예측을 했음이 밝혀졌다. 인간은 단 30분의 만남으로도 상대편의 신뢰도를 예측할 수 있다.

프랭크는 이것이 그리 놀라운 일이 아니라고 했다. 우리는 인생의 적지 않은 시간을 타인의 신뢰성을 평가하는 데 투자하고 있기 때문에, 상당한 확신을 가지고 즉각적 판단을 내리는 데 익숙하다. 의심 가는 사람을 만나면 우리는 개념적인 실험을 한다. 〈당신이 아는 사람들(그러나 농약 처리의 제반 문제에 대해서는 아는 바가 없는) 중에 독성이 강한 농약을 법대로 폐기하기 위해 55분간 차를 몰고 폐기장까지 가는 수고를 마다하지 않을 사람을 지목할 수 있겠는가? 지목할 수 있다면 당신은 사람들이 다른 사람들의 협동적 소양을 예측할 수 있다는 가설을 받아들이는 것이다.〉[11]

기억과 호혜주의

우호적인 사람이 되어야 할 뚜렷한 이유가 여기에 있다. 즉 남들로 하여금 당신과 게임을 하도록 설득력 있게 요구하기 위해서. 남에게 신뢰를 주지 못하고 평판이 나쁜 사람에게는 협력의 〈포상〉은 물론 배반의 〈유혹〉까지도 금지된다. 협력가는 다른 협력가를 찾아내서 그와 게임을 한다.

물론 이런 식으로 시스템이 굴러가기 위해서는 게임 참가자들이 서로를 잘 파악할 수 있어야 하는데, 이것이 그리 쉬운 기술은 아니다. 1만 마리의 물고기가 우글거리는 여울목의 청어 한 마리나 1만 마리 군체에 속한 개미 한 마리가 〈저기 나의 오랜 친구가 있구나〉 하고 말할 수 있는지에 대해 내가 아는 바는 없다. 아마도 그들에게 그런 능력은 없을 것이다. 그러나 도로시 체니Dorothy Cheney와 로버트 세이퍼스Robert Seyfarth가 보고했듯이 버빗원 숭이는 무리의 다른 구성원을 목소리와 모습으로 알아볼 수 있다. 원숭이는 청어에게 없는 호혜주의적 협력의 필요 조건을 갖고 있는 것이다.

그러나 우리가 물고기를 너무 과소평가하고 있는지도 모른다. 밀린스키와 리 앨런 듀가트킨Lee Alan Dugatkin에 따르면 참꼬치를 정찰하는 큰가시고기의 세계에도 명백히 사회적 추방으로 해석되는 행동 양식이 있다. 큰가시고기는 되도록 같은 동료와 짝을 이루어 정찰을 나가려는 경향이 있다. 변함없이 신뢰성을 보이는 동료를 선택하는 것이다. 다시 말하면 큰가시고기는 다른 물고기를 알아볼 뿐만 아니라 각각에게 점수를 매겨 누가 〈신뢰〉할 만한지를 기억해 두는 능력이 있는 것으로 짐작된다.

동물 세계에서 호혜주의적 협력이 얼마나 드문가를 고려할 때 이것은 좀 어리둥절한 발견이다. 자기 새끼를 돌볼 줄 아는 개미를 비롯한 모든 생명체들의 협동 기반인 동족 등용의 보편성에 비한다면 호혜주의는 무척 드물다. 왜냐하면 호혜주의를 실천하는 데는 경쟁적 상호 작용만이 아니라 다른 개체를 알아보고 그 점수를 기억하는 능력이 필요하기 때문일 것이다. 여러 개체를 식별할 수 있는 두뇌 능력은 원숭이·돌고래·코끼리 등 고등 포유 동물에게만 있다는 것이 이제까지의 정설이다. 그런데 큰가시고기가 최소한 하나 또는 두 〈친구〉의 점수를 기억할 수 있다고 한다면 이 가설은 재고되어야 할지도 모른다.

큰가시고기는 그렇다 치고, 우연히 단 한 번 마주친 사람의 특징까지 기억해 내는 능력을 가지고 있고 수명이 상당히 길 뿐 아니라 장기 기억이 가능한 인간은 그 어떤 동물보다도 〈선택적 죄수의 딜레마〉의 소질이 풍부하다. 죄수의 딜레마 토너먼트 참가의 자격 조건——노와크가 정의했듯이 〈반복적 만남과 서로를 식별하고 과거 만남의 결과를 기억해 내는〉 능력——을 만족시키는 지구상의 모든 생명체 중 최고의 적격자는 역시 인간이다. 실로 이것은 인간다움의 본질일지도 모른다. 상호적 이타주의에 관한 한 인간은 아주 독보적인 존재이다.

이런 장면을 상상해 보자. 호혜주의가 마치 다모클레스Damocles의 칼처럼 모든 인간의 머리 위에 매달려 있다. 그가 나를 파티에 초대한 이유는 자기 책에 대해 좋은 서평을 써주기를 바라기 때문이다. 우리는 그들을 저녁 식사에 두 차례나 초대했는데 그들은 우리를 한번도 초대하지 않았다. 이번 일을 잘해 주면 반드시 보답하겠다. 내가 이런 대접을 받을 만한 일을 했나? 의리, 빚, 호의, 거래, 계약, 교환 ……. 우리의 언어와 생활은 온통 호혜주의적 관념투성이다. 호혜주의를 특히 잘 드러내는 것은 음식에 관한 우리들의 태도이다.

5

노동과 만찬

노동의 성적 분화와 음식에 대한 관용성

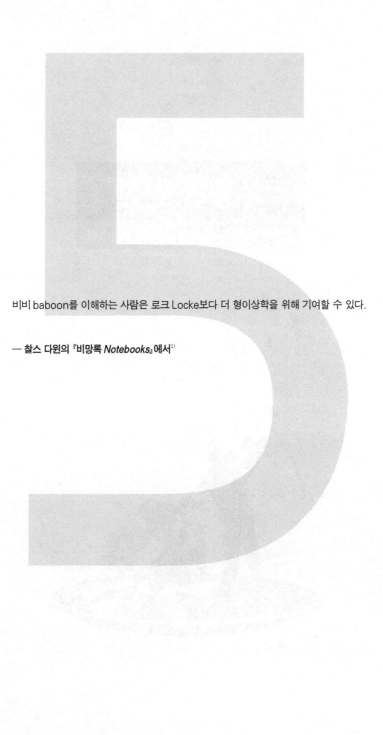

비비 baboon를 이해하는 사람은 로크 Locke보다 더 형이상학을 위해 기여할 수 있다.

— 찰스 다윈의 『비망록 *Notebooks*』에서[1]

지 금의 우리 모습과는 달리 성생활은 여러 사람이 참여하는 공개적 활동이고, 식생활이 은밀한 사적 활동이었다면 어땠을까? 세상이 이런 식으로 되지 말아야 할 특별한 이유가 있는 것도 아닌데 성생활을 숨어서 해야 하고 남들에게 들키면 부끄럽다고 생각하는 것은 참으로 이상한 일이다. 인간의 본성 외에는 달리 설명할 근거가 없다. 음식은 공동체적이고 성은 사적이라는 것은 그저 인간이 지닌 기질의 하나일 뿐이다. 이 관념은 우리 마음속에 아주 깊게 뿌리내리고 있어서 그 반대의 경우는 상상도 할 수 없는 끔찍한 일로 여겨진다. 성적 프라이버시가 중세 기독교의 문화적 발명품이라는 엉뚱한 발상은 아직도 많은 역사학자들이 곧잘 인용하고 있지만 사실은 이미 오래전에 부정된 생각이다. 지역적인 차이나 섬기는 신의 종류나 공중 앞에서 입는 옷의 노출 정도에 관계 없이 인간의 성생활은 남들이 잠들었을 때 은밀히 즐기는 것이며, 만일 낮이라면 아무도 없는 들판에서 하는 행위이다. 이것은 인간의 보편적인 특성이다. 이와 반대로 음식을 먹는 것은 세계 어느곳에서나 공동체적인 활동이다.[2]

사람들은 함께 모여서 음식을 먹는다. 식사를 여럿이 모여 한다는 것은 아주 당연한 일로 여겨진다. 우리는 저녁 식사를 위해 가족들과 식탁에 둘러앉고 점심 식사를 위해 친구를 레스토랑에서 만나며, 작업을 하다 말고 동료들과 둘러앉아 샌드위치로 출출한 배를 달래고 촛불로 은은하게 분위기를 돋운 테이블에서 청혼을 한다. 우리는 집이나 사무실을 방문한 사람에게 우선 커피와 비스킷 등의 음식을 권한다. 먹는다는 것은 나누는 것이다. 음식을 함께 들자고 권하는 것은 사회적인 본능이다.

남들과 나누는 음식 중에 가장 인기가 있는 것은 육류이다. 규모가 크고 사회적 의미가 큰 식사일수록 육류의 비중도 높다. 로마 시대나 중세의 만찬에 관한 기록을 보면 종달새와 멧돼지 또는 닭고기와 쇠고기 등 처음부터 끝까지 육류의 나열이다. 물론 식탁에는 채소도 틀림없이 나왔을 것이다. 그러나 만찬과 일상의 식사를 구별 짓는 것은 무엇보다도 고기의 양과 종류였다. 어쩌면 역사 기록자가 푸성귀보다는 육류를 기록해 두는 것이 더 가치 있는 일이라고 생각했는지도 모른다. 고기는 오늘날에도 이 같은 만찬 역할을 담당하고 있다. 별 네 개짜리 호텔에서 재벌 기업체가 주최한 연회에 참석했는데 주요리로 파스타가 나왔다면 뭔가 큰 착오가 생겼다고 생각할 것이다. 집에서라면 파스타가 주요리라고 해서 이상할 것이 전혀 없다.

물론 가정에서도 고기는 식사의 중심 재료로 간주된다. 〈저녁은 뭐지?〉 하는 질문에 대한 답은 으레 〈스테이크〉 또는 〈생선〉이다. 영양학적으로 보면 결코 그에 뒤지지 않는 감자나 양배추는 생략해 버린다. 음식을 접시에 담을 때에도 고기를 먼저 올리고 자리도 대개 중앙을 차지한다. 예로부터 집안의 가장은 식사에 초대한 손님들 앞에서 고기를 공정하게 분배하는 의식을 담당해 왔는데, 지금도 이런 관습을 지키는 가정이 남아 있다. 심심풀이 군 것질용 스낵 중에 육류를 재료로 한 것이 얼마나 될까? 짐작하겠지만 거의 없다.[3]

나는 다른 문화권의 사례들을 조사하지는 않았으며, 앞에 열거한 것은 서구적 관습이다. 그러나 나는 이것이 문화와 지역을 초월한 보편적 현상이라고 믿는다. 즉 먹는다는 것은 공동체적이고 사회적이고 공유되는 것이며, 그중에서도 특히 육류가 공동체적 성격이 강하다는 것이다. 인간의 일상중에서 가장 사심이 없고 공산주의적인 것은 음식나누기이며, 이것이 바로 인간 사회의 기초이다. 성은 공유의 대상이 아니다. 성에 관한 한 우리는 엄청난 소유욕에 시달리고 질투에 눈이 멀고 심지어 성적 경쟁자를 살해하기도 하며, 상황에 따라 파트너를 감시하고 억압한다. 그러나 음식은 공유의 대상이다.

음식나누기가 인간 고유의 특징은 아닐지도 모르겠으나 적어도 인간다움의 중요한 특징인 것은 사실이며, 이것은 어린 시절부터 뚜렷하게 나타난다. 보루네오 섬 밀림의 오랑우탄을 연구하는 비루테 갈디카스Birute Galdikas는 새끼 수컷 빈티Binti를 원숭이들의 캠프에 넣어 키웠다. 그녀는 이런 특수 환경이 아니면 발견할 수 없었을 새로운 사실, 즉 음식나누기에 대한 인간과 오랑우탄의 차이에 주목하게 되었다. 〈빈티는 음식나누기를 무척 즐거워하는 것 같았다. 그러나 프린세스Princess는 다른 오랑우탄들과 마찬가지로 기회만 있으면 먹이를 달라고 조르고 훔치고 독차지하려고 달려들었다. 음식나누기는 그 나이의 오랑우탄에게는 아직 본능의 일부가 아니었다.〉[4]

당신의 소유물 중에 음식만큼 기꺼운 마음으로 남에게 베풀 수 있는 것이 몇 가지나 될까? 우리는 여기에서 인간 본성의 이상할 정도로 관대한 측면, 즉 다른 소유물에 대해서는 보이지 않는 지나친 호의가 어디에서 비롯되는지에 관한 단서를 우연히 찾아냈다. 나눔의 이득, 즉 노동의 분화와 협동적 시너지를 획득하기 위한 투쟁의 과정에서 인간에게 최초로 중요한 기회를 제공한 것은 바로 육류 사냥이었다.

고미를 위해 고기를 뇌물로 바치는 침팬지

음식나누기가 인간의 보편적 관습이고 그중에서 육류 배분이 특히 중요하다는 사실을 인류학자들은 오래전부터 알고 있었다. 그 이유는 육류의 일회 획득 단위가 어떤 식량보다도 크기 때문이라고 설명한다. 베네수엘라의 야노마모족은 밀림에서 잡은 큰 짐승은 나눠먹지만 작은 짐승이나 부락 근처에서 딴 바나나는 나눠먹지 않는다. 파라과이의 에이크족은 원숭이나 페커리 peccary(멧돼지의 일종)를 잡으면 90%를 이웃에게 나누어주지만, 야자의 과육이나 조그만 아르마딜로는 훨씬 작은 비율만을 나누어준다. 오스트레일리아 아넴랜드 Arnhem Land의 티위족은 작은 짐승의 경우 그것을 잡은 사람의 가족이 80%를 차지하는데, 무게가 12킬로그램 이상 나가는 짐승은 가족이 20%만을 차지한다.

인간은 영장류 중에서도 가장 육식을 즐긴다. 풍요한 서구인들의 지나친 육류 편식 습관은 차치하고 비교적 채식주의자에 속하는 현대의 수렵채집인들을 기준으로 해서 보더라도 우리는 비비나 침팬지보다도 고기를 더 많이 먹는다. 예를 들어 칼라하리 지방의 쿵족은 식사의 20%가 고기인데, 탄자니아의 침팬지는 고기가 식사의 5%에 불과하다. 물론 침팬지가 고기를 대수롭지 않게 여긴다는 것은 아니다. 그들은 사냥에 많은 노력을 기울이며, 고기를 손에 넣을 수 있는 기회가 오면 결코 놓치는 법이 없다. 비비 또한 새끼 영양의 고기는 아주 특별히 소중하게 여긴다.

그러나 침팬지의 사회에서도 육류 나눠먹기의 협동적 문화가 엿보인다. 침팬지의 육류 사냥은 주로 수컷들로 이루어진 사냥 무리가 담당하는 집단 활동이다. 사냥 무리가 크면 클수록 성공률도 높아진다. 탄자니아의 곰베Gombe 지역에 사는 침팬지가 가장 좋아하는 사냥감은 붉은콜로부스원숭이인데, 사냥의 평균 성공률은 50% 정도이지만 열 마리 이상이 움직일 경우 성공률은 100%에 육박한다. 그런데 이들은 이 정도 숫자의 어른 침팬지가 나눠먹기에는 너무 몸집이 작고 어린 콜로부스원숭이를 주로 잡는다.

도대체 이들의 사냥 목적은 무엇인가? 한동안 과학자들은 관찰자들의 존재가 침팬지를 자극해 일탈 행동을 일으키거나 콜로부스원숭이를 놀라게 해서 더 쉽게 잡히게 한 것은 아닌지 우려했다. 그러나 그후 다른 지역에서도 같은 행위가 관찰되고, 관찰자들이 곰베에서 철수한 기간중에도 사냥이 계속되었다는 사실이 확인됨에 따라 그 같은 우려는 사라졌다. 최근 야생 동물의 행동 양식을 연구하는 학자들 사이에서 이것에 관한 흥미로운 이론이 등장했다. 그 이론에 따르면 침팬지가 사냥을 하는 것은 영양 섭취와는 관계가 없으며, 사회적이고 생식적인 목적을 위한 것이다. 그들은 교미를 위해 사냥을 한다.

침팬지 무리가 밀림에서 콜로부스원숭이 무리를 만나면 그들은 때에 따라 사냥을 하기도 하고 그냥 지나치기도 한다. 사냥 무리가 클수록 그냥 지나칠 확률은 적어지는데, 이것은 무리가 클수록 성공 확률이 높기 때문에 납득이 간다. 그러나 좀더 정확한 예측 기준은 무리 속에 발정 난 암컷이 있는가 없는가이다. 무리 속에 발정 난 암컷이 끼여 있으면 수컷들은 반드시 사냥을 한다. 원숭이를 잡고 나면 수컷들은 자신의 몫에서 일부를 떼어 우선 발정 난 암컷에게 준다. 이때 참으로 놀랍게도 암컷은 고기를 가장 후하게 바치는 수컷과 교미할 확률이 높다는 사실이 밝혀졌다.

이런 습성은 전갈파리에서도 발견된다. 수컷은 곤충 시체 같은 큰 뇌물을 암컷에게 바치고 암컷은 교미를 허락한다. 침팬지의 경우 거래가 그렇게 노골적이지는 않지만 거래는 거래이다. 수컷들은 발정난 암컷에게 음식을 나누어주고 그 대가로 교미를 하는 것이다.[5]

노동의 성적 분화

침팬지는 인간의 가장 가까운 친척이다. 인류학자들은 최초의 원인(原人)인 오스트랄로피테쿠스가 다수의 성인 남성이 다수의 성인 여성을 공유하고 서로 차지하기 위해 경쟁하는 침팬지와 같은 사회를 이루고 살았다고 믿고 있다. 유일한 근거는 사바나 지역에 사는 지상 서식 원숭이들의 사회 구성이 예외 없이 이런 형태라는 것이다.

여기에서 인류의 수렵 행위도 침팬지와 같은 동기로 시작되었다고 가정해 보자. 원시인은 고기와 섹스를 교환하기 위해 사냥했다. 이것은 그리 황당무계한 가정은 아니다. 고기와 섹스가 긴밀하게 엮여 플롯을 구성하고 있는 헨리 필딩Henry Fielding의 소설 『톰 존스Tom Jones』에도 이와 비슷한 내용이 묘사되어 있다. 불쾌하게 느껴지겠지만 현대의 수렵채집인을 보더라도 그것은 상당 부분 진실이다. 난교가 흔한 부족일수록 남성들은 육류 사냥에 많은 시간을 할애한다.

두 부족을 비교해 보자. 에이크족은 성적으로 개방적이다. 여성들은 외간 남자를 자유롭게 접할 수 있고 혼외 정사가 흔하며, 인근 부족민과의 관계도 드물지 않다. 난교를 권장하거나 용인하는 분위기는 아니지만 불가능한 것은 아니다. 에이크족 남성들은 사냥에 아주 뛰어나며 하루 평균 7시간을 사냥에 열중한다. 사냥 실력이 좋을수록 정사의 기회는 더 많다. 이에 비해 히위족은 거의 청교도에 가깝다. 성비는 남성의 비율이 높은데, 인근 부족과의 교류가 별로 없고 혼외 정사도 거의 관찰되지 않는다. 히위족 남성들의 여가 시간은 에이크족 남성들보다 결코 적지 않지만 그들은 1주일에 하루나 이틀, 그것도 한 번에 두세 시간만 사냥에 할애한다. 사냥에서 잡은 고기를 그들은 가족에게 가져간다. 아프리카의 하드자족과 쿵족을 비교해 보아도 비슷한 차이를 발견할 수 있다. 하드자족의 남성들은 광적인 사냥꾼이며 난교를 즐긴다. 쿵족의 남성들은 사냥을 좋아하지 않으며 가정에 충실하다.[6]

네 가지 사례로 새 이론을 주장할 수는 없지만, 고기를 획득함으로써 성교의 기회를 잡으려는 성향이 현대 남성의 본능 속에도 남아 있으리라고 가정하는 것은 큰 무리가 없을 것이다. 그러나 인간의 사냥 행위에는 이보다 더 큰 의미가 내포되어 있다. 육류 유혹의 행동 양식은 인류 역사에서 음식나누기의 기원이 되었을 가능성이 있을 뿐 아니라, 그것은 좀더 근본적이고 핵심적인 것, 즉 모든 인간 사회에서 발견되는 경제적 제도인 노동의 성적 분화를 발생시켰다.

인간과 침팬지 사이에 커다란 차이가 하나 있는데, 그것은 결혼이라는 제도이다. 수렵채집 사회를 포함한 인류 역사 대부분의 기간을 통해 남성과 여성은 각각 제짝을 독점했다. 아내가 둘 이상인 경우라도(수렵채집 사회의 남성 중 일부가 그렇듯이), 어쨌든 그들은 자기 자식을 낳은 여성과 장기간에 걸친 관계를 꾸려간다. 침팬지 수컷은 발정기가 아닌 암컷에게는 흥미를 갖지 않지만, 인간 남성은 아내와 오랜 세월 동안 긴밀하고 배타적인 성적 유대를 맺는다. 암수 한 쌍의 장기적인 관계는 특정 사회의 문화적 구성물이 아니라 인류 전체의 보편적인 관습이다.[7]

그 결과 남성의 사냥에는 침팬지의 사냥과는 다른 동기가 주어진다. 남성은 매나 여우처럼 자식들을 먹이기 위해서도 사냥을 나간다. 여기에서 사냥의 이득은 훨씬 커진다. 인간은 암수 한 쌍의 관계로 살아가기 때문에, 남편은 사냥에서 잡은 짐승을 아내와 공유하고 아내는 채집한 채소를 남편과 공유한다. 둘 다 더 풍요해지는 것이다. 노동의 분화가 시작되면 분화를 거친 거래의 당사자들은 더 잘 살게 된다. 아내는 근채류나 장과류(漿果類), 실과나 견과를 넉넉히 채집하고 남편은 단백질과 비타민이 풍부한 멧돼지나 토끼를 잡는다.

노동의 성적 분화가 모든 인간 사회의 공통 현상이라는 사실을 인류학자들이 깨닫게 된 것은 40여 년 전의 일이다. 그러나 이 이론이 암시하는 성차별에 대해 결벽증적 기피증을 가지고 있던 1960년대에 그들은 그러한 생각이 가부장적 편견에서 비롯된 것이라고 비난했다. 그러나 그런 식의 견해는 오래가지 못한다. 노

동의 성적 분화는 그 어떤 편견의 산물도 아니다. 평등주의 사회
에서도 그것은 거의 예외 없이 관찰된다. 농경 사회보다 수렵채집
사회의 성차별이 훨씬 덜하며 여성의 예속도 덜하다는 주장에 대
해 인류학자들은 이견이 없다. 그러나 수렵채집 사회에서도 남녀
간의 역할이 달랐다는 데 대해서도 역시 이견이 없다.

남성과 여성의 일은 으레 같은 일을 함께할 때조차 철저히 구분
되어 왔다. 중세 시대 프랑스에서 돼지 도살 작업은 관습에 따라
남자의 일과 여자의 일로 세밀하게 나뉘어 있었다. 잡을 돼지의
선택은 여자의 일이고 택일을 하는 것은 남자의 일, 소시지 만들
기는 여자의 일이고 돼지 기름 염장은 남자의 일 등과 같은 식이
었다.[8] 오늘날에도 이런 구분은 유효하다. 여성의 80%가 직장 생
활을 하는 북유럽 국가에서도 남성의 일과 여성의 일은 뚜렷이 구
분된다. 남녀 종사자의 비율이 거의 같은 직종에 종사하는 여성은
전체의 10%이다. 전체 노동자의 절반이 자기가 속한 성별의 노동
자가 90%를 차지하는 직종에 종사한다.[9]

여기에서 의문이 생긴다. 유혹의 도구였던 남성의 사냥 행위가
아내와의 거래 도구가 된 것은 언제부터일까? 남성이 여성을 유
혹하기 위해서가 아니라 아이들을 부양하기 위해 사냥을 하게 된
어떤 계기가 있었을 것이다. 어떤 학자들에 따르면 노동의 성적
분화는 인류 그 자체의 등장을 가능하게 한 핵심적 사건이다. 노
동의 성적 분화 없이는 인류의 자연 서식지였던 메마른 초원에서
생존이 불가능했을 것이라는 뜻이다. 우리는 수렵만으로 생존하
기에는 사냥에 너무 서투르며, 채집에서 얻는 식량은 기후에 따
라 채집량의 변동이 너무 심하고 우리의 큰 덩치와 잡식성 위장에
필수적인 단백질을 공급하지 못한다. 그러나 이 두 가지를 합치면

뛰어난 생존 능력이 획득된다. 여기에 날로 먹으면 위장이 튼튼해지는 것 외에는 득될 것이 없는 거친 푸성귀의 예비 소화 과정, 즉 조리 기술을 추가함으로써 비로소 우리는 덩치 큰 군집성 사바나 원숭이의 생태적 지위를 획득한 것이다.

오스트레일리아, 뉴기니, 남부아프리카, 라틴아메리카 일부 지역에는 아직도 수렵과 채집에 의존해 살아가는 수백 개의 종족이 있다. 인류학자들이 이들을 거의 빠짐없이 들쑤시고 다닌 결과에 따르면 남성은 사냥을 하고 여성은 채집을 한다는 것은 틀림없는 사실이다. 물론 그 분화의 정도는 서로 다르다. 에스키모는 거의 남성들이 잡아오는 육류에 의존하고, 남아프리카의 쿵족은 여성들이 채집하는 채소류에 80% 정도나 의존한다. 그러나 하나의 예외를 제외한다면 육류는 남성이 채소류는 여성이 담당한다. 예외라고 한 것은 필리핀 루손 지역의 아그타족인데, 아그타족의 여성들은 남성에게는 좀 뒤지지만 사냥 솜씨가 뛰어나고 아주 열심이다. 그러나 아그타족은 진정한 의미의 수렵채집 부족이 아니다. 그들은 사냥에서 잡은 고기를 다른 부족의 농산물과 물물 교환한다.

물론 수렵채집 사회의 여성들도 육류를 조달한다. 그러나 그것은 대개 작은 포유 동물이나 조개류·어류·파충류·유충 등으로, 매복 공격이나 추격에 의해서가 아니라 파내거나 주워서 얻는 것들이다. 여성들이 무기나 사냥 도구를 만지거나 사냥에 따라 나서는 것 자체를 금기시하는 부족도 적지 않다. 그러나 이 같은 터부가 노동 분화를 초래한 것은 아니다. 아마도 노동 분화가 이런 터부를 낳은 것으로 보인다. 한편 성적인 노동 분화가 생물학적 신체 특성의 단순한 반영이라거나 임신과 양육 때문에 안전하고 느린 동작을 허용하는 근거리 활동에 여성이 묶였다는 주장도 신빙성이 없어 보인다. 이런 발상은 너무 부정적 측면에 초점을 맞추고 있다. 성적인 노동 분화의 등장은 인류가 상이한 두 분야에 전문화됨으로써 그 성과가 부분들의 단순합보다 더 커지게 된 하나의 중요한 경제적 진보라고 할 수 있다. 이것은 인체를 이루는 세포들 간의 노동 분화와 다를 바 없다.[10]

그러나 이와는 전혀 다른 주장을 하는 학자들도 있다. 그들은 10만 년 전에는 노동의 성 분화가 존재하지 않았다고 말한다. 남성과 여성이 제각기 수렵과 채집 두 가지를 다 하면서 자급자족을 했다는 것이다. 이때에도 남성은 여성보다 육식을 좋아했겠지만, 아직 결혼 제도는 나타나지 않았고 부족 차원에서 노동 분화의 효과를 노리는 음식나누기 패턴——거래의 이득을 향유하는 방식——도 없었다는 것이 이들의 주장이다. 물론 이 같은 성 분화가 언제 출현했는지는 알 수가 없다. 그러나 어쨌든 결혼 제도와 핵가족의 등장이 음식나누기의 시작과 관련이 있다는 주장만큼은 매우 신빙성이 있어 보인다.[11]

남녀간의 분업을 통한 음식나누기는 남성들을 사냥에 전념할 수 있게 한다. 음식나누기가 없었다면 인간은 사냥을 하지 않았을 것이다. 사냥만으로는 충분한 영양분을 섭취할 수 없기 때문이다. 열대 지방의 수렵채집 사회를 조사해 보면 채집에서 얻는 영양분이 수렵에서 얻는 영양분을 능가한다. 그런데도 사냥은 마치 그것이 영양상 중요하다는 식으로 남성들의 마음속에 각인되어 있다. 사냥은 남성들이 주로 채집에 종사하는 사회에서도 남성의 중요한 임무로 여겨진다. 우간다의 한 지역에서는 비쩍 야윈 닭 한 마리가 나흘 동안 채집한 바나나와 같은 값으로 거래된다.[12]

뉴질랜드의 휘아새는 짝이 죽으면 슬픔에 잠겨 곧 죽는다는 이야기가 19세기에 널리 유행했다. 이 새는 1907년 멸종되었기 때문에 사실인지 확인할 길은 없지만, 휘아새가 인간처럼 노동의 성적 분화를 이루었음은 사실이다. 수컷은 고목을 쪼아 벌레의 집을 노출시키는 데 적합하게 짧고 튼튼한 부리를 가지고 있는 반면, 암컷은 좁은 벌레집을 구석구석 뒤져 벌레를 잡아 꺼내는 데 알맞게 휘어진 가는 부리를 가지고 있다. 수컷이 벌레집의 벽을 허물면 암컷이 그곳에 부리를 집어넣어 벌레를 찾는 독특한 협동 작업을 하는 것이다. 인간과 마찬가지로 이들의 노동 분화는 결혼 관계에 기초한 것이다.

휘아새처럼 우리 인간도 남성과 여성의 서로 다른 생활 방식에 적합한 신체와 정신을 개발해 왔는지도 모른다. 수렵과 채집이 남성과 여성에게 각각 어떤 흔적을 남긴 것은 아닐까? 남자는 천성적으로 뭔가를 던지는 데 뛰어나고 더 육식성이며(여성은 같은 연령대의 남성에 비해 두 배 정도 채식을 선호하는데, 알다시피 이 격차는 계속 더 벌어지고 있다) 자잘한 군것질보다 포식을 즐긴다. 이것은 수렵 생활 방식의 흔적이 아닐까? 또 남성은 지도 읽기나 미로 찾기에 더 뛰어나고 복잡한 물체를 끼워맞추는 데도 익숙하다. 이것은 바로 사냥꾼이 창을 던져 짐승을 잡거나 집을 찾아 돌아오는 데 필요한 기술이다. 수렵은 서구 사회에서도 거의 전직으로 남성의 일이다. 여성은 좀더 언어적이고 관찰적이며 세심하고 근면한데, 이것은 채집에 적합한 성품이다.

본의 아니게 낡은 고정 관념을 옹호하는 사람들이 좋아할 만한 이야기들을 많이 늘어놓았으나, 여성은 집에나 틀어박혀 있어야 한다는 이야기는 결코 아니다. 결론을 말하자면 홍적세의 남성과 여성이 함께 일을 하러 나가면 그때에도 한쪽은 수렵을 하고 한쪽은 채집을 했다는 것이다. 수렵이든 채집이든 아침이면 사무실로 우르르 몰려가 온종일 전화통만 붙들고 있는 일과는 거리가 멀다. 이런 일은 남성과 여성 모두에게 적합하지 않다.

만민 평등주의적 원숭이

성적 분화의 이야기는 제법 호기심거리지만 음식나누기 문제를 성 분화의 이야기로만 끌고갈 수는 없다. 아내에게 사냥한 토끼를 건네주고 남편에게 검은 딸기를 건네주는 것은 그렇게 놀랄 만한 일이 아니다. 가족이란 유전적 친족 등용이라는 끈으로 엮어진 협동 단위이다. 부부는 아이들에 대해 공통된 유전적 이해 관계를 갖는다. 개미나 꿀벌의 경우와 마찬가지로 이 같은 이해 관계가 협동의 충분한 근거가 된다. '식량 확보에서의 노동 분화는 이 같은 협동 관계의 부분적 표출일 뿐이다.

그러나 사람들은 배우자나 자식들하고만 음식을 나누어먹는 것이 아니다. 사람들은 동업자, 심지어 경쟁자와도 점심을 함께한다. 우리는 세상 모두와는 아니지만 아무튼 누군가와는 음식을 공유하는데, 그 후함이 성적 쾌락의 경우와는 비교가 되지 않는다. 만일 음식나누기가 남녀간의 밀접한 유대를 발전시키는 데 핵심 요소였다는 것이 인정된다면, 인간 사회 전체의 발전에서도 음식나누기는 어떤 역할을 하지 않았을까? 덕의 본질은 혹시 나눠먹는 초콜릿 상자가 아닐까?

음식나누기가 물론 인간에게만 있는 것은 아니다. 사자나 이리 무리도 사냥한 짐승을 제법 공동체적인 단란한 분위기 속에서 나누어먹는다. 그러나 이들의 경우에는 엄격한 위계 질서가 적용된다. 상급자는 자신들의 정해진 몫에 하급자가 손대는 것을 용납하지 않는다. 상급자는 자기가 먹기 싫은 부위만을 하급자에게 먹도록 허락한다. 인간의 경우에는 좀 다르다. 인간은 음식을 상당히 공정하게 분배하고 좋은 부위를 엄선해서 제공한다. 인간의 만찬에서 위계 질서는 생각만 해도 우스꽝스러운 일이다. 물론 중세의 영주는 테이블의 반대쪽 끝에 앉아 있는 가신보다는 더 좋은 부위의 고깃덩이를 먹었을 것이다. 그러나 인간의 만찬에서 절대로 지울 수 없는 인상 하나는 바로 만민평등주의이다. 식사의 의미는 모두가 평등하게 나눈다는 데에 있다.

인류 진화의 오랜 역사에 비추어본다면 부부간의 유대는 상당히 최근에 발생한 것이며, 인류의 가까운 친척들에게서는 별로 발견되지 않는 특유의 현상이다. 이것에 비한다면 남성들 간의 유대의 역사는 훨씬 오래되었다. 남자들이 피를 나눈 친척들과 집단을 이루어 살고 여자들이 자기가 태어난 집단을 떠나는 것은 원숭이와 침팬지와 인간이 공유하는 습성이기 때문이다. 이 점에서 꼬리원숭이는 우리와 정반대 관습을 가지고 있다. 그들은 암컷이 친척들과 함께 살고 수컷이 태생 집단을 떠난다. 그러므로 아마도 틀림없이 남자들끼리 만찬을 즐기는 습성은 아내와 만찬을 즐기는 습성보다 더 오랜 연원을 가지고 있을 것이며, 후자는 전자의 유산일 것이다.

음식에 관한 만민평등주의는 인간과 침팬지의 확실한 공통점 가운데 하나이다. 침팬지는 잔치를 벌일 때만큼은 먹이 위계 질서를 보류해 둔다. 어린것이나 하급자는 상급자에게 음식을 나눠달라고 조르고 상급자는 대개 이에 응한다. 물론 우두머리가 먹이를 독차지하는 경우도 없지는 않지만 이것은 정상적인 일은 아니다. 원숭이의 경우 상급자는 가까운 친척이 아닌 한 하급자가 제몫에 손대는 것을 용납하지 않는다. 그러나 침팬지의 경우 상급자는 그런 행위를 용납할 뿐더러 하급자가 적극적으로 음식을 요구하기까지 한다. 원숭이의 경우 이런 행동은 어미와 자식 사이 외에는 관찰되지 않는다. 침팬지는 음식과 관련해 아주 다양한 몸짓을 구사할 줄 안다. 그들은 풍부한 과일더미를 발견하면 마치 친구들을 만찬에 초대하듯이 큰소리로 꽥꽥대며, 이윽고 친구들이 오면 아주 능숙한 몸짓으로 같이 먹기를 권한다. 물론 그들이 항상 모든 음식을 나눠먹는다는 것은 아니다. 그러나 이런 일이 드물지 않다.

프란츠 드 발Frans de Waal은 애틀랜타의 여키스 영장류 센터에 있는 침팬지를 대상으로 실험을 했다. 그는 소합향나무, 튤립, 너도밤나무, 검은딸기나무의 잎 많은 가지들을 인동덩굴로 묶어서 우리 속에 던져주면서 하급 침팬지들에게도 차례가 돌아가도록 배려했다. 그러고 나서 그는 어떤 일이 일어나는지를 주의 깊게 관찰했다. 드 발이 이파리 먹이를 선택한 이유는, 바나나 같은 고에너지 식품은 싸움을 일으키는 경우가 많은 반면, 이파리 먹이는 평소의 주식임에도 불구하고 서로 나눠먹는 경우가 많기 때문이다. 다발을 차지한 침팬지는 다른 침팬지가 그 일부를 빼내가도록 내버려두거나 솔선해서 나눠주곤 했던 것이다.

다발을 던져주었을 때 첫번째 반응은 야생 상태에서 식량을 발견했을 때와 같은 축하의 표현이었다. 그들은 서로 키스하고 껴안고 환호했다(피그미침팬지라고도 불리는 보노보Bonobo는 중앙아프리카에서 서식하던 순계 혈통인데, 그들은 한술 더 떠서 열매가 많이 달린 가지를 발견하자 축하의 뜻으로 일제히 교미를 벌였다). 그 다음에 일어난 일은 〈지위 확인의 과시〉였다. 다시 말하자면, 위계 질서의 보류를 앞두고 그것을 재확인하는 의식이 이루어진 것이다. 만찬중에는 공격적 행동과 다툼이 서서히 증가했다.

그럼에도 불구하고 음식나누기는 아주 평등했다. 지위가 높은 침팬지일수록 받는 일보다는 베푸는 일이 많았다. 계급은 호혜주의만큼 중시되지 않았다. A가 B에게 자주 나뭇가지를 주면 B도 A에게 그만큼 자주 주는 것으로 답했다. 그것은 보답의 행동 양식이었다. B가 평소에 A의 시중을 들었으면 A는 B에게 많은 음식을 주지만, A가 B의 시중을 들었을 경우에는 A는 B에게 아무것도 주지 않았다. 보답에 인색한 자에 대해서는 공격이 가해졌다.

드 발은 이러한 현상을 관찰하고, 그것을 침팬지가 〈거래의 개념을 갖고 있다〉는 의미로 해석했다. 그들이 음식을 서로에게 나눠주는 것은 상대가 가져가는 것을 막지 못해서가 아니라——만일 그렇다면 상급자가 하급자에게 베푸는 것은 이해가 되지 않는다——비위를 맞춰주고 장래에 호혜주의적 배려를 받기 위해 또는 평판을 좋게 하기 위해서이다. 이것은 마치 현명한 게임 이론가에 관한 이야기처럼 착각될 정도이다. 드 발은 이렇게 말했다. 〈침팬지 사이의 음식나누기는 관계와 사회적 압력, 차후의 보답, 상호 의무 등의 다각적인 관계망에 기초를 두고 있다.〉

그러나 침팬지는 자발적으로 음식을 권하는 경우가 거의 없다. 으레 요구에 대한 반응인 것이다. 그래서 드 발은 그들이 원숭이의 이기주의로부터 상당히 탈피해 호혜주의적 이타주의의 덕을 제법 누리고 있지만 인간이 오래전에 건넌 호혜성의 〈진화론적 루비콘 강〉은 아직 건너지 못했다고 믿고 있다.[13]

위험의 분산

뉴멕시코 대학교 킴 힐Kim Hill 교수의 책상 앞에는 커다란 맥 (貘)의 머리통을 어깨에 짊어진 파라과이 지역 에이크족 남자의 대형 사진이 걸려 있다. 피가 그의 벌거벗은 엉덩이 위를 적시고 다리를 타고 바닥으로 떨어지고 있다. 힐과 동료 셋은 인류의 음식나누기에 관한 연구에 혁명적 변화를 가져왔는데, 그들의 업적은 지금 경제학의 뿌리를 뒤흔들고 있다.

이야기는 1980년 뉴욕 주의 컬럼비아 대학교에서 시작된다. 힐은 생화학을 공부했지만 두 해 여름을 파라과이에서 미국 평화봉사 단원으로 일한 후 인류학 석사 과정을 밟기 위해 대학으로 다시 돌아왔다. 힐은 같은 대학의 힐러드 캐플런Hillard Kaplan과 인간 사회의 뿌리에 관한 논쟁을 벌였는데, 그의 논지는 인류학이 사회에 대한 강박적 집착 때문에 막다른 길에 봉착했다는 것이었다. 욕구의 주체는 개인이지 사회가 아니며, 사회란 개개인의 집합일 뿐 그 자체로서는 어떤 존재도 아니기 때문에, 개인에게 의미 있는 것이 무엇인지 알아야만 인류학은 한 발이라도 앞으로 나갈 수 있다는 것이었다.

당시의 인류학자들은 음식나누기를 개인이 아닌 사회나 집단의 이익이라는 관점에서 해석했다. 그들은 부족 사회의 음식나누기가 평등주의를 구현하기 위해 계획된 치밀한 장치라고 생각했다. 즉 음식나누기는 지위의 차별을 해소한다. 그리고 그것은 사람들이 식량을 지나치게 수집할 필요가 없게 만듦으로써 사회와 환경의 생태학적 균형을 유지해 준다. 필요한 양 이상을 수집하는 것은 별로 의미가 없게 된다. 남는 것은 다른 이들에게 줘버려야 하기 때문이다. 인류학자들도 다른 사회과학자들과 마찬가지로 인간의 호의라는 것을 간단히 설명해 치워버리고 싶어하는 경제학자들의 강박적 욕구를 감지하지 못했던 것이다.

이 같은 생각을 참을 수 없었던 힐은 캐플런을 설득했고, 1981년 그들은 파라과이에 가서 에이크족을 연구하기 시작했다. 당시 캐플런은 인류학의 이론에 대해 아는 바가 거의 없었다. 특히 칼라하리의 수렵채집 부족인 쿵족에 관한, 그 유명한 하버드 대학교의 연구에 영향을 아직 받지 않은 상태였다. 이것은 매우 중요한 의미를 지니는데, 힐과 캐플런은 전혀 다른 방향에서 음식나누기에 접근했기 때문이다. 뛰어난 여성학자 둘이 여기에 합류했다. 한 명은 베네수엘라 출신으로 컬럼비아 대학교에서 공부하는 막달레나 후르타도 Magdalena Hurtado였고, 다른 한 명은 1970년에 에이크족을 이미 접한 적이 있는 크리스틴 호크스 Kristen Hawkes였다. 경제학과 인류학을 공부한 호크스는 인간의 의사 결정이 어떻게 이루어지는가에 관한 연구를 하고 있었는데, 이 연구에 당시 생물학에서 등장하기 시작한 개념들을 도입할 계획이었다. 이로부터 15년 뒤 호크스는 나머지 세 사람, 즉 힐과 캐플런과 후르타도를 상대로 수렵인들이 음식나누기를 하는 이유에 대해 우정어리면서도 치열한 논쟁을 벌이게 되었다. 다음 장은 이 논쟁에 관한 이야기이다.

에이크족은 규모가 작은 유목민 부족으로서, 최근까지도 우림에서 수렵과 채집만으로 생활을 영위해 왔다. 파라과이 정부가 그들을 선교 구역으로 이주시킨 1970년대에 접어들어서야 그들은 현대 사회와 정기적인 접촉을 갖게 되었다. 그러나 1980년대까지도 그들은 한 해의 4분의 1을 수렵채집을 위한 장기간의 밀림 여

142

행으로 소일하고 있었다. 아침에 일렬로 부락을 출발해 반 시간쯤 뒤 밀림에 다다르면, 남자들은 숲 속으로 들어가고 여자와 어린 아이들은 약속된 길을 따라 저녁 집결지를 향해 천천히 이동한다. 숲 속의 남자들은 벌꿀과 사냥감을 찾는다. 꿀을 발견하면 여자들을 불러 벌집을 따게 하고 그들은 다시 떠난다. 여자들은 오후 일찍 캠프를 설치하고 인근의 숲에서 먹을 것들을 모은다. 대개 여자들이 가져오는 것은 벌레 유충이나 녹말이 풍부한 야자나무 줄기 속이다. 이윽고 남자들이 원숭이나 아르마딜로 또는 파카, 때로는 멧돼지나 사슴 같은 큰 짐승들을 짊어지고 캠프에 도착한다. 짐승들은 대부분 협동 작업으로 잡은 것으로, 그들은 한 사람이 사냥감을 발견하면 다른 사람에게 도움을 요청한다.

인간의 모든 조상들이 이런 모습으로 살았다고 주장하는 사람은 없다. 지역의 조건에 적응하는 능력은 인간의 뛰어난 장점 중 하나이며, 파라과이의 우림은 빙하 시대 유럽의 스텝 지역과 다르듯이 아프리카의 사바나나 오스트레일리아의 사막과도 다르다. 그러나 힐과 캐플런과 후르타도 그리고 호크스의 관심사는 아직 농경을 모르는 이 사람들이 사냥의 전리품을 어떻게 협동적으로 공유하고 분배하는가라는 아주 보편적인 문제였다. 물론 그들은 그 해답이 보편적으로 적용될 수 있을 것이라고 주장하지도 않았다. 그것은 에이크족을 설명할 뿐이다.

에이크족은 놀라울 정도로 평등주의적이다. 그들도 정착지 안에서는 자기 가족들하고만 식량을 나누지만, 숲에 캠프를 치는 사냥 여행에서는 이웃들에게도 폭넓고 후하게 나누어준다. 음식을 나눠주는 남자가 반드시 그 짐승을 잡은 사람일 필요도 없다. 또 숲에서 빈손으로 돌아왔다고 해서 잔치에 끼지 못하는 일도 없다. 저마다 먹는 음식의 4분의 3은 으레 직계 가족 이외의 사람이 잡은 것이다. 그러나 이 같은 아량은 육류에만 적용된다. 나무에서 채집한 음식이나 곤충의 유충은 직계 가족끼리만 나누어먹는다.

페루의 요라족에서도 비슷한 양상이 발견된다. 천렵 fishing 여행중에는 잡은 물고기를 모든 사람이 공유하지만 마을로 돌아오면 가족들끼리만 음식을 나눈다. 어느 경우이든 채소보다는 육류에 대해 아량이 넓다. 물고기·원숭이·악어·바다거북은 나누지만, 바나나는 이웃이 훔쳐가지 못하게 숲 속에 감춰둔다.[14]

왜 이런 차이가 생기는 것일까? 왜 과일보다 육류를 나눠먹어야 하는 것으로 인식되는 것일까?

캐플런은 이에 대해 두 가지 설명이 가능하다고 생각했다. 첫째, 고기는 협동 작업을 통해 획득된다. 에이크족의 사냥 방식을 볼 때 원숭이·사슴·멧돼지는 여러 사람이 함께 추적해야 잡을 수 있으며, 심지어 아르마딜로도 굴 속에서 꺼내려면 적어도 한 사람의 도움은 받아야 한다. 마찬가지로 페루 요라족의 경우 물고기를 잡으려면 카누를 젓는 사람이 필요하지만 막상 사공은 물고기를 잡을 수 없다. 당연히 사공도 물고기를 나눠먹어야 한다. 사자나 이리, 들개, 하이에나처럼 인간도 서로에게 의지해야만 성공할 수 있는 협동적 사냥꾼이며, 따라서 포획물은 나누는 것이 당연하다. 물론 인간은 노동의 전문적 분화 덕분에 사자보다 더 적응력이 뛰어나다. 한 사람이 작살로 물고기를 잡는 데 뛰어나면 다른 사람은 아르마딜로를 꺼내는 데 뛰어나고 나머지 사람들은 또다른 역할을 한다. 거듭 이야기했듯이 인간의 가장 고유한 특징은 노동의 분화이다.

또 하나의 설명은 고기는 행운을 의미한다는 것이다. 어떤 사람이 아르마딜로 두 마리나 커다란 멧돼지를 짊어지고 캠프로 돌아왔다면 그것은 그가 운이 좋았기 때문이다. 물론 그의 재주가 뛰어나서 그랬을 수도 있지만, 재주가 아무리 좋더라도 사냥은 운이 없으면 안 된다. 에이크족의 사냥에서 하루 평균 40%의 남자들이 빈손으로 돌아온다. 반면에 숲에 갔다가 야자 과육을 따오지 못하는 여자는 운이 없는 것이 아니라 게으른 것이다. 사냥에는 운이 많이 따르지만 과일을 따는 데는 운이 필요없다. 따라서 고기를 함께 먹는 것은 사냥의 성과뿐 아니라 불운의 위험을 분산시키는 것이다. 어떤 사람이 자기 포획물만을 고집한다면 그는 굶는 날이 적지 않을 것이고, 어떤 날은 감당할 수 없을 정도로 많은 고기를 갖게 될 것이다. 그가 자신의 고기를 나누어주고 다음번에 다른 사람의 것을 얻어먹기로 한다면, 그는 날마다 어느 정도의 고기를 먹을 수 있게 된다. 따라서 고기를 나눠먹는 것은 일종의 호혜주의적 행위로서, 오늘 행운을 얻은 사람이 내일의 불운에 대비해 보험을 들어두는 것과 같다. 이것은 흡혈박쥐가 피를 구하지 못한 동료에게 여분의 피를 토해주는 것과 같고, 채권 거래자가 변동 금리 대신에 고정 금리를 선택하는 것과 같다.

고기가 금방 썩어 저장이 불가능한 열대 지방으로 갈수록 이런 현상은 더욱 심화된다. 함께 나누어먹는 것은 총공급량을 줄이지 않으면서 위험도를 낮추는 데 매우 효과적인 방법이다. 어떤 계산에 따르면, 노획물을 공동 정산하는 사냥꾼 여섯 명은 그렇게 하지 않는 사냥꾼 여섯 명에 비해 식량 공급의 유동성을 80%나 줄일 수 있다. 이 이론은 〈음식나누기의 위험 절감 가설〉이라고 불린다.[15]

그러나 한 가지 문제가 있다. 근면한 사람의 아량에 기생하는 게으름뱅이는 어떻게 저지할 것인가? 짐승을 잡아오는 누군가에게 항상 빌붙을 수 있다면, 당신은 사냥 대오의 꽁무니만 따라다니다가 다른 사냥꾼이 원숭이를 짊어지고 숲에서 나올 때까지 코나 후비고 앉아 있으면 될 것이다. 음식을 나누는 사람의 수가 많아질수록 이기주의자는 호인에게 기생해 〈무임 승차〉할 기회를 더 많이 얻을 수 있다. 우리는 다시 죄수의 딜레마로 돌아왔으나, 이제는 복수 단위의 게임이 되었다. 진부한 예를 들자면 모든 사람이 무료로 불빛을 이용하는 등대를 세우기 위해 누가 투자를 할 것인가의 문제가 있다.

6

공적 자산과 개인적 선물

맘모스를 통째로 먹을 수 있는 사람은 없다

친절에 보답하는 것만큼 불가결한 의무는 없다. 은혜를 잊는 사람은 누구의 신뢰

도 받지 못한다.

— 키케로

우 리 행성의 지면은 대부분 사막이나 삼림이다. 인간의 손
길이 미치지 않았다면 열대 지역은 온통 우림으로 빽빽하
게 들어차고 온대 지역은 낙엽수림이 담요처럼 뒤덮고 있을 것이
다. 또 산맥에는 소나무가 무성하고 아시아 북부 지역과 북아메리
카 대륙을 가로질러 가문비나무와 전나무의 숲이 마치 부드러운
펠트처럼 펼쳐져 있을 것이다. 초원이 생태계를 지배하는 곳은 아
프리카의 사바나, 남아메리카의 팜파스, 중앙아시아의 스텝, 북
아메리카의 프레리 정도로 몇 군데가 되지 않는다.

그러나 인류는 초원의 종족이다. 우리는 아프리카의 사바나에
서 진화해 왔으며, 지금도 가는 곳마다 초원을 만들려고 한다. 우
리는 초원의 혜택을 기대하면서 공원이나 잔디밭, 정원, 농장을
꾸민다. 초원이 지구의 지배자가 된 것은 인류를 노예로 삼았기
때문이라는 류 코와르스키Lew Kowarski의 주장이 무척 설득력
있게 들린다. 우리는 삼림이 섰던 자리에 밀과 벼로 초원을 식민
지화한다. 우리는 그의 시중을 들고 충성을 바쳐 그의 적과 투쟁
한다.[1]

초원은 2,500만 년쯤 전에 처음 나타나 지구상에서는 비교적 신

참 축에 드는데, 이 시기는 원숭이가 유인원과 분리되기 시작한 때와 대략 일치한다. 풀은 이파리처럼 나무 끝에 매달려 있는 것이 아니라 땅에서 자라기 때문에 들짐승에게 뜯겨도 쉽게 죽지 않는다. 때문에 풀은 자신을 보호하기 위해 소중한 에너지를 유독 물질이나 가시 생산에 허비할 필요가 없다. 오히려 풀은 굶주린 들짐승의 잦은 입질에 몸을 내맡긴다. 그래도 문제는 없다. 많이 뜯어먹힐수록 들짐승의 배설물을 통해 더 많은 영양분이 회수되어 겨울철이나 가뭄이 지나간 뒤에 더 빨리 자라날 수 있으니 말이다.

그래서 풀이 자라는 곳은 어디에나 큰 짐승이 많다. 세렝게티에는 쉴새없이 입을 놀려 풀로 고기를 만드는 얼룩말이나 가젤 같은 야생 동물들로 들끓는다. 한때 프레리는 들소 떼의 소굴이었다. 이와는 대조적으로 우림이나 북부의 가문비나무 숲, 온대 지방의 오크 산림에는 큰 짐승이 극히 드물다. 마땅한 먹이가 별로 없기 때문이다. 반면 초원은 짐승 사냥이라는 훌륭한 생존 방식을 수많은 육식 동물들——오늘날에도 살고 있는 것만 보자면 이리·들개·사자·치타·하이에나 등——에게 제공한다. 이 맹수들은 치타만 빼고 한결같이 사회성이 아주 강하다는 점에 주목하자. 드넓은 초원에서 큰 사냥감을 추격하려면 협동이 필요할 뿐더러, 그 전리품은 여럿의 배를 채우기에 충분하므로 협동을 가능케 한다.

인류는 이런 세계 속에서 진화해 왔다. 두 발 보행과 직립 자세, 땀샘과 털 없는 피부, 뇌를 냉각시키는 특수 혈관, 물건을 들 수 있는 자유로운 손을 갖춤으로써 우리는 태양이 작열하는 아프리카의 드넓은 초원에서 살아갈 수 있도록 훌륭하게 적응했다. 인간은 사바나 동물이다. 우리는 사촌인 침팬지가 나무타기에 뛰어난 것만큼이나 장거리 달리기에 뛰어나다. 아주 오래된 유적지에 가보면 인간도 짐승 사냥꾼이었음을 알 수 있다. 1,400만 년 전 또는 그 이전으로 추정되는 고대의 도살장 터에서 절단용 석기와 뼈 화석이 함께 발견되었다. 조사에 따르면 두 물건이 같은 장소에서 나온 것은 우연이 아니었다. 우리의 조상들은 큰 짐승들을 먹이로 삼았던 것이다. 그래서 하이에나나 사자처럼 당시의 인류도 사회성이 매우 높았다.[2]

지금으로부터 20만 년 전부터 1만 년 전에 속하는 빙하 시대 최성기에 많은 육지가 초원으로 변화되었다. 물이 만년설과 빙하 속에 갇혀 해수면이 낮아지고 기후가 건조해졌으며, 우림이 위축되는 대신 그 자리에 사바나가 들어섰다. 북쪽 지방에서는 가뭄이 (몸의 90%를 지상에 드러내고 있는) 수목을 혹사하고, (몸의 90% 이상을 땅 밑에 숨기고 있는) 풀들에게는 혜택을 주었다. 이곳에는 오늘날과 같은 가문비나무 숲이나 이끼 덮인 툰드라는 거의 없고 오직 풍요한 초원이 드넓게 펼쳐져 있었다. 북부의 이러한 초지를 통틀어 〈매머드 스텝〉이라 부른다. 피레네 산맥에서 시작되어 유럽과 아시아 대륙을 가로질러 베링기아(지금은 베링 해협 밑에 가라앉은 땅)의 대평원을 넘어 캐나다의 유콘 강에 이르기까지 펼쳐졌던 매머드 스텝은 지구상에서 가장 거대한 동물 서식지가 되었다.

아프리카의 초원인들은 주인인 초원을 따라 드넓은 매머드 스텝으로 이주해 수렵을 위주로 한 생활을 영위했다. 매머드 스텝에는 이름 그대로 매머드가 많이 살았고, 아마도 그것이 형성되는 데에도 매머드가 큰 기여를 했을 것이다. 이 털 많은 코끼리와 함께 이곳에는 코뿔소, 야생마, 들소, 큰사슴(북미산 큰사슴), 순록과 영양 들이 어울려 살았다. 사자와 이리, 육식성의 단두(短頭)곰, 검상(劍像)송곳니고양이도 흔했다. 그곳은 흡사 한대 지방에 옮겨놓은 세렝게티 같았다.

매머드 스텝으로 이주한 우리 아프리카 초원인들은 (조금 춥기는 했지만) 마치 고향에 온 것 같았다. 우리는 고향에서 하던 대로 큰 짐승들을 사냥했다. 그곳의 모든 동물들 중 가장 큰 것을 사냥하는 특별한 전문 기술도 익혔다. 북아메리카에 최초로 정착한 클로비스인들은 매머드 고기를 아주 좋아했다. 실제로 클로비스인들의 유적지마다 매머드의 뼈가 발견된다. 2만 9,000년 전, 지금의 동유럽에 해당하는 지역에 살던 그라베티아인의 유물은 가래와 창과 움막벽에 이르기까지 대부분이 매머드 뼈와 엄니로 만들어져 있다. 매머드 이야기는 이쯤에서 줄이자. 이 거대한 초식 코끼리는 오래지 않아 인간의 손에 멸종되었다. 매머드가 멸종되자 스텝은 빠른 속도로 사라졌다. 웃자란 풀들을 뜯어먹고 기름진 거름을 주던 매머드가 사라지자 비옥했던 초원은 서서히 황폐해졌으며, 풀 대신 이끼와 수목이 증식하기 시작했다. 이끼와 수목은 여름철의 햇볕을 가로막아 토양은 해빙기를 겪지 못하게 되었고 결과적으로 초원은 더 황폐해졌다. 이런 악순환으로 비옥했던 스텝은 메마른 툰드라와 타이가로 변하고 말았다.[3]

창으로 코끼리를 잡아본 경험이 없는 사람일지라도(나도 잡아본 적은 없다) 이들의 사냥 기술을 상상해 보면 감탄하지 않을 수 없을 것이다. 물론 우리가 그들의 사냥 기술을 정확하게 알 수는 없다. 물웅덩이 근처에 매복해 있다가 물을 먹으러 온 매머드를 공격했을 수도 있고(습지 주변에서 많은 뼈가 발견된다) 벼랑으로 몰아 떨어뜨렸을 수도 있으며, 먹이로 유혹해 늪에 빠뜨렸을 수도 있다. 가능성은 희박해 보이지만 매머드를 반 가축처럼 길들였을 수도 있다. 그러나 그들이 어떤 방법을 썼든 간에 매머드 사냥을 혼자서 하지는 않았으리라는 것은 틀림이 없다. 성공의 열쇠는 분명 협동이었다. 고기를 나눠먹는 것은 권장 사항이 아니었다. 매머드의 덩치로 보아 그것은 필연이었다. 사냥한 매머드는 근본적으로 공유 재산일 수밖에 없었다.

여기에서 우리에게 낯익은 주제 하나가 다시 등장한다. 왜 힘들게 사냥에 참여하는가? 고기를 분배할 때 뻔뻔스러운 얼굴로 나타나 내 몫만 챙기면 되지 않는가? 매머드 사냥이 매우 위험한 일이었음에는 틀림이 없다. 다른 사람들이 잡아온 고기를 나눠먹을 수 있는 길이 확실하게 보장되어 있는데, 기를 쓰고 그 덩치 큰 짐승에게 다가가 목숨을 걸 사람은 없을 것이다. 있다면 그는 공익을 생각하는 사람일 것이다. 선사 시대의 사냥꾼들이 이 딜레마를 어떤 방식으로 풀었는지는 알 수 없다. 그들은 그런 위험한 일을 하지 않았으리라는 것이 내 생각이다. 빙하 시대 유라시아 지역에 살던 네안데르탈인은 매머드에 손을 대지 않았다. 매머드 사냥광은 지금으로부터 약 3만 년 전에 처음 등장했는데, 그것은 우연이 아니다. 이 일은 5만 년쯤 전 북아프리카 지역 어딘가에서 일어난 아주 결정적인 사건과 관련이 있다.

인류 최초의 발사 무기로서 활의 먼 조상격인 투창기가 발명된 것이다. 투창기는 용수철과 같은 방식으로 에너지를 저장했다가 그 잉여 운동량을 작은 창에 전달해 주는데, 손으로 던지는 긴 창보다 운동량이 훨씬 크다. 그것은 안전한 거리에서 공격을 감행할 수 있는 최초의 무기였다. 역사상 처음으로 매머드를 포위한 사람들이 서로 눈치를 보며 꽁무니를 뺄 궁리를 하지 않아도 되는 상태가 갑자기 만들어졌다. 누구나 상당한 안전성을 보장받으면서 창을 쏠 수 있게 된 것이다. 무임 승차자의 문제가 사라졌다. 그토록 위험스럽던 거구의 짐승이 이제는 단지 하나의 과녁일 뿐이었다.[4]

인간이 열렬한 매머드 사냥꾼이 된 것은 투창기의 발명 덕분이었을 것이다. 이것은 아주 중요한 사회적 의미를 갖는다. 매머드처럼 큰 짐승에게서는 대규모 집단의 인간이 나눠먹기에 충분한 양의 고기가 나온다. 아니 너무 크기 때문에 나눠먹는 것이 필수이다. 이렇게 되면 고기는 잡은 사람의 사유 재산이 아니라 공공 재산이며 집단의 공동 소유물이다. 큰 짐승 사냥은 분배를 가능하게 할 뿐 아니라 분배를 강요한다. 매머드 고기를 나눠달라고 요구하는 굶주린 이웃을 거절하려면 그 사람이 투창기로 무장했을 때를 염두에 두어야 한다. 큰 짐승 사냥은 인류에게 처음으로 공공재의 개념을 알려주었다.

공인된 도둑질

여기서는 의미론적인 여담을 좀 해야겠다. 나는 여태까지 〈호혜성〉이라는 단어를 당연한 듯이 사용했다. 그러나 호혜성이란 상당히 난해한 단어이다. 맞대응의 경우 그것은 서로 같은 내용의 호의를 시차를 두고 주고받는 것이다. 그러나 지난 수십 년간 인류학자들은 이 개념을 조금 다른 의미로 사용해 왔다. 그들이 의미하는 호혜성은 서로 다른 내용의 호의를 동시에 주고받는 것이었다. 흡혈박쥐는 남은 피를 굶주린 박쥐에게 베풀고 나중에 그

보답을 기대한다. 가게 주인은 설탕 봉지를 손님에게 건네면서 동시에 돈을 받는다.

이것이 부질없는 현학적 구별이라고 생각할지도 모르겠지만 앞으로의 논의를 전개하는 데 꼭 필요한 구별이다. 어떤 두 사람이 전자의 의미로 호혜성을 주고받는 상황은 매우 드물다. 상대방이 필요로 하는 어떤 한시적인 잉여를 보유하고 있는 기회가 주어져야 하며, 이후에 반대의 관계가 성립할 기회가 다시 주어져야 한다. 그뿐만 아니라 당사자들이 첫번째의 거래를 나중까지 기억하고 있어야 한다. 후자의 경우처럼 어떤 사람이 한시적으로 어떤 잉여를 처분할 수 있을 때 그것을 다른 사람의 화폐와 맞바꾸는 일은 쉽게 상상할 수 있다. 빚은 그 자리에서 청산되므로 속임수가 개입될 여지는 훨씬 적다. 가게에서 설탕을 사면서 그 값을 며칠 뒤에 설탕으로 치르는 모습은 상상하기 힘들다.

이 같은 개념 구별을 염두에 두고 수렵채집인들이 왜 사냥한 고기를 나눠먹는지에 관한 호크스와 힐의 논쟁으로 돌아가보자. 힐의 주장에 따르면 그것은 베푸는 자가 그의 아량에 대해 직접적으로 보상을 받는 실제적 호혜성의 문제이다. 호크스는 호의에 대한 보답이 훨씬 막연한 무형의 것이라고 생각한다. 베푸는 사람은 빅토리아 시대의 자선가가 기사로 인정받기를 원했듯이 자신의 공공 정신에 대한 사회적 인정을 원한다는 것이다. 두 입장의 차이가 그렇게 큰 것은 아니지만, 두 사람의 논쟁을 따라가다 보면 호혜성이라는 개념의 의미가 좀더 명료해질 것이다.

논쟁은 탄자니아의 에야시 호수Lake Eyasi 남동쪽에 위치한 사바나 지역에 거주하는 하드자족을 둘러싸고 전개되었다. 에이크족과 마찬가지로 주변부적 농경 사회 단계에 놓여 있는 하드자족은 농업 노동자로 농사에 종사하기도 하지만 아직까지는 사냥을 하고 근채나 장과(漿果) 또는 벌꿀을 채집하는 전통적 생활을 더 좋아한다. 정부와 선교사들의 설득에도 불구하고 그들은 상당수가 아직(또는 다시) 수렵채집을 전업으로 하고 있다. 여성들은 에이크족이나 쿵족의 여성들처럼 옛 방식으로 덩이줄기나 실과 또는 사냥 여행중에 남자들이 발견해 위치를 알려주는 야생 벌집에서 꿀벌을 채집한다. 그러나 하드자족 남자들은 에이크족이나 쿵족과는 달리 활과 화살로 무장을 하고 큰 짐승——대개는 영양 정도이지만 때로는 기린을 잡을 수도 있다——을 잡으러 간다. 기린 한 마리에서 나오는 고기의 양은 엄청나서 남자 한 사람에 딸린 식구가 먹거나 아프리카의 뜨거운 태양 아래에서 통상적으로 저장할 수 있는 양을 훨씬 웃돈다. 따라서 운 좋게 기린을 잡은 사냥꾼은 이웃들에게 고기를 나눠주는 것 말고는 선택의 여지가 없다. 그래서 기린을 잡은 사람은 틀림없이 자신의 이타적 행위를 통해 뭔가 얻으려는 것이다. 대개 기린 한 마리를 잡으려면 몇 달 동안의 노력이 필요한 데 비해, 뿔닭 같으면 덫을 놓아 일주일에 몇 마리씩 잡을 수 있다. 뿔닭은 한 가족에게 먹이기에 적당한 크기이므로 이웃에게까지 베풀지 않아도 된다.[5]

호크스는 하드자족 남자들에게 덫과 올가미를 사용해 뿔닭을 잡아보라고 권유했다. 고기의 양은 얼마 되지 않았지만 어쨌든 빈손으로 돌아오는 날은 훨씬 줄었다. 큰 짐승을 잡으러 다니는 경우에는 100일에 97일은 허탕이었다. 호크스는 자식들의 건강을 염려하는 현명한 가장이라면 가족들의 식탁에 매일 고기를 올려놓을 수 있도록 덫으로 뿔닭을 잡을 것이라고 생각했다. 여섯 달에 한 번 정도 500킬로그램의 고기를 갖고 오는 것보다는 가족에게

156

좋을 것이기 때문이었다. 그러나 그들은 그렇게 행동하지 않았다.

그뿐만 아니라 기린을 잡은 사람은 고기를 남들에게 나눠줘야 하므로, 영리한 사람이라면 집 안에 틀어박혀 공익 정신이 강한 누군가가 베이컨을 나눠준다는 희소식이 들려오기를 기다리고 있을 것이다. 짐승이 클수록 잡은 사람이 차지하는 비율은 적어지는데도 하드자족은 거의 전부를 이웃에게 나눠줘버릴 큰 짐승의 사냥에 집착하는 것이다. 무엇이 그들을 그렇게 너그러운 자선가가 되게 하는가?

호크스의 공동 연구자인 닉 블러턴존스Nick Blurton-Jones의 개념을 빌리자면, 그녀는 음식나누기를 일종의 〈공인된 도둑질〉이라고 믿고 있다. 기린을 잡은 사람이 먼저 자기가 가져갈 수 있는 최대량만큼 고기를 베어내고 나면, 그에게는 다른 사람이 고기를 가져가는 것을 막을 이유가 전혀 없다는 것이다. 고기를 가져가지 못하게 하는 것은 짓궂은 심술일 뿐이다. 음식나누기가 인류의 진화에서 핵심 역할을 담당한 것이 사실이지만, 그것의 기원은 짐승 세계에서도 관찰되는 〈공인된 도둑질〉이라는 이 생각은 인류학자 글린 아이작Glyn Isaac이 1960년 요절하기 직전에 내놓은 가설이다. 공인된 도둑질의 전형은 사자 세계에서 발견된다. 사자들의 만찬에서 신은 스스로 돕는 자를 돕는다. 침팬지는 사자보다는 점잖아도 역시 달라고 구걸을 하지만, 인간은 상대가 권하기를 기다린다. 하드자족을 연구한 후에도 이 생각을 한층 더 발전시킨 블러턴존스는 공인된 도둑질은 과거의 원시인이 한때 거쳐온 중간 단계가 아니라 오늘날의 사냥꾼들이 동료들과 고기를 나눠먹는 데서도 발견된다고 주장했다. 고기를 나눠먹는 하드자족의 풍습에서 블러턴존스가 발견한 것은 강도의 칼날이었다.[6]

따라서 하드자족 사냥꾼이 잡은 큰 짐승은 〈공공재〉, 즉 공동체의 이익을 위한 재화의 가장 오래된 사례라고 해도 크게 잘못된 말은 아닐 것이다. 공공재는 우리가 이미 잘 알고 있는 죄수의 딜레마의 변형판인 이른바 집단 행동의 문제를 제기한다. 공공재의 고전적인 예로는 등대가 있다. 등대를 세우려면 돈이 많이 들지만, 돈을 내지 않았더라도 항구를 이용하는 사람은 누구나 등대 불빛의 혜택을 본다. 그러므로 사람들은 누구나 자기는 돈을 내지 않고 다른 사람들이 낸 돈으로 등대를 세우기를 바란다. 이 때문에 등대는 세워지지 않는다. 또는 세워지더라도 그 이유는 수수께끼이다. 호크스는 사냥에서 잡은 기린이 바로 등대와 유사한 면이 있다고 생각했다. 기린을 사냥하기 위해서는 누군가의 노력이 분명히 필요하지만, 일단 잡히고 나면 고기는 썩기 전에 사냥 캠프의 가장 게으른 사람에게까지 공유되기 위해 거기에 존재하는 것이다.

　그렇다면 그들은 왜 사냥을 하는 것일까? 호크스는 1960년대의 미국 경제학자 맨커 올슨Mancur Olson의 연구를 검토해 보았다. 올슨은 등대를 세우는 문제는 충분한 사회적 동기만 보장된다면 쉽게 해결될 수 있다고 주장했다. 지위와 명성에 욕심이 있고 등대를 세우는 데 필요한 약간의 돈을 내놓을 용의가 있는 부유한 상인이 있다면 그는 기꺼이 등대에 투자할 것이다. 그의 행동은 모두에게 이익을 주는 아량 있는 것이기 때문에 사람들의 존경을 받게 될 것이다.

　이와 마찬가지로 사냥을 잘 하는 하드자족 남성은 적지 않은 사회적 보상을 받는다. 훌륭한 사냥 능력은 다른 남성들의 부러움뿐만 아니라 더 중요한 여성들의 존경을 가져다 준다. 직설적으로 표현하자면 훌륭한 사냥꾼은 더 많은 혼외 관계를 갖는다. 이것은 하드자족에게만 적용되는 이야기가 아니다. 에이크족이나 야노마모족 그리고 남아메리카의 다른 종족들도 마찬가지이다. 이것은 아주 보편적 현상이며 널리 알려져 있는 사실이다.

인간이 덩치 큰 짐승 사냥에 집착하는 이유에 관한 열쇠가 여기에 있는 것 같다. 포획률이 더 높은 작은 짐승을 포기하고 여러 사람이 공유할 수 있는 큰 짐승을 쫓아다니는 것이 전세계 인간 남성의 뚜렷한 공통점이다. 사냥꾼의 입장에 서서 이 문제를 검토해보자. 뿔닭 한 마리를 잡으면 그의 아내와 아이들이 먹는다. 작은 영양 한 마리를 잡으면 일부를 떼어 과거에 빚을 진 적이 있는 이웃에게 나눠준다. 그러나 기린을 잡으면 고기가 너무 많기 때문에 좋은 부위를 떼어 이웃집 여자에게 몰래 건넨다 해도 아무도 눈치채지 못할 것이다.

이렇게 말하면 수수께끼를 온통 여성에게 전가시키는 꼴이 되고 만다. 가족을 먹일 수 있는 뿔닭을 잡을 수 있는 기회를 포기하고 기린을 쫓아가는 남성의 동기는 분명하다. 그것은 섹스이다. 남성들은 자식들을 먹여살리는 것보다 정부에게 고기를 바치는 데 더 관심이 많다. 그러나 그것이 왜 섹스로 귀결되는가? 여성들은 무엇 때문에 능력 있는 사냥꾼에게 섹스로 보답을 하는가? 호크스가 캐플런이나 힐과 의견을 달리하는 것이 바로 이 부분이다. 호크스는 여성을 섹스로 이끄는 것은 형체가 없는 무엇, 즉 성공의 향기 같은 것으로서, 말하자면 여성들이 〈사회적 관심〉이라고 부르는 어떤 매력이라고 보았다. 여성들이 이 거래에서 얻는 것은 은밀한 지위 상승이다. 그러나 힐과 캐플런의 생각은 다르다. 그들은 여성에게 아주 구체적인 이익, 즉 맛있는 고기가 주어진다고 생각했다. 기린의 각 부위는 맛이 같지 않으므로 기린을 잡은 사냥꾼은 가장 좋은 부위를 먼저 베어내어 정사를 맺고 싶은 여성에게 뇌물로 제공하는 것이다. 이렇게 보고 나면 사냥꾼이 왜 뿔닭을 포기하는지, 어떻게 음식나누기가 강제가 아니라 호혜적으로 이루어지는지의 수수께끼가 해명된다. 우리는 여기에서 발정난 암컷에게 먹이를 먹이기 위해 원숭이 사냥을 하는 곰베 지역(하드자족의 거주 지역에서 그리 멀지 않다)의 수컷 침팬지 문제로 다시 돌아왔다. 섹스라는 특별한 화폐를 통해 호혜적 거래가 이루어지는 것이다.

힐과 캐플런은 뿔닭을 사냥하는 것이 생활의 안정을 위해서 바람직하다는 호크스의 견해에 대해서도 반대한다. 음식나누기의 관행이 존재하는 한 하드자족 남성들은 작은 짐승을 쫓아다니는 때보다 큰 짐승을 쫓아다닐 때 더 많은 영양분을 섭취할 수 있다. 큰 짐승을 잡았을 때 풍부한 고기의 양은 드문 빈도를 상쇄하고도 남는다. 힐과 캐플런의 계산에 따르면 에이크족의 경우 멧돼지 사냥으로는 시간당 6만 5,000칼로리를 얻을 수 있지만, 곤충 유충 채집으로는 시간당 2,000칼로리밖에 얻지 못한다. 물론 멧돼지는 나눠먹어야 한다. 멧돼지의 경우 평균 10%만이 잡은 사람에게 돌아간다. 이것에 비해 유충은 60%만을 나눠주면 된다. 그러나 6만 5,000칼로리의 10%라고 해도 2,000칼로리의 40%보다는 훨씬 많다. 그러므로 에이크족 남자들로서는 유충을 잡는 것보다 멧돼지를 잡는 것이 이익이다.

힐과 캐플런은 이렇게 말했다. 〈호크스가 제시한 데이터 중에서 사냥꾼이 고기를 다른 재화나 서비스와 교환하지 않는다는 것을 입증할 수 있는 자료는 없다. 이것은 중요한 문제이다. 만일 그런 거래가 일반적이라면 큰 사냥감은 공공재가 될 수 없다. 왜냐하면 집단 행동의 문제가 존재하지 않기 때문이다.)[7] 대부분의 수렵채집 사회에서 음식나누기는 뚜렷한 편향을 보여준다. 작은 사냥감일수록 사냥꾼의 직계 가족이 더 많은 몫을 차지하며, 이것은——공인된 도둑질의 가설이 이야기해 주는 바와는 달리——고기의 처분권이 여전히 사냥꾼에게 있음을 시사한다. 오스트레일리아 북부의 아넴랜드에 사는 구님구족의 경우 직계 가족이 가장 많은 고기를 차지할 뿐더러 나머지도 철저하게 친족 중심으로 분배된다. 게다가 참으로 이해할 수 없게도 사냥에서 돌아온 남자는 으레 공평한 자기 몫 이하를 차지한다. 이 같은 관찰은 공인된 도둑질의 가설과 부합되지 않는다.

이것은 유산자와 무산자 사이의 권력 문제이다. 분배가 공인된 도둑질이라면, 그것은 무산자에게 권력이 있음을 의미한다. 반대로 호혜성이라면 통제권은 유산자에게 남아 있을 것이다. 하드자족의 남성은 결국 공인된 도둑질에 의해 고기를 빼앗길 것을 알고 있다고 하더라도 여전히 분배에 영향력을 행사할 수 있다. 그는 갑자기 손에 들어온 여분의 기린 고기를 썩지 않는 화폐로 바꾸겠다는 목적을 갖게 된다. 이것을 위해 그는 고기를 배우자와 친족, 미래의 아내, 그리고 그가 호혜적 대접을 받은 일이 있거나 앞으로 대접을 기대할 만한 사람에게 나눠준다. 그럼으로써 고기 공급의 불규칙성이 줄어들고 그의 평판도 좋아진다.

호크스는 이것에 대해 그녀 나름대로 신랄한 비판을 가했다. 그녀는 힐과 캐플런이 묘사한 세계에는 엄밀한 호혜성이 존재하지 않는다고 주장했다. 솜씨가 서툰 사냥꾼도 무임 승차자도 처벌받지 않는다. 게으르거나 능력이 없는 인간은 어디에나 존재하게 마런이다. 물론 그들은 그만큼 사회의 관심을 받지 못한다. 그러나 그들이 고기마저 분배받지 못하는 것은 아니다. 다른 사람들은 왜 이런 무능력자를 먹여살리는가?

지혜로운 거래

논쟁은 계속되었다. 이 논쟁은 에이크족과 하드자족의 문화적 차이뿐만 아니라 호크스와 힐의 성별 차이도 반영하고 있다. 물론 이들의 의견 차이를 성별 탓으로 돌리면 두 사람 모두 화를 내겠지만, 그들의 주장에는 차이가 없다는 것이 내 생각이다. 유능한 사냥꾼에게 돌아오는 보답은 고깃덩어리가 아니라 평판이라는 것이 호크스의 주장이고, 힐과 캐플런의 주장은 사냥꾼에게 실물적 대가가 돌아온다는 것이다. 이 논쟁에서 우리는 인류학의 해묵은 논쟁, 즉 〈실재주의〉와 〈형식주의〉의 논쟁을 접하게 된다. 1960년대와 1970년대에 걸쳐 인류학계를 뜨겁게 달구었던 이 논쟁은, 학계의 논쟁이라는 것이 으레 그렇듯이 서로 논점의 차이가 별로 없기 때문에 오히려 더 극을 향해 치달았던 사례이다. 두 학파의 견해 차이는 사실 아주 미세한 것이다. 힐과 캐플런의 주장에서 드러나듯이 형식주의자들은 부족 사회에도 근대 경제학의 이론을 적용할 수 있다고 보았다. 시장 중심적인 서구 사회 사람들을 분석하는 도구가 부족 사회인의 의사 결정의 분석에도 적용될 수 있다는 것이었다. 서로 다른 종류의 재화를 교환함으로써 노동 분화의 이점을 활용하고 한 가지 재화에 전적으로 의존하는 위험을 분산시킬 수 있는 시장 체제는 수렵채집인 부족 사회의 호혜주의적

음식나누기에서 기원했다는 것이 형식주의자들의 주장이었다.[8]

그러나 실재주의자들은 원시 사회에는 시장이라는 것이 없었기 때문에 원시 사회에 근대 경제학을 적용하는 것은 옳지 않다고 생각했다. 부족 사회인은 쇼핑몰의 차가운 타산적 세계에서 사리를 추구하는 자유인이 아니라, 혈족의 관계망과 권력 관계 등의 사회적 의무라는 올가미에 묶여 있다. 어떤 사람이 다른 사람과 음식을 나누는 것은 계산된 호혜주의적 위험 분산 조치일 가능성이 없는 것은 아니지만, 그것은 단순한 관습일 수도 있고 음식을 요구하는 주변 사람들에 대한 두려움에 떠밀린 행동일 수도 있다.

실재주의적 전통 위에 서 있는 호크스는 호혜주의적 나눔이라는 발가벗은 경제학에 반기를 든 것이다. 그러나 이미 말했듯이 두 입장에는 큰 차이가 없다. 현대 경제학은 완전 시장이라는 좁은 테두리를 벗어나 그 분석의 영역을 넓혀가고 있으며, 사람들의 의사 결정에서 〈비합리적〉 동기가 어떤 영향을 미치는지에 대해서도 연구하고 있다. 때문에 하드자족 사람들이 호혜적 행동에 대한 구체적 보답이 아니라 좋은 평판을 얻기 위해 사냥에 힘을 쏟는다는 호크스의 주장이 옳다고 해도 그들의 행동 동기에 대해 인정머리 없는 경제학적 분석을 적용하는 것이 잘못된 일은 아니다. 그들은 곧 썩어버릴 기린 고기를 나중에 다른 화폐로 되돌아올 내구성 있는 상품, 즉 평판으로 바꿔두는 것이다. 알렉산더의 용어를 빌리자면, 이처럼 구체적 이익을 추상적 이익으로 교환해 두는 것을 〈간접적 호혜주의〉[9]라고 부를 수 있다.

이 같은 생각을 좀더 발전시키면 수렵채집인의 행위에서 금융 상품들로 둘러싸여 있는 현대 시장 기구의 아득한 기원을 찾아낸다는 것이 그렇게 무리한 억지는 아니다. 하드자족 남성이 미래의 어떤 보답을 기대하고 고기를 나눠주는 행위는 미래의 위험을 분산시키는 복합 금융 상품을 구입하는 것이다. 힐과 캐플런에 따르자면, 그는 자신의 사냥 행위에서 얻는 변동 수익률을 집단 내의 사회적 관계를 통해 고정 수익률로 대체하는 계약을 맺는 것이다. 그의 행위는 여섯 달 동안의 고정 수입을 위해 선물 계약으로 밀을 밭 떼기로 파는 농부의 행위와 같다. 또 그의 행위는 거액을 변동 금리로 빌린 뒤 다른 은행과 스와프swap 계약을 맺어 위험을 분산시키는 은행가의 행위와도 다를 바가 없다. 그는 단기 금리에 따라 연동하는 변동 금리로 이자를 지불하면서 다른 쪽에서는 고정 금리에 따른 이자를 받는다. 이런 행위를 통해 은행가는 서로 다른 수요를 가지고 있는 고객을 찾아낸다.

호크스에 따르면, 사냥꾼은 다른 화폐(평판)를 구입함으로써 한 가지 화폐(고기)에 의존하는 위험을 줄인다. 이것은 달러 시장에서 싼값으로 공채를 모집할 수 있는 기업체가 달러 환율 등락의 위험을 분산시키기 위해 독일의 마르크화로 스와프하는 것과 다를 바 없다. 꼭 들어맞는 비유는 아니지만 원리는 같다. 즉 누군가가 위험을 감소시킬 목적으로 자신의 재화를 다른 것과 교환하거나 다른 사람과 거래하는 것이다. 수렵채집인 같은 단순한 존재가 어떻게 이런 일을 할 수 있겠느냐고 비웃는 사람이 있을지도 모르겠지만, 그것은 잘못된 생각이다. 그들의 뇌는 우리의 뇌와 차이가 없으며, 지혜로운 거래good deal에 대한 그들의 본능은 시카고 증권거래소의 브로커들과 마찬가지로 그들 자신의 문화적 환경 속에서 연마된 것이다. 문제를 이런 식으로 보면 매우 중요한 통찰을 얻을 수 있다. 복합 금융 상품이 위험을 분산시킬 수 있는 이유는 다른 종류의 위험에 노출될 수 있는 사람과 짝을 맺기 때문이다. 선물 시장이나 스와프 시장은 모두에게 이익이 된다. 그것은 제로섬 게임이 아니다. 사업가들이 서로 위험을 스와프할 수 없다면 더 많은 위험에 노출되고 언젠가는 대가를 치르게 된다. 인간의 사냥과 음식나누기에 대해서도 같은 논리가 적용된다. 사냥은 허탕을 칠 가능성이 높다. 음식나누기는 이 위험률을 감소시킨다. 그리고 모두가 이득을 얻는다.[10]

하드자족의 이야기가 너무 생소하게 느껴진다면 좀더 친숙한 사례를 들어보자. 뜻하지 않은 횡재를 만났는데도 이웃에게 전혀 베풀지 않아 원성을 사는 경우는 주변에서도 어렵지 않게 접할 수 있다. 샌프란시스코의 어느 여성은 「부시맨 *The Gods Must Be Crazy*」라는 제목의 영화에 우연히 출연하게 되어 큰돈을 만졌는데, 그 돈으로 주위 사람들에게 전혀 생색을 내지 않아 결국 싸움에 말려들고 말았다.[11]

마셜 살린스Marshall Sahlins의 말을 빌리자면 수렵채집인들이 대체로 게으르고——그들은 농경인들에 비해 〈일하는〉 시간이 훨씬 적다——재산이나 부에 관심이 없는 이유는, 그들의 평등주의적 사회에서 지나친 축재는 곧 그것을 함께 나누는 행위에 대한 거부로 간주되므로 개인적 축재를 자제하고 여러 사람에게 도움이 될 만한 것을 추구하는 것이 사리에 맞기 때문이다. 수렵채집인들은 부에 관한 한 선승(禪僧)이었던 것이다. 즉 그들은 각자의 다양한 욕망과 필요를 충족시킬 만큼 일하지만, 질시의 위험을 회피하기 위해 거기에서 절제하고 멈춘다.[12]

1993년 8월 8일 모라 버크Maura Burke는 아일랜드 국영 복권을 구입해 300만 파운드에 당첨되었다. 그녀가 살던 레터모어라는 작은 마을의 주민 450명은 그렇게 운 좋은 이웃을 둔 것을 축하하며 잔치를 벌였다. 버크 부인의 남편은 한 달 전에 죽었고 슬하에 자식은 없었다. 마을 사람들은 은근히 기대에 부풀었다. 그러나 그녀는 마을 사람들의 기대를 모르는 척했으며, 이윽고 마을 사람들의 원성이 높아지기 시작했다. 이 마을을 찾은 잡지 기자에게 한 주민은 〈우리는 1페니짜리 동전도 구경하지 못했다〉고 불평을 털어놓았다. 버크 부인은 거의 생명의 위협을 느낄 지경이 되어 런던으로 이사해야 했다. 그녀는 행운을 주위 사람들과 나누려 하지 않았기 때문에 공동체에서 추방되었다.[13]

언뜻 보기에 버크 부인에 대한 보복은 호크스가 말하는 공인된 도둑질의 전통에 속한다. 공동체는 버크 부인에게서 복권 당첨의 행운을 같이 나누는 호의를 기대하는 정도에 머무르지 않고 그녀의 옹졸함을 처벌했다. 그러나 이 사건은 다른 관점에서 볼 수도 있다. 힐과 캐플런의 사고 방식을 도입하자면 이 문제는 죄수의 딜레마 게임이다. 버크 부인은 오랜 세월 이어져 온 협력자 관계를 저버리고 갑자기 태도를 바꾼 것이며, 이에 대해 게임 상대들은 처벌의 욕구를 느꼈다. 그러나 버크 부인 입장에서는 지금 호의를 베풀더라도 상대방이 그런 정도로 보답할 기회를 가질 확률은 아주 적기 때문에 호의를 베풀 이유가 없는 것이다. 그러나 사냥의 경우에는 다르다. 주는 처지에서 받는 처지로 바뀌는 것은 단지 시간 문제이다. 미래의 긴 그림자가 의사 결정을 내리는 그의 머리 위에 드리워져 있는 것이다.

버크 부인은 런던으로 쫓겨났다고 하지만 그래도 운이 좋은 편이다. 에스키모 사회에서 개인적 축재는 터부시되기 때문에 베풀 줄 모르는 부자는 살해당하는 경우가 적지 않다.

166

무기로서의 선물

언뜻 생각하면 이것으로 인간이 그토록 열렬한 협력자가 된 이유에 대해 충분한 설명이 되는 것처럼 느껴질지도 모르겠다. 그러나 이것만으로는 부족하다. 지능 지수가 높은 비둘기 무리 속에 고양이를 집어넣는 장난을 좋아하는 이스라엘 과학자 아모츠 자하비 Amotz Zahavi가 새로운 사실을 발견했기 때문이다. 그의 전공은 아랍 지역에 서식하는 꼬리치레 babbler이다. 이 새는 온대 지방에 서식하는 중간 몸집의 새들과 마찬가지로 대가족을 이루고 사는데, 〈10대〉는 부모를 도와 동생들을 보살핀다. 10대들의 이런 행동에 대해 생물학자들은 그 동안 별다른 설명의 필요성을 느끼지 못했다. 돕는다고 주위에 얼쩡거리면서 동생들을 둥지 밖 세상으로 내보냄으로써 그들은 생식의 역할을 물려받을 확률을 높이는 것이다. 그것은 친족 등용과 이기심에 따라 움직이는 시스템이다.

그러나 자하비는 이 같은 전통적 견해에 의문을 품게 되었다. 〈10대〉들은 아주 열심히 경쟁적으로 먹이를 물어나를 뿐 아니라 천적을 감시하는 파수꾼 노릇까지 자처하지만, 그들의 행동은 이상하게도 환영받지 못하는 것이었다. 부모들은 10대들의 도움으로 자신들까지도 부양받을 수 있는데, 그들의 행동을 못마땅해하고 도움을 거절했다.

자하비의 눈에 이들의 행동은 세습의 전통성을 확보하기 위한 것이 아니라 사회적 신망을 얻기 위한 것이었다. 동생들의 양육을 돕는 행위는 가족에 대한 헌신성을 강조하는 것이며, 그 보답은 다른 가족의 비슷한 헌신으로 돌아온다. 이 관찰로부터 자하비는 다음과 같은 결론을 얻었다. 〈내가 보기에는 두 존재 간의 협력 관계에서조차 투자 행위의 핵심은 상대방의 속임수나 배신 경향을 억압하기 위한 것으로서 투자자 자질의 선전임과 동시에 협력을 계속하겠다는 의지의 표현이다.〉 자하비는 호의를 하나의 무기로 보고 있는 것이다.[14]

이 같은 모호성은 인간의 문화에서도 관찰된다. 어느 한 시점을 잡아 조사해 보면, 영국 전체 경제의 7~8%는 선물용 상품을 생산하는 데 투여된다. 일본의 경우에는 수치가 이것보다 높을 것이다. 선물 시장은 경기 침체를 거의 모르는 시장이다. 최근 수십 년간 냉장고나 요리 도구 제조업체들이 결혼 또는 크리스마스 시장에 좌우되는 토스터나 커피메이커 제조에 뛰어든 이유도 이것 때문이다. 그렇다면 사람들은 왜 서로에게 선물을 주는가? 그것은 한편으로는 상대에게 호의를 베풀기 위한 것이고 다른 한편으로는 아량이 있는 사람이라는 평판을 지키기 위한 것이며, 또다른 한편으로는 선물을 받는 사람을 보답이라는 의무감에 묶어놓기 위한 것이다. 선물과 뇌물 간에는 큰 차이가 없다.

트로브리안드Trobriand 군도에는 쿨라Kula라는 관습이 있다. 쿨라란 조개껍데기 목걸이를 완장과 바꾸는 것이다. 이 군도의 섬들은 원형으로 길게 늘어서 있는데, 목걸이는 시계 방향으로 섬을 건너 이동하고 그 대가로 완장이 시계 반대 방향으로 이동한다. 쉴새없이 원형을 그리며 이동하는 두 종류의 쿨라 선물은 전혀 무의미해 보이지만, 섬 사람들은 그 일을 무엇보다 중요하게 여기고 있다. 어째서 선물 주고받기가 이 섬 사람들의 강박이 된 것일까?

프랑스의 민족지학자 마르셀 모스Marcel Mauss는 1920년대에 발표한 『증여론 Essai sur le don』에서, 전근대 사회의 선물 주고

받기는 이방인과 사회적 계약을 맺는 방법의 하나라고 말했다. 평화를 보장해 줄 국가가 없는 상황에서 선물 교환이 그 역할을 담당한 것이다. 살린스는 1960년대에 전세계의 모든 사회에서 공통된 한 가지 특징을 발견했다. 선물을 주는 사람과 받는 사람의 혈연 관계가 희박할수록 수지 타산이 명백한 선물이 오간다는 것이었다. 살린스에 따르면 한 가족 단위 내에서는 〈보편적 호혜주의〉, 즉 호혜성이 전혀 고려되지 않는 상태가 지배적이었다. 사람들은 누가 누구에게 빚을 지고 있는지를 전혀 상관하지 않고 서로 선물을 주고받았다. 마을이나 부족 단위에서는 주고받는 선물이 상당히 공평해야 했다. 그러나 부족 단위를 넘어서서 서로 다른 부족 간에는 살린스가 부정적 호혜주의라고 부른 것, 즉 값어치가 없는 것을 주고 값진 것을 받으려는 사실상의 도둑질이 지배적이었다. 완전히 동일한 가치가 교환되는 엄격한 의미의 호혜주의는 전혀 모르는 이방인들의 관계에서만 관찰되었다.

물론 부모는 자식에게 뭔가를 베풀면서 대가를 바라지 않으며, 도둑은 훔친 물건의 값을 지불하지 않는다. 그러나 이런 예외적인 경우를 제외하고, 우리는 선물 주고받기라고 하면 으레 엇비슷한 가치를 지닌 것들의 상호 교환을 예상한다. 선물을 받았는데 보답할 방법이 없으면 누구나 당황하며, 많은 도움을 베푼 상대에게서 초콜릿 한 상자가 선물로 왔을 때 화가 나지 않는 사람은 거의 없다. 주는 것과 받는 것의 종류가 완전히 다르더라도 선물의 핵심은 등가물의 교환이다. 예외가 있다면 병원에 입원한 친구에게 꽃을 보내는 것 같은 일들일 텐데, 이런 경우조차 우리는 자신이 병원에 입원했을 때 상대가 꽃을 보내오기를 기대하는 마음이 없을 거라고 할 수 없을 것이다.

우리는 이런 본능에 아주 익숙하다. 내가 베푼 호의를 받은 사람이 전혀 의식하지 않고 나도 상대가 어떻게 반응하는지를 전혀 의식하지 않는 그런 세상을 상상할 수 있겠는가? (친족 간의 선물 교환을 제외하고) 선물을 주고받는 행위를 일종의 거래로 파악하는 경향은 우리 내면 깊숙이 자리잡고 있는 본능이다.

콜럼버스Christopher Columbus가 아메리카에 처음 발을 디뎠을 때, 그는 수만 년 동안 유럽인들과 문화적 접촉을 전혀 갖지 않은 사람들을 만나게 되었다. 인디언과 유럽인은 중석기 시대 이후 서로에게 풍습을 전달할 기회가 전혀 없었다. 그러나 이 같은 이질 문화 사이에도 선물을 주는 행위는 뭔가 보답을 받기 위한 것이라는 사실을 이해하는 데는 전혀 어려움이 없었다.

인디언과 유럽인들이 처음 만나자마자 시작한 일은 선물 주고받기였다. 식민지 시대의 미국에서 〈인디언 선물〉이라는 말은 답례를 바라고 주는 선물이라는 뜻으로 쓰였다. 선물에는 조건——사실은 이것이 선물이 의미하는 모든 것이지만——이 따라붙는다. 이것은 어떤 문화에서든 아주 쉽게 확인되는 보편적 경향이다. 케냐의 한 부족 마을을 연구하던 어떤 인류학자는 자기가 준 선물을 원주민들이 노골적으로 깎아내리는 데에 놀랐다. 〈그들에게 말을 선물하면 그들은 말의 입 속을 샅샅이 검사해 결국 흠을 찾아내곤 했다〉고 그는 불평했다. 그러나 그들이 그렇게 행동하는 이유를 이해하는 데는 전혀 어려움이 없었다. 선물에는 일종의 계산적 요소가 따르는 것이라는 사실을 그뿐만이 아니라 원주민들도 잘 알고 있었던 것이다. 가장 고상한 척하는 유럽인 사회에서도 누군가가 값비싼 선물을 줄 때에는 반드시 어떤 의무가 따라온다는 것을 우리는 잘 알고 있다.[15]

이웃에게 지지 않으려고 부리는 허세

나의 견해가 지나치게 냉소적이라고 비난받을지도 모르겠지만, 나의 의도는 모든 종류의 미덕을 폄하하려는 것은 아님을 이해해 주었으면 한다. 당신에게 호의를 베푼 사람의 동기에 대해 걱정하다 보면 결국 당신도 그에게 호의를 베풀게 된다. 진정한 이타주의자는 선물을 주지 않을 것이다. 왜냐하면 선물을 준다는 것은 선한 일을 행한다는 허세이거나 아니면 보답을 기대하는 계산된 행동일 것이므로, 만일 후자의 경우라면 그것은 쓸데없이 상대방을 부채감에 시달리게 하는 행위이기 때문이다. 또 진정한 이타주의자라면 선물을 받아도 답례를 하지 않을 것이다. 답례란 빚을 갚는 것과 같아서 결국 상대방의 동기가 순수하지 못했음을 지적하는 꼴이 되고 말기 때문이다. 때문에 진정한 이타주의자들은 서로 아무것도 주고받지 않을 것이며, 진정으로 선을 행할 수 있는 사람은 아무런 동기를 갖지 않은 사람이라는 결론이 나온다. 여기에는 뭔가 잘못된 것이 있다.[16]

그건 그렇다 치고 여기서는, 선물에 대해 보답하려는 인간의 본능이 너무도 강해 선물은 무기로도 사용될 수 있다는 점을 지적해 두는 것으로 충분할 것 같다. 이웃을 당황케 하려는 목적으로 허세적인 호의를 베푸는 〈포틀래치 potlatch〉라는 관습을 예로 들어보자. 이런 종류의 관습은 뉴기니를 비롯한 세계 여러 지역에서 관찰되지만, 북서부 태평양 연안의 아메리카 인디언들 사이에서 19세기쯤까지 내려오던 관습이 가장 잘 알려져 있다. 〈포틀래치〉는 치누크어(語)이며, 이 풍습이 가장 자세하게 관찰된 것은 밴쿠버 섬의 콰키우틀 부족이다.

콰키우틀족은 한마디로 속물의 극치를 보여준다. 그들이 가장 소중하게 여기는 것은 훈장처럼 몇 개씩 달고 다니고 싶어하는 고상한 호칭으로 드러나는 사회적 지위이다. 그들의 삶은 높은 지위에 대한 강박적 추구와 수치심에 대한 두려움으로 가득 차 있다. 캐나다 정부의 통제로 더 이상 결투를 벌일 수 없게 되자 그들은 칼 대신 〈객기〉를 무기로 들었다. 자기 재산을 나눠줌으로써 더 높은 사회적 지위를 얻고, 다른 사람의 호의에 보답하지 못하면 지위를 잃는 것이 그들 사회의 관습이 되었다.

이 기이한 경쟁이 의례화된 것이 이른바 포틀래치이다. 그들은 서로에게 담요, 물고기, 해달 가죽, 카누, 그리고 자신의 초상을 새겨 넣은 납작하고 값진 구리판(동전)을 선물했다. 재산을 나눠주는 것으로 부족해서 어느 포틀래치 파티의 주인은 자신의 재산을 파괴해 버렸다. 그가 값비싼 담요와 카누에 붙인 불을 경쟁자격인 손님들 중 한 사람이 끄려고 하자 그는 불길 위에다 양초용 생선 기름을 부어버렸다. 또 어떤 파티에서는 천장에 새겨진 인물상의 입으로부터 값비싼 생선 기름이 불길 위로 쏟아져 내렸는데, 손님들은 불길 때문에 살갗에 물집이 잡히는데도 전혀 의식하지 못하는 것처럼 행동해야 했다. 파티 주인의 헌신성을 입증하기 위해 집을 송두리째 태우는 경우도 있었다.

한 노부인은 아들에게 객기를 보여 지위를 높여야 한다고 부추기면서 남편에 관한 이야기를 들려주었다.

네 아버지는 남에게 노예를 줘버리거나 남이 보는 앞에서 죽여버렸지. 카누도 주거나 불태웠고, 부족의 경쟁자나 다른 부족의 족장에게는 해달 가죽을 주거나 그가 보는 앞에서 갈기갈기 찢어버렸단다. 너

172

도 기억하고 있겠지, 아들아. 이 모든 것은 너를 위한 네 아버지의 배려란다. 너도 그런 길을 가야 한다.[17]

참으로 어처구니없는 행동이지만 이해가 되지 않는 것은 아니다. 제법 구경거리가 될 만한 포틀래치는 늘 볼 수 있는 것이 아니다. 그런 일이 자주 벌어진다면 그렇게 줘버리거나 태워버릴 재산이 있을 리가 없다. 그것은 부의 경쟁적 축적 시스템의 극단적인 표현이다. 그리고 그것은 명백히 호혜적이다. 주고받는 선물에는 그에 상응하는 이해 관계가 개입되며, 매번 열리는 파티나 파괴 행사에는 더 큰 행사가 뒤따른다. 그러나 여기에는 항상 패자가 있게 마련이다. 포틀래치의 세계에서 호혜주의는 서로에게 이익이 되는 그런 종류의 호혜주의가 아니다.

합리적이고 경제학적인 눈으로 볼 때 포틀래치의 효용성은 무엇일까? 형식주의자의 대답은 간단하다. 포틀래치에는 썩기 쉽고 내구성이 약한 재산이 동원된다. 그러나 포틀래치를 통해 얻은 평판은 영속적이며 늘 몸에 지니고 다닐 수 있는 것이다. 갑자기 너무 많은 식량과 기름을 갖게 된 추장은 어떤 방법으로도 그것을 보관할 수 없기 때문에 잔치를 열어 손님들에게 주거나 그래도 남을 때에는 태우는 것이다. 이 같은 무절제나 관대성은 그에게 존경과 명성을 가져다 준다. 이 논리로는 동전이나 담요 같은 내구재가 포틀래치의 대상이 되는 것이 설명되지 않지만 나름대로의 논리는 있다. 동전으로 지위를 살 수 있다면 거래를 하지 못할 이유는 없는 것이다. 루스 베네딕트Ruth Benedict가 말했듯이 〈이들은 재산을 등가의 경제재를 얻기 위해 쓰는 것이 아니라, 남을 누르기 위한 게임에서 고정 가치의 모조화폐로 사용하는 것이다.〉[18]

그러나 포틀래치를 호혜주의의 미덕을 축적하기 위한 합리적 전략으로 보는 것은 확대 해석이다. 그것의 실상은 호혜주의에 빠져드는 인간의 속성을 악용하는 교활하고 이기적인 방법으로서 호혜주의에 기생하는 일종의 기생충이다. 포틀래치는 인간이 호의에 보답하려는 유혹에 저항할 수 없다는 사실을 악용하기 위해 고안된 것이다.

이 문제를 살펴보자. 포틀래치는 콰키우틀이나 그 이웃 부족에게만 있는 것이 아니다. 경쟁적인 선물 공세는 유럽의 군주들이 서로간에 또는 동방 성직자의 환심을 사기 위해 곧잘 사용하던 방법이다. 외교관은 값진 선물을 가져가지 못하면 자신의 조국에 대해 수치심을 느꼈다. 사무실 동료나 이웃으로부터 전에 자기가 준 선물보다 훨씬 값진 크리스마스 선물을 받아본 사람은 그런 심정을 알 것이다. 어울리지 않는 선물을 들고 일본의 거래처를 방문해 본 사업가도 그런 심정을 알 것이다. 헨리 5세의 대관식에 테니스 공을 선물로 보낸 프랑스 황태자는 틀림없이 그를 모욕한 것이다. 생일 선물로 칫솔을 받고 모욕감을 느끼지 않을 사람은 별로 없다. 선물은 무기가 될 수 있다.

태평양의 섬 주민들 사이에는 마치 국지전이 세계전으로 확산되듯 과시적인 선물 교환이 걷잡을 수 없이 번진 사례들이 있다. 1918년 트로브리안드 섬에 사는 카콰쿠족과 와카이세족 간에는 와카이세 마을에서 재배한 감자를 둘러싼 논쟁이 있었다. 감자가 좋지 않다는 모욕을 받은 와카이세 사람은 카콰쿠 사람에게 다시 모욕을 줬다. 여기에 두 마을의 족장까지 끼여들면서 분쟁은 점점 더 격렬해졌다. 이윽고 와카이세 사람들은 14.5세제곱미터나 되는 거대한 상자에 감자를 가득 담아 카콰쿠족에게 주었다. 이튿날 그

상자에는 카콰쿠에서 재배한 감자가 담겨서 되돌아왔다. 카콰쿠 사람은 감자를 갑절은 더 보낼 수 있었지만 그렇게 하면 모욕이 될 것이기 때문에 그렇게 하지 않았다고 주장했다. 이로써 평화는 회복되었다.

트로브리안드의 감자 사건에 관한 말리노프스키의 기록은 인간 사회의 선물을 둘러싸고 있는 전혀 이타주의적이지 않은 분위기를 잘 포착하고 있다. 또다른 기록에서 그는 해안 지대의 어업 마을과 내륙의 감자 재배 마을의 관계를 분석하고 있다. 어촌 사람들은 진주잡이를 시작했는데, 곧 그것이 고소득을 보장해 준다는 것을 알게 되었다. 진주만 채집해도 감자와 생선을 충분히 살 수 있었다. 그러나 내륙 마을의 사람들이 그들에게 계속 감자를 선물해야겠다고 고집을 부리자 어촌 사람들은 감자 재배 마을에 보낼 생선을 잡기 위해 진주잡이를 포기해야 했다. 선물은 이처럼 의무를 창출하기 때문에 하나의 무기가 된다.[19]

그러나 선물은 의무감이 전제되었을 때에만 무기가 될 수 있다. 선물 주고받기와 경쟁적인 호의가 우리의 본능 이전에 존재했던 것은 아니다. 그것은 우리에게 이미 존재하는 본능, 즉 호의에 대한 존경과 함께 나누지 않으려는 자에 대한 경멸의 본능을 이용하기 위해 만들어진 것이다. 그렇다면 우리에게는 왜 그런 본능이 있는 것일까? 우리는 인색함을 참지 못하며 인색함에 대해서는 처벌을 가한다고 누구나 인식하게 될 때, 우리 사회의 호혜주의 체계를 감시하고 다른 사람의 행운에 대해 자기 몫을 강요하는 데 효과적이기 때문이다. 따라서 부족 사회에서의 선물 주고받기는 다른 사람을 의무감에 구속시키기 위한 것이므로 사실은 전혀 선물 주기가 아니다. 그것은 호혜주의적 본능의 악용일 뿐이다.

선물 주기가 호혜주의적 본능의 표현이고 경우에 따라서는 그 본능에 대한 기생이라고 한다면, 우리는 실험을 통해 그 본능을 발견할 수 있어야 할 것이다. 먹을 것이 가까이 있다는 신호음을 들으면 침을 흘리는 개의 본능을 발견할 수 있듯이……. 과연 발견할 수 있을까?

7

인간의 도덕성

우리는 〈감정〉 덕분에 〈합리적인 바보〉를 면할 수 있다

유전자의 이해 관계에 의해서 이타주의적 성향이 형성된다는 사실의 발견은 과학

사에서 가장 불온한 발견 중 하나이다. 나는 처음 그 사실을 깨달았을 때 스스로의

선악관에서 크게 벗어나지 않는 어떤 대안을 찾느라 수없이 밤잠을 설쳤다. 이런

종류의 발견은 인간의 도덕적 구속감을 붕괴시킬 수 있다는 것을 알았기 때문이

다. 도덕적 행위가 유전자의 이익을 증대시키는 또 하나의 전략일 뿐이라면 도덕

적 절제라는 것은 얼마나 부질없는 행위인가? 내가 자연주의적 오류에 대해 설명

하려고 무척이나 노력했음에도 불구하고, 몇몇 학생들은 〈이기적 유전자〉 이론이

이기적 행동을 정당화시켜 준다는 난순한 생각으로 내 강의실을 떠나버려 니는 당

혹스러웠다.

― 랜덜프 네스(1994)[1]

| 태 | 평양 한가운데 있는 고도(孤島) 마쿠Maku 섬에는 칼루아 메족이라는 용맹스런 폴리네시아 야만인들이 살고 있다. |

이들은 과학사에서 빅 키쿠Big Kiku라는 거인 추장을 대상으로 진행된 두 개의 연구 덕분에 독특한 명성을 누리고 있다. 두 개의 연구 중 하나는 상호 거래를 주제로 한 경제학자의 연구이고, 다른 하나는 인간의 타고난 이타성을 기술하려는 인류학자의 연구이다. 빅 키쿠에게는 괴상한 취미가 있었는데, 그는 추종자들에게 얼굴에 문신을 새겨서 충성심을 보이라고 요구하곤 했다. 어느날 해가 저물 무렵 두 학자는 경쟁이라도 하듯이 침묵을 지키며 부지런히 저녁을 먹고 있었다. 이때 남자 넷이 뭔가에 쫓기는 사람들처럼 캠프에 뛰어들었다. 그들은 무척 허기져 보였으며 빅키쿠에게 카사바를 좀 먹게 해달라고 부탁했다. 추장은 대답했다. 〈얼굴에 문신을 새겨라. 그러면 아침에는 카사바 뿌리를 먹게 해주겠다.〉

두 학자는 흥미로운 표정으로 그를 올려다봤다. 경제학자는 이 남자들이 빅 키쿠의 약속을 믿어도 될지 궁금하다고 말했다. 그는 그들의 얼굴에 문신을 새기고 나서 아무것도 주지 않을 수도 있지 않은가?

인류학자는 빅 키쿠의 말이 농담일 것이라고 말했다. 그는 공연히 으름장을 놓고 있는 것이다. 당신이나 나나 그가 얼마나 매력적인 사람인지 알고 있지 않은가? 그는 틀림없이 문신을 새기지 않은 사람에게도 카사바를 줄 것이다.

그들은 밤늦게까지 논쟁을 벌이느라 위스키 한 병을 다 비웠고 이튿날 아침 그들이 잠에서 깼을 때는 해가 이미 중천에 떠 있었다. 피란자 네 명이 궁금해진 그들은 빅 키쿠에게 그들이 어떻게 되었느냐고 물었다. 그는 이렇게 대답했다.

네 사람은 해가 뜨자마자 길을 떠났다. 당신들이 그토록 머리가 좋다니 내가 당신들에게 문제를 하나 내겠다. 만약 맞추지 못하면 내 손으로 직접 당신들 얼굴에 문신을 새기겠다. 첫번째 남자는 문신을 새겼고, 두번째 남자는 아무것도 먹지 못했으며, 세번째 남자는 문신을 새기지 않았고, 네번째 남자에게 나는 큼직한 카사바 뿌리를 줬다. 자 이제, 당신들이 궁금해하는 문제의 답을 알기 위해서는 이 네 사람 중 누구에 관한 정보가 더 필요한지를 말해봐라. 첫번째 남자인가, 두번째 남자인가, 세번째 남자인가, 아니면 네번째 남자인가? 문제를 푸는 데 꼭 필요하지 않은 사람에 대해 묻거나 꼭 필요한 사람에 대해 묻지 않으면 당신들이 진 것이며, 그때는 내가 당신들 얼굴에 문신을 새기겠다.

이렇게 말한 뒤 그는 큰소리로 웃으며 한참 동안을 껄껄거렸다. 이쯤에서 눈치챘겠지만 태평양에 마쿠 섬 같은 곳은 없고 칼루아 메족이나 빅 키쿠라는 철학적 추장도 실존 인물이 아니다. 그러나 당신 스스로 두 학자가 되어 빅 키쿠의 질문에 대답해 보기 바란다. 이것은 카드 네 장을 덮어놓고 최소한의 카드만을 뒤집어 네 장 모두를 알아맞추는 와슨 테스트 Wason test라고 불리는 유명한 심리학 테스트이다. 사람들은 특정한 상황의 와슨 테스트——예컨대 추상적 논리로 하는 와슨 테스트——는 잘 풀지 못하고 다른 특정 상황의 와슨 테스트는 아주 잘 푼다. 일반적으로 말하자면, 사회 구성원들에게 감시되어야 할 모종의 사회 계약 형태로 수수께끼가 제시될 경우에는 사회적 배경이 아주 낯설고 생소하더라도 사람들은 문제를 쉽게 풀어내는 경향이 있다.

위의 이야기는 심리학자 레다 코스미즈 Leda Cosmides와 인류학자 존 투비 John Tooby 부부가 만들어낸 와슨 테스트를 내가 다시 윤색한 것이다. 그들은 테스트를 받는 사람들의 문화적 편차가 개입하지 못하도록 완전히 생소한 환경을 제시하기 위해 빅 키쿠의 이야기를 꾸며냈다.

경제학자 쪽의 수수께끼는 비교적 쉬운 편이다. 스탠퍼드 대학교 학생들 75명 중 4분의 3이 수수께끼를 정확히 풀었다. 경제학자의 관심은 빅 키쿠가 약속을 지킬 것인가였다. 얼굴에 문신을 새기는 벌을 받지 않으려면 그는 첫번째 남자에게 음식을 줬는지 (그는 얼굴에 문신을 새겼다), 두번째 남자가 문신을 새겼는지(그는 아무것도 먹지 못했다)를 물어야 한다. 빅 키쿠가 문신을 새기지 않은 사람에게 음식을 주지 않았거나 반대로 음식을 준 경우에 그는 약속을 어긴 것이 아니므로, 나머지 두 사람에 대해서는 질문을 하면 안 된다. 그는 단지 문신을 새기면 음식을 주겠다고만 말했기 때문이다.

인류학자 쪽의 수수께끼도 논리적으로는 비슷하다. 그러나 실제로 테스트를 해보면 훨씬 어렵다. 스탠퍼드 대학교 학생들에게 이 문제를 주고 여러 차례나 주의 깊게 설명을 해줘도 대다수가 문제를 풀지 못했다.[2] 인류학자가 찾고 싶어하는 것은 빅 키쿠가 네 남자의 행동에 관계 없이 무조건 관대하게 행동했다는 증거이다. 그는 빅 키쿠가 문신을 새기지 않은 사람에게도 음식을 제공했다는 증거를 찾으면 된다. 그러기 위해서는 문신을 새긴 사람들에 대해서는 관심을 가질 필요가 없다. 따라서 그는 문신을 새기지 않은 세번째 남자(그래도 그는 음식을 먹을 수 있었을지도 모른다)와 음식을 먹은 네번째 남자(문신을 새기지 않았을 수도 있다)에 대해 물어야 한다. 첫번째 남자와 두번째 남자에게 빅 키쿠는 관용을 베풀지 않았으므로 그들에 대해 묻는 것은 잘못이다.

인류학자의 문제가 더 어려운 까닭은 무엇일까? 이것에 대한 대답은 제6장에서 논의했던 문제와 직접적으로 연관이 있다. 즉 인간에게는 호의를 베풀고 그 호의에 대해 상대방이 보답하는지를 감시하는 본능이 있다는 것이다. 경제학자는 약속을 지키지 않는 사기꾼을 찾아내려고 하고, 그의 문제 의식은 우리 모두에게 아주 익숙하고 누구나 자연스럽게 떠올릴 수 있는 생각이다. 그러나 인류학자는 거래를 제안하고서도 상대방의 태도에 관계 없이 양보의 미덕을 베푸는 이타주의자를 발견하고자 한다. 문제는 그런 일이 우리의 일상 생활에서 거의 일어나지 않는다는 데 있다. 설사 그런 일이 일어난다고 해도 그것은 우리에게 아무런 해가 되지 않으므로 우리는 그런 문제에 신경을 곤두세우지 않는다. 누군가가 점심을 사겠다는 제안을 할 때 당신은 그가 약속을 어길 것에 대해 또는 그가 점심에 대한 어떤 대가를 요구할지에 대해서는 걱정하겠지만, 그가 아무 조건 없이 점심을 사는 것에 대해서는

걱정하지 않을 것이다.[3]

빅 키쿠 테스트는 그 실험 하나만의 결과를 확인하려는 단독 실험이 아니다. 그것은 어떤 요소를 개입시키면 와슨 테스트가 더 어려워지는지 또는 쉬워지는지를 알아내기 위해 심리학자들이 오랜 세월 동안 시도해 온 연속 실험 중 하나로서, 사고의 규칙과 논리의 규칙이 서로 전혀 무관하다는 사실을 확인하는 것이 목적이다. 그 동안 축적된 결과에 따르면 상황이나 각본의 친숙도는 문제의 난이도에 아무런 영향을 미치지 못한다. 논리적 단순성도 거의 문제가 되지 않는다. 논리적으로 상당히 복잡한 와슨 테스트도 많은 학생들이 쉽게 풀어냈다. 수수께끼 형식을 빌리지 않고 실제 상황과 똑같은 사회 계약에 관한 문제를 내더라도 결과에는 변함이 없다. 어떤 형식을 빌리든 간에 피검자들이 가장 쉽게 풀어내는 문제는 사회 계약을 위반하는 사기꾼——대가를 지불하지 않고 이득을 얻으려는——을 찾아내라는 문제이다. 인간은 사기꾼을 찾아내는 데는 아주 익숙하고 이타주의자를 찾아내는 데는 완전히 무능하다. 한 학생이 에콰도르의 아쿠아르족을 상대로 와슨 테스트를 해보았지만, 이 원주민들 역시 사회 계약의 위반자를 발견하는 데 훨씬 뛰어난 감각을 보였다.[4]

간단히 말하자면 와슨 테스트는 인간의 뇌 속에 자리잡고 있는 인정머리 없고 지독스러울 정도로 이해 타산에 집중되어 있는 기계 장치의 전원을 켜는 것으로 보인다. 이 장치는 뇌 속에 입력되는 모든 문제를 두 사람 간의 사회 계약 문제로 인식하고, 그 계약을 위반할 가능성이 있는 사람을 감시할 방법을 찾는다. 그것은 일종의 거래를 담당하는 신체 기관이라 짐작된다.

전혀 터무니없는 소리처럼 들릴지도 모르겠다. 뇌의 한 부분이 본능적으로 사회 계약 이론을 이해한다는 것이 어떻게 가능하겠는가? 뇌 세포 속에 루소의 유전자라도 잠입했다는 말인가? 그러나 이 이야기는 운동 선수들이 날아오는 공의 궤도를 예측해 공을 잡을 수 있으므로 뇌는 미적분학을 알고 있는 것이 틀림없다거나, 인간이 전에 알지 못하던 동사를 가지고 과거 시제를 만들 수 있는 것을 보면 뇌는 문법을 알고 있다거나, 우리의 눈이 전체 시야의 배경색에 따라 대상 물체의 광선을 미세하게 조절함으로써 저녁 노을의 붉은빛을 보정할 수 있다고 해서 눈이 고급 물리학과 수학을 안다고 말하는 것보다 더 터무니없는 이야기는 아니다. 내가 말하는 거래 담당 뇌 장치가 하는 일은 자연선택을 통해 거래의 계약 위반을 감시하는 쪽으로 특화된 추론 기구를 기계적으로 동원하는 것일 뿐이다. 인간이라는 종은 어디에 살든 어떤 문화 속에서 살든 관계 없이 거래의 비용-편익 분석에 대해 유난히 예민하다. 반면에 우리는 논리적으로는 이와 유사하지만 사회적으로는 의미가 다른 사건, 즉 사회 계약이 아닌 관례 규칙의 위배자를 감시하는 기관은 갖고 있지 못하다. 또 우리는 성문율일지라도 그것이 사회적으로 별로 중요한 것이 아닐 때에는 그것에 도전하는 비합리적 행동을 감시하는 데도 뛰어나지 못하다. 특정 부위의 뇌 손상을 입은 뒤에 오직 사회적 거래 관계에 대한 판단 능력만을 상실한 환자들이 있다. 반대로 모든 지능 검사가 비정상인데, 사회적 거래에 관한 판단 능력만 정상을 보이는 환자——대부분 정신분열증 환자——들이 있다. 다소 정확한 표현은 아닐지도 모르겠지만, 인간이라는 동물의 뇌 속에는 거래를 담당하는 기관이 있는 것으로 보인다. 전혀 딴 세상 이야기 같은 이 생각이 최근에는 신경학적 발견을 통해 이미 상당 부분 지지받고 있다. 이것에

대해서는 뒤에서 다시 이야기하겠다.[5]

인간은 전혀 어울리지 않는 상황에 대해서도 사회적 거래를 적용한다. 예컨대 초자연적 존재와의 관계조차 우리는 사회적 거래 관계로 인식한다. 자연 세계를 사회적인 거래 관계로 의인화하는 것은 세계의 공통된 현상이다. 우리는 트로이 전쟁에서의 패전, 고대 이집트의 메뚜기 재해, 나미브 사막의 가뭄, 주말에 교외로 나갔다가 겪게 된 재수없는 일 따위를 〈우리가 저지른 잘못 때문에 신이 화를 내셨다〉라는 식으로 논리적 정당화를 한다. 고장이 잦은 기계를 발로 걷어차면서 그 무생물이 품고 있는 앙심에 대해 욕설을 퍼붓는 우리의 일상 행동에서도 의인화의 습성은 적나라하게 드러난다. 우리는 제물과 음식을 바치고 정성껏 기도를 하면 신이 흡족해 그 대가로 군사적 승리나 풍년 또는 천당 입장권 따위를 내려줄 것으로 기대한다. 종교가 있든 없든 간에 불운이나 행운을 있는 그대로 받아들이지 않고 약속을 지키지 않은 데 대한 처벌이나 선행에 대한 보답으로 해석하려고 애쓰는 한결같은 태도는 인간의 고유한 특징이다.[6]

우리는 사회적 거래 기관social-exchange organ이 어디에 위치하는지 어떤 기전으로 작동하는지는 알지 못하지만, 그것이 뇌의 어딘가에 있으리라는 것은 뇌에 대해 우리가 알고 있는 다른 모든 확실한 사실들만큼이나 분명하다. 최근 심리학과 경제학 두 학문의 경계 영역에서 놀라운 가설 하나가 나타났다. 인간의 뇌는 다른 동물의 뇌보다 뛰어나기만 한 것이 아니라 전혀 다르다는 것이다. 무엇이 다른가? 인간의 뇌에는 호혜주의를 구사해 사회를 이루며 살아가는 이점을 충분히 활용하는 특별한 재능이 있다.[7]

복수는 비합리적이다

생물학자들이 1960년대에 친족 등용과 호혜주의를 발견한 것은 그들이 사리 추구라는 바이러스에 감염되었기 때문이다. 그들은 어느 순간부터 한꺼번에 지구상의 진화를 겪어온 모든 생명체에 대해 〈개체에게는 어떤 이익이 있는가〉를 묻기 시작했다. 종이나 집단이 아닌 개체와 진화의 관계를 탐구하기 시작한 것이다. 그런 문제 의식 덕분에 그들은 동물의 협동에 관심을 갖게 되었고, 협동에 의거해서 유전자의 중심적 역할을 깨닫게 되었다. 개체의 이익에 부합하지 않는 행위가 유전자의 이익에는 부합할 수 있다는 사실을 발견한 것이다. 유전자의 자기 이익 실현이 생물학의 슬로건이 되었다.

그러나 최근 무척 흥미로운 일이 일어나고 있다. 거의 전적으로 〈개체에게는 어떤 이익이 있는가?〉 하는 질문만을 되풀이해 온 경제학자들이 태도를 바꾸기 시작한 것이다. 이런 변화는, 인간의 행위를 결정하는 것은 거의 모든 경우에 물질적 자기 이익이 아니라는 새로운 발견에서 비롯되었다. 비유를 하자면, 생물학이 털북숭이의 집단주의라는 외투를 벗어던지고 개인주의라는 거친 작업복으로 갈아입은 데 비해 경제학은 그 정반대의 길을 걷고 있는 것이다. 요즘 경제학자들은 인간이 자기 이익에 위배되는 행동을 하는 이유를 설명하기 위해 노력하고 있다.

이 문제에서 경제학자 로버트 프랭크Robert Frank는 주목할 만한 성과를 거뒀다. 그는 냉소주의적인 신종 생물학과 금전에 덜 집착하는 신종 경제학을 결합해 인간에게 감정이라는 것이 존재하는 이유를 규명하고자 했다. 미시경제학 교과서를 쓴 사람이 심리학자들도 풀지 못한 문제에 갑자기 달려들어 감정의 기능을 연구한다는 것은 좀 무모한 일로 비칠 것이다. 그러나 바로 이것이 그의 장점이다. 인간의 행동 동기는 그것이 합리적(또는 물질적)이든 감정적(또는 정신적)이든 간에 관계 없이 경제학의 연구 대상이 될 수 있다.

생물학계에 유전자 중심적 냉소주의를 퍼뜨린 주인공인 트리버스는 이렇게 말한 적이 있다. 〈자연선택 이론으로 이타주의적 행동을 설명하려는 모델은 이타주의로부터 결국 이타주의를 제거하도록 예정되어 있는 모델이다.〉[8] 당신이 누군가에게 호의를 베푸는 동기가 그 행위로 당신의 기분이 좋아지기 때문이라면 당신은 이타적인 것이 아니라 이기적인 것이라는 식의 이 같은 발상은 18세기의 글래스고 Glasgow 철학자들이나 아마티아 센 같은 현대 경제학자를 비롯한 사회과학자들에게는 아주 익숙한 발상이다. 이 발상을 생물학에 적용해 보면, 일개미 한 마리가 그 자매를 위해 독신으로 노예 생활을 하는 것은 그 작은 심장(하나의 기관으로 인식될 만한 어떤 형태도 획득하지 못한 장기)에서 우러나오는 선한 마음 때문이 아니라 유전자의 이기성 때문이다. 흡혈박쥐가 이웃에게 피를 제공하는 것은 결국 이기적인 목적을 위해서이다. 우리가 흔히 미덕이라고 지칭하는 것들이 사실은 사리 추구의 한 형태일 뿐이라고 기셀린은 말했다(기독교인들이라고 해서 특별히 우월감을 느낄 필요는 없다. 그들은 천국에 들어가려면 선행을 하라고 가르친다. 천국이란 그들의 이기성을 움직이기에 충분한 뇌물이다).[9]

프랭크의 감정 이론을 이해하려면 이 같은 표면적인 비합리성과 궁극적이고 옳은 판단력을 구별할 수 있어야 한다. 프랭크의 독창적인 저작 『정당한 분노 *Passions within Reason*』 서문은 매코이 McCoy 집안 사람들에 대한 해트필드 Hatfield 집안 사람들의 피의 보복 이야기로 시작한다. 복수는 또다른 복수를 부를 뿐이며 비합리적이고 자멸적인 행동이다. 합리적인 인간이라면 죄책감이나 모멸감 때문에, 친구의 지갑을 훔치지 않는 것과 마찬가지로 복수전의 늪에 빠져들지는 않는다. 프랭크에 따르면 감정이라는 것은 물질적 사리 추구라는 틀로는 설명될 수 없는 지극히 비합리적인 힘이다. 그러나 감정은 인간 본성을 구성하는 여러 요소들과 마찬가지로 무엇인가를 향해서 진화해 왔다.

제 자식을 낳는 대신에 자매들을 양육하는 일개미는 분명 물질적인 자기 이익을 무시하고 있다. 그러나 개체의 내면 깊숙이 탐침을 넣어 그 유전자를 조사해 보면 모든 것이 명백해진다. 일개미는 이기적 유전자의 물질적 이익을 위해 헌신적으로 봉사하고 있는 것이다. 마찬가지로 이성이 아닌 감정이 시키는 대로 행동하는 인간도 당장은 희생을 하는 것 같지만 사실은 장기적 관점에서 자신의 행복에 이익이 되는 선택을 하고 있는 것이다. 여기서 내가 말하는 감정이란 일시적인 정동(情動, affect)이 아니다. 히스테리나 편집증 환자는 비이성적으로 행동하지만 그들은 특정한 감정이 아니라 특정한 정동에 사로잡혀 있는 것이다. 프랭크(그 이전에는 애덤 스미스)가 말한 도덕 감정이란 바로 이 감정을 지칭하는데, 그것은 고도로 사회적인 생명체들이 유전자의 장기적인 이익을 위해 여러 사회적 관계를 효과적으로 활용할 수 있도록 고안된 문제 해결 장치이다. 그것은 단기적 사리 추구와 장기적 타산 사이에 갈등이 존재할 때 후자 쪽으로 갈등을 해결하기 위한 하나의 방책이다.[10]

프랭크는 그것에 〈헌신성 문제〉라는 이름을 붙였다. 협동의 장기적인 열매를 따려면 코앞의 이익에 연연하지 말아야 한다. 그러나 문제는 내가 단기적인 이익에 얽매이지 않고 장기적인 것을 추구하기로 결심했다고 하더라도 이것을 남들이 알아주지 않으면 아무 소용이 없다는 것이다. 경제학자 토머스 셸링 Thomas C. Schelling은 이 문제를 이른바 〈유괴범의 딜레마 kidnapper's dilemma〉로 재구성했다. 어떤 유괴범이 뒤늦게 겁을 먹고 유괴를 후회하게 되었다. 그는 인질에게 신고하지 않겠다는 약속을 하면 풀어주겠다고 제안한다. 그러나 풀어주면 물론 고마워하겠지만 일단 풀려난 뒤에는 약속을 어기고 경찰서로 달려가지 않을 이유가 없다. 유괴범은 인질을 막을 방법이 없다. 인질은 결코 그런 일이 없을 것이라고 장담하지만 그 약속을 어떻게 믿겠는가? 풀려난 뒤에 약속을 어긴다고 인질은 손해 날 것은 없다. 이렇게 되면 딜레마에 처한 것은 이제 유괴범이 아니라 인질이다. 인질은 자신의 목숨이 걸려 있는 이 거래에서 어떻게 상대방을 믿게 할 것인가? 인질은 어떻게 자기 자신으로 하여금 약속을 지키도록 할 수 있는가?

이 상황에서 그것은 불가능하다. 이것에 대해 셸링은 인질이 자기 자신을 유괴범과 같은 처지로 낮출 것을 제안하고 있다. 인질의 과거에 저지른 끔찍한 범죄를 고백해서 양자 간에 상호 억제력을 형성함으로써 거래의 안전성을 보장하라는 것이다. 그러나 유괴 같은 흉악한 고백거리를 갖고 있는 사람이 얼마나 있겠는가? 이 제안은 딜레마의 현실적 해결책이 될 가능성이 별로 없다. 인질을 구속할 강제력은 없다.

그러나 실제 상황에서는 헌신성 문제가 생각보다 쉽게 해결되는데, 그 이유가 제법 흥미롭다. 인간은 신뢰도를 높이는 구속력을 만들어내기 위해 감정을 활용한다. 프랭크가 제시한 두 가지 예를 살펴보자. 첫번째, 두 친구가 레스토랑을 동업한다고 할 때 한 사람이 주방을 맡고 다른 한 사람이 계산대를 맡으면 둘은 서로를 쉽게 속일 수 있다. 주방장은 재료 구입비를 늘려 기입하고 계산을 맡은 사람은 장부를 요리할 수 있다. 두번째, 어떤 농사꾼이 이웃의 소 떼가 밀밭을 자꾸 망쳐서 그것을 막고 싶은데 소 떼 주인에게 고소를 하겠다고 위협해 봐도 소용이 없다. 손해 보상에 비해 소송 비용이 더 많이 들기 때문이다. 이것은 무슨 비밀스러운 수수께끼나 난센스 퀴즈가 아니다. 우리가 일상 생활에서 늘 부딪치는 문제이다. 합리적인 사업가라면 사기를 당할 것이 두려워 동업을 하지 않을 것이고, 시작했더라도 합리적인 파트너가 사기를 칠 것을 예상하고 먼저 사기를 쳐서 결국 사업을 망쳐버리고 말 것이다. 합리적인 농사꾼 또한 합리적인 이웃이 그의 밀밭에 소 떼를 들여보내는 것을 막을 수 없다. 법정까지 가느니 그대로 당하는 게 오히려 이익이기 때문이다.

이런 문제에 합리적인 계산을 동원하거나 상대방이 합리적인 계산을 동원하리라고 가정하는 것은 이후의 상황에서 획득될 수 있는 기회를 잃는 것이다. 합리적인 사람들은 서로의 헌신성을 믿을 수 없으므로 계약은 체결되지 않는다. 그러나 우리는 이런 문제에 합리적 계산을 동원하지 않는다. 우리가 으레 동원하는 것은 감정적이고 비합리적인 헌신성이다. 동업자는 수치와 죄책감 때문에 속임수를 쓰지 않고 자기 파트너가 수치와 죄책감을 혐오하고 명예를 존중하는 사람임을 알기 때문에 파트너를 믿는다. 소 떼 주인은 소 떼가 남의 밭에 들어가지 못하게 자기 목장에 울타리를 칠 것이다. 농사꾼이 화가 치밀어서 오기를 부리기 시작하면 소송 비용 때문에 파산해 버릴 것을 뻔히 알면서도 소송을 걸 것임을 알기 때문이다.

이처럼 인간의 감정은 합리적 계산에서는 드러나지 않는 미래의 비용을 현재 시점으로 앞당겨 도입함으로써 헌신성 문제의 결과를 바꿔놓는다. 비합리적 격정이 범칙의 욕망을 좌절시키고, 죄책감 때문에 남을 속여 이익을 얻는 것이 고통스러워지며, 덕이 있는 사람에 대한 선망이 사리 추구를 자제하게 하고, 치욕감이 존경받을 만한 행위를 유발하며, 동정심이 호혜적 도움을 만들어낸다.

그리고 사랑이 우리를 관계에 말려들게 한다. 사랑이 영원한 것은 아닐지 모르지만 적어도 정의상으로는 육욕보다 오래가는 것이다. 사랑이 없다면 헌신성이라고는 찾아볼 수 없는 일회적인 성관계만이 존재할 것이다. 내 말을 믿지 못하겠다면 그런 성관계를 맺으며 살고 있는 침팬지나 보노보원숭이에게 물어보아도 좋다.

암수 한 쌍으로 사는 푸른박새는 번식기에 매의 공격으로 수컷이 상처를 입으면 암컷은 그 즉시 다른 수컷과 짝을 이룬다는 사실을 몇 년 전에 네덜란드 학자들이 관찰했다. 이것은 지극히 합리적인 행위이다. 매에게 부상당한 수컷은 죽거나 평생을 불구로 살 것이 틀림없기 때문에 암컷은 다른 수컷과 짝을 이루는 편이 훨씬 낫다. 새끼들을 부양하려면 건강한 수컷을 부권의 명분으로 끌어들여야 한다. 그러나 아무리 합리적인 행동이라고 해도 푸른박새 암컷의 습성은 우리로서는 상상할 수 없을 정도로 무정하고 냉혹하다. 비슷한 이야기가 되겠지만, 나는 그 동안 동물을 연구하면서 동물에게는 원한의 감정이라는 것이 없음을 알게 되었다. 동물은 해를 입고도 복수의 감정을 키우지 않는다. 무참한 해를 당하고도 그 즉시 일상으로 돌아온다. 이것은 무척 현명한 행동이지만, 반면에 동물들은 후환의 염려 없이 다른 동물에게 해를 끼칠 수 있음을 의미한다. 동물들과는 달리 인간은 특유의 복잡한 감정이, 불구가 된 배우자를 버리는 비정한 행위나 이유 없는 모욕을 당하고도 상대를 용서하는 행위를 막는다. 이것은 궁극적으로 우리의 이익에 부합한다. 감정 덕분에 인간은 역경 속에서도 결혼 생활을 유지할 수 있으며, 잠재적 기회주의자의 준동도 막을 수 있다. 프랭크가 지적했듯이 인간의 감정이 헌신성을 보증한다.[11]

문제는 공평성이다

호혜적 이타주의에 관한 독창적 논문에서 트리버스는 인간의 내부에서 부지런히 주판알을 놀리는 계산기와 외적 행위를 매개하는 것은 감정이라고 말했다. 인간에게서 호혜성을 이끌어내는 것은 감정이다. 감정은 이타주의가 궁극적으로 이익이 될 때 그것을 향해 행동하도록 우리를 인도한다. 인간은 자신에게 이타적으로 행동하는 사람을 좋아하며 자신을 좋아하는 사람에게 이타적으로 된다. 트리버스는 도덕적 공격성이 호혜적 거래의 공평성을 감시하는 기구임을 발견했다. 사람들은 〈불공평한〉 행위를 당하면 걷잡을 수 없이 화를 낸다. 감사나 연민의 감정도 놀라울 만큼 계산적이다. 각종 심리 실험의 결과——그리고 경험적으로도 확인되는 바——에 따르면 사람들은 똑같은 친절이라도 더 큰 노력이 들고 더 많은 불편이 감수된 친절을 더 고마워한다. 그 친절한 행위에 따라 나에게 돌아오는 이득은 같더라도 말이다. 순수한 호의가 아닌 보답의 의무감을 느끼게 하려는 의도가 엿보이는, 그러나 내가 요구한 적이 없는 불순한 호의를 제공받았을 때의 불쾌감은 누구나 겪어보았을 것이다. 트리버스에 따르면 죄책감의 기능은 죄를 지은 사람의 속임수가 상대방에게 폭로되었을 때 관계를 회복하는 것이다. 사람들은 자신의 속임수가 상대에게 알려졌을 때 더 많은 죄책감을 느끼며, 그것에 따라 이타적인 배상의 몸짓을 취할 확률도 높아진다. 감정이란 인간이라는 사회적 동물이 서로 호혜성을 주고받으며 살아가기 위한 정교한 도구이다.[12]

트리버스가 호혜성을 직접적인 거래로 간주하고 있는 데 대해 프랭크는 자신의 헌신성 모델이 이타주의의 문제를 트리버스 식의 냉소주의적 족쇄로부터 해방시킬 수 있다고 생각했다. 프랭크의 이론은 이타주의로부터 이타주의를 제거하지 않는다. 친족 등용이나 호혜주의에서 근거를 찾는 설명들과는 달리 헌신성 모델은 순수한 이타주의의 발전을 말살하지 않는다.

헌신성 모델의 정직한 인간은 신뢰성 그 자체를 중요하게 여긴다. 신뢰성에 대해 물질적 대가를 받을 수 있는가는 그의 관심 밖이다. 행동이 감시받지 않는 상황에서도 그가 신뢰를 받을 수 있는 이유는 그의 이런 태도 때문이다. 신뢰성은 그것이 상대에게 인식될 수만 있다면, 인식되지 못할 경우에는 불가능한 매우 소중한 기회를 창출한다.[13]

이것에 대해 냉소주의자는 정직이 승리한다는 사회적 통념이 뿌리내리는 것 자체가 이타주의를 실천하기 위해 이따금씩 지출되는 비용을 충분히 보상한다고 대답할 것이다. 그렇게 본다면 헌신성 모델은 이타주의를 하나의 투자——나중에 타인의 호의라는 상당한 배당금을 약속하는 신뢰성이라는 주식에 대한 투자——로 간주함으로써 역시 이타주의를 이타주의가 아닌 것으로 만든다. 이것이 트리버스의 주장이다.

따라서 협동적 인간은 진정한 이타주의자와는 거리가 멀다. 그는 단기적 이익보다 장기적 이익을 추구하는 사람일 뿐이다. 프랭크는 고전경제학자들이 애호해 마지않는 합리적 인간을 무대에서 사라지게 한 것이 아니라 좀더 현실적인 방식으로 그를 재정의한 것이다. 아마티아 센은 한치 앞을 보지 못하는 사리 추구형 인간을 〈합리적 바보〉라고 묘사했다. 합리적 바보가 바보인 것이 근시안적으로 행동하기 때문이라고 한다면, 그는 합리적인 것이 아니라 근시안적인 것이다. 그는 자신의 행동이 타인에게 미치는 효과를 고려하지 못하는 진정한 바보이다.[14]

그러나 이 같은 문제점에도 불구하고 프랭크의 통찰은 여전히 주목할 가치가 있다. 그의 이론의 핵심에 자리잡고 있는 생각은, 진심에서 우러나오는 선행은 우리가 도덕 감정을 갖는 대가로 지불해야 하는 비용이라는 것이다. 도덕 감정은 예측할 수 없는 장래에 기회를 열어주기 때문에 가치가 있다는 것이다. 예컨대 투표를 하고(투표하는 사람의 한 표가 선거 결과에 영향을 미칠 확률을 생각한다면 투표는 비합리적인 행위이다), 다시는 방문하지 않을 레스토랑의 웨이터에게 팁을 주고, 자선 기관에 익명의 기부를 하고, 르완다로 날아가 난민 수용소의 병든 고아들을 목욕

시키는 행위는 장기적인 관점에서도 결코 이기적이거나 합리적이지 않다. 그런 행위를 하는 인간은 다른 목적, 즉 이타주의의 능력을 보임으로써 신뢰를 이끌어내려는 목적을 위해 설계된 감성의 노예일 뿐이다. 이런 식의 설명은, 사람들이 간접적 호혜성을 통해 미래의 실질적 이익으로 되돌아오는 좋은 평판을 얻기 위해 선행을 한다는 앞 장에서의 설명과 다르지 않다. 국립혈액은행이 헌혈에 의해 운영될 수 있다는 사실이, 사람들은 호혜주의에 따라 행동하지 않는다는 설명의 증거라는 주장을 논박하기 위해 리처드 알렉산더는 철학자 피터 싱어 Peter Singer를 인용하고 있다. 국민들이 금전적 보상이나 유사시의 우선 치료권을 기대하고 헌혈을 하는 것은 아니다. 헌혈자가 받는 것은 차 한 잔과 정중한 감사의 말밖에는 없다. 그러나 〈앞에 앉은 사람이 무심코 '헌혈'을 하고 오는 길임을 밝힐 때 마음이 조금이라도 위축되지 않는 사람은 없을 것〉[15]이라고 알렉산더는 말한다. 사람들은 대개 헌혈 행위를 비밀로 감추지는 않는다. 헌혈이나 르완다에서의 봉사는 베풀 줄 아는 사람이라는 평판을 얻게 해주고, 죄수의 딜레마에 처했을 때 다른 사람들이 당신을 믿을 가능성을 높여준다. 당신은 이렇게 외치고 있는 것이다. 〈나는 이타주의자이다. 나를 믿어라.〉

도덕 감정은 죄수의 딜레마 상황에 처했을 때 게임을 함께할 만한 파트너를 고를 수 있게 해준다. 죄수의 딜레마는 당신이 공범을 신뢰해도 좋을지에 관한 사전 지식이 전혀 없을 때에만 딜레마일 수 있다. 그러나 실제 상황에서는 누구를 얼마나 믿어야 할지를 우리는 잘 알고 있다. 프랭크의 이야기를 더 들어보자. 당신의 이름과 주소가 적힌 1,000파운드가 든 봉투를 객석이 꽉 찬 극장에 놓고 나왔다고 상상해 보자. 기억에 떠올릴 수 있는 사람들 중에 그런 상황에서 돈봉투를 발견했을 때 주인에게 돌려줄 사람을 꼽을 수 있겠는가? 아마도 분명히 누군가는 꼽을 수 있을 것이다. 이처럼 전혀 감시당하지 않는 상황에서 당신에게 협력할 사람과 그렇지 않은 사람을 당신은 구별할 수 있다.

프랭크의 실험에서 생면부지의 사람들을 30분 동안 같은 방에 머물게 한 뒤 서로 돌아가면서 게임을 하게 했을 때 그들은 낯선 사람들 중 누가 게임에서 속임수를 쓸 것인지 협력자가 될 것인지를 훌륭하게 맞출 수 있었다(제5장 참조). 처음 만난 사람이 짓는 미소는 중요한 의미를 갖는다. 미소는 그 사람이 나를 신뢰하기를 또는 나에게 신뢰받기를 바란다는 단서이다. 물론 그것은 거짓 미소일 수 있다. 그러나 당신은 위선적 미소와 〈진정한〉 미소를 구별할 수 있다고 주장할 것이다. 기분이 나쁜데도 천연덕스럽게 웃는 것은 쉬운 일이 아니다. 어색한 상황에서 낯이 붉어지는 것은 거의 불수의적인 반응이다. 인간의 얼굴과 행동은 인간의 머릿속에서 돌아가는 계산을 숨김없이 폭로해 버리므로 몸의 주인인 당사자에게는 매우 불충실한 하인이다. 부정직은 생리적 현상을 일으켜 거짓말탐지기 같은 기계도 속이지 못한다. 분노나 두려움, 죄책감, 경이, 혐오, 슬픔, 즐거움 같은 인간의 모든 감정은 서로 언어가 다른 사람들 사이에서도 보편적으로 인식할 수 있다.

이렇게 쉽게 탄로 나는 인간의 감정은 사회 속에서 신뢰가 유지될 수 있게 해준다는 점에서 종에게는 명백히 이익이지만 개인에게는 어떤 유용성이 있는가? 제3장 중 죄수의 딜레마 토너먼트에서 배신자들로 들끓는 세계에 들어간 맞대응은 자기와 비슷한 전략을 구사하는 협력자를 만나지 않으면 살아남을 수 없었다. 이와 마찬가지로 자신과 자기 안면 근육을 속이는 데 익숙하여 거짓말에 능숙한 사람들의 세계에서 자기 기만에 익숙하지 못한 사람은 늘 당하게 마련이라는 것이 프랭크의 생각이다. 그러나 자기 기만을 모르는 사람들끼리 만날 수만 있다면 그들은 그 자리에서 서로 손을 잡는다. 그들은 서로만을 신뢰할 수 있으므로 다른 사람들과의 게임은 회피할 것이다. 때문에 기회주의자가 아닌 사람을 발견하는 것은 행운이고, 기회주의자가 아니라고 인식되는 것은 기회주의자가 아닌 다른 사람을 유인할 수 있는 조건이 되기 때문에 역시 행운이다. 감정에 관한 한 정직이야말로 최선의 전략이라는 것이다.

프랭크는 헌신성 문제 말고도 공평성의 문제를 제기한다. 그가 제안한 〈최종 제안 흥정 게임 ultimatum barganing game〉을 살펴보자. 애덤 Adam은 현금 100파운드를 받고 그 돈을 보브 Bob와 나눠가지라는 명령을 받았다. 애덤은 보브에게 얼마를 나눠줄지 제안해야 하는데, 이때 보브가 애덤의 제안을 거절하면 두 사람 다 한 푼도 가질 수 없다. 보브가 애덤의 제안을 받아들이면 제안한 대로 분배가 된다. 논리적으로 생각해 보면 애덤은 합리적인 보브가 어떻게 나올지를 알고 있으므로 아주 적은 액수, 예를 들어 1파운드를 제안하고 자기가 99파운드를 차지할 것이다. 보브는 1파운드라도 받지 않는 것보다는 나으므로 이 제안을 받아들일 것이다. 거절하면 그는 한 푼도 받지 못한다.

그러나 실제로 사람들을 대상으로 실험을 해보았을 때 그렇게 적은 액수를 제안하는 애덤은 거의 없고 그렇게 적은 액수를 받아들이는 보브도 거의 없다. 사람들이 애덤의 역할을 맡았을 때 가장 보편적으로 제안하는 액수는 50파운드이다. 모든 심리 게임이 그렇듯이 〈최종 제안 흥정 게임〉의 목적은 인간이 얼마나 비이성적인지를 밝히는 것이다. 그러나 프랭크의 이론을 적용하면 사람들의 비합리적 행위를 설명하기는 어렵지 않다. 인간은 자기 이익을 주로 생각하지만 공평성에 대해서도 많은 배려를 한다. 우리는 누구나 자신이 보브의 역할을 맡았을 때 애덤 역할을 하는 어떤 사람으로부터 그렇게 치사한 제안을 받으리라고는 기대하지 않으며, 그것이 말이 안 되는 제안이라는 것을 사람들에게 알리는 가장 좋은 방법은 오기를 부리는 것임을 알기 때문에 애덤의 제안을 거절해 버린다. 그리고 신뢰성 있는 사람이라는 평판에 수반되는 미래의 기회를 확보하기 위해서는 자신이 공평한 사람임을 보여주어야 하므로, 애덤의 역할을 맡았을 때에는 50 대 50의 〈공평한〉 제안을 한다. 그까짓 50파운드를 위해 평판을 더럽힐 것인가?

그러나 사실 우리가 이 게임에서 관찰한 것은 공평성이 아니다. 경제학자인 버논 스미스 Vernon L. Smith는 게임을 조금 변형시켜 우리가 관찰한 것이 인간의 선천적인 공평 관념이 아니라 호혜성임을 밝혀냈다. 그는 학생 집단을 대상으로 최종 제안 흥정 게임을 실험했는데, 애덤 역할을 할 권리가 일반 상식 테스트에서 상위 50% 안에 들어감으로써 〈획득〉된 것일 경우 애덤은 갑자기 치사해졌다. 그리고 다시 보브가 애덤의 제안을 무조건 받아들여야 하는 것으로 규칙을 바꿔서——버논 스미스는 이것을 〈독재자 게임 dictator game〉이라고 불렀다——진행하자 애덤은 더 치사해졌다. 애덤에 의한 최종 제안이 아니라 보브가 가격을 매겨야 하는 구매자와 구입자의 상거래로 게임을 변형하자 애덤은 다시 더 치사해졌다. 그리고 애덤의 익명성을 보장해 주는 식으로 규칙을 바꾸자 애덤은 더욱더 치사해졌다. 더 나아가서 관찰자가 참가자의 신원을 알 수 없는 식으로 진행했을 때에는 무려 70%의 애덤이 보브에게 한 푼도 주지 않았다. 이것을 보면 아마도 참가자들은 그들이 친사회적 행동을 하지 않으면 관찰자가 다시는 부르지 않을 것이라고 생각했던 모양이다(실험 때마다 돈이 손에 들어오므로).

인간에게 선천적인 공평 관념이 있다면 이처럼 변형된 상황에서도 결과는 마찬가지로 나와야 할 것이다. 그러나 그렇지가 않았다. 상황이 바뀜에 따라 피실험자들은 철저한 기회주의자의 모습을 드러냈다. 그렇다면 원래의 최종 제안 흥정 게임에서 피실험자들은 왜 그렇게 공평했는가? 스미스는 그들이 호혜성에 묶여 있었기 때문이라고 보았다. 단 한 차례의 게임에서도 그들은 자신이 신뢰받을 만한 사람이라는 것, 다른 사람에게 파렴치한 행동을 하지 못하는 사람이라는 개인적인 평판을 지키는 데 관심이 쏠려 있었다는 것이다.[16]

스미스는 자신의 주장을 더 명확히 보여주기 위해 〈지네 게임 centipede game〉이라는 것을 제안했다. 이 게임에서 애덤과 보브는 번갈아가면서 돈을 주고받는 기회를 갖게 된다. 주고받는 과정이 길수록 판돈은 커지지만 어느 순간에 게임은 갑자기 끝나게 되어 있고, 이때 돈은 애덤이 차지한다. 따라서 보브는 자신의 마지막 차례에 돈을 넘겨주지 말아야겠다고 생각하지만, 애덤은 보브가 이렇게 생각할 것을 알고 있기 때문에 보브의 마지막 차례 바로 전에 돈을 넘겨주지 말아야겠다고 생각한다. 따라서 이렇게 계속하다 보면 그들은 처음 돈을 쥐었을 때 판을 바로 끝내야 한다.

그러나 실제로 사람들에게 지네 게임을 시켜봤을 때 결과는 그렇지 않았다. 사람들은 으레 돈을 넘겨주어 상대방이 많은 돈을 갖게 허용했다. 이유는 명백하다. 그들은 거래를 하고 있는 것이다. 애덤은 보브가 비이기적으로 행동한 데 대해 다음 기회에 보답하리라고 생각하고, 보브는 다음 판에는 서로의 역할이 바뀔 수 있다고 생각한다. 다음 판에 역할을 바꾼다는 규칙은 없었는데도 말이다.

프랭크의 헌신성 모델은 어떤 면에서 그리 새로운 생각이 아니다. 그의 주장은 도덕 감정을 포함한 인간의 감정적 습성에는 보답이 있다는 것이다. 우리가 비이기적으로 호의적인 행동을 할수록 우리는 사회적 협동의 열매를 더 많이 딸 수 있다. 비합리적인 감정에 의존해 기회주의를 초월할수록 우리는 더 많은 것을 얻는다. 신고전주의 경제학과 신다윈주의 자연선택 이론의 교훈──합리적인 사리 추구가 세계를 지배하며 사람들의 행위를 설명한다──은 옳지 않을뿐더러 규범적으로도 위험하다. 프랭크는 이렇게 말한다.

애덤 스미스의 당근과 다윈의 채찍은 이제까지 많은 산업 사회에서 인성 개발이라는 것을 완전히 잊혀진 테마로 만들어버렸다.[17]

아이들에게 선행을 가르칠 때 선행이란 어렵지만 고귀한 것이므로 실천해야 한다고 가르칠 것이 아니라, 선행은 장기적으로 보답이 있으므로 실천하는 것이 좋다고 가르치자는 것이다.

도덕적 판단력

프랭크는 경제학자이지만 그의 저작에는 심리학자 두 명과 주고받은 학문적 영향이 반영되어 있다. 아동심리학자 제롬 캐건

Jerome Kagan은 인성의 전수와 계발 및 모티브에 관한 연구를 통해 인간을 움직이는 행동 동기는 이성이 아니라 감정에서 나온다고 주장했다. 캐건에 따르면 죄책감을 회피하려는 욕망은 인류 공통의 자산이며, 문화적 차이를 불문하고 모든 인간에게서 관찰된다. 죄책감을 일으키는 일의 종류는 문화에 따라 다르지만(예컨대 시간을 지키지 않았을 때 죄책감을 느끼는 것은 서구적인 기준이다) 죄책감 때문에 나타나는 반응은 세계 어느곳에서나 동일하다. 도덕성이란 죄책감을 느끼고 감정 이입을 할 수 있는 능력을 필요로 하는데, 두 살 난 아이에게는 아직 이것이 없다. 그러나 다른 선천적 능력(언어 · 기질 등)과 마찬가지로 도덕적 능력도 양육 방법에 따라 배양될 수도 있고 억압될 수도 있다. 따라서 도덕성의 원천인 감정이 선천적이고 내재적인 것이라고 해서 변화 불가능하다는 것은 아니다.

아동의 도덕성에 관한 캐건의 이론은 비합리적인 감정을 강조하는 점에서 프랭크의 헌신성 이론과 닮은 데가 있다.

> 도덕적 행위의 기반이 무엇인가에 관해 대부분의 윤리철학자들은 그 동안 헛다리를 짚어왔다. 내 생각에 그들은 중국 철학자들이 오래전부터 알고 있었던 것, 즉 논리가 아니라 느낌이 초자아를 지탱한다는 사실을 깨닫지 못한다면 그 같은 실수를 계속할 것이다.[18]

버빗원숭이는 두 살 난 아이와 마찬가지로 감정 이입 능력이 전혀 없어 보인다. 그들은 위험에 처하면 비상 사태를 알리는 신호음을 내는데, 비상 신호를 내던 원숭이는 다른 놈이 이미 위험을 알고 비상 신호를 내고 있는 것을 보고도 신호를 멈추지 않는다.

또 버빗원숭이는 쓸데없이 비상 신호를 내는 새끼의 실수를 교정해주지 않는다. 게다가 어른 버빗원숭이들은 비비가 접근할 때에는 비상 신호를 내지 않는다. 비비는 새끼 원숭이만 잡아먹기 때문이다. 이처럼 버빗원숭이의 비상 신호는 극도로 자기 중심적이다. 그래서 버빗원숭이와 비비를 연구한 도로시 체니Dorothy Cheney는 이렇게 말했다. 〈신호를 내는 원숭이는 듣는 원숭이의 정신적 상태를 인지하지 못하기 때문에 그들은 서로 의사 소통을 하는 데에 지나치게 불안한 자를 달래고 지나치게 태평한 자를 각성시키려는 의도를 갖고 있지 않다.〉[19] 그들은 이상하게도 감정 이입을 할 수가 없는 것이다. 버빗원숭이가 우리에게 이상하게 느껴지는 이유는 감정 이입이 인류 고유의 것이기 때문이다. 우리가 새치기를 하지 않는 이유는, 다른 사람들이 설령 낯선 사람이라고 하더라도 우리를 어떻게 생각할지 염려하기 때문이다. 다른 동물들은 그런 것을 염려하지 않는다.

프랭크의 책이 출판되고 6년 후, 그러니까 캐건의 책이 출판된 지 10년 후 제임스 윌슨James Q. Wilson은 동일한 문제를 범죄학자의 시각으로 분석해 『도덕 관념 The Moral Sense』이라는 책을 냈다. 그는 이 책에서 〈설명이 필요한 것은 왜 일부의 사람들이 범죄자가 되는가가 아니라 왜 대다수의 사람들이 범죄자가 되지 않는가라는 것이 내 생각〉이라고 말했다. 윌슨은 도덕성이란 일련의 목적 지향적인 본능이며 감정 위에 자리한다는 제안을 철학자들이 진지하게 고찰해 보지 않았다고 비판했다. 철학자들은 도덕성이란 사회에 의해 사람들 위에 세워진 실용적인 또는 작위적인 일련의 속성이자 관습이라고 생각한다. 이것에 대해 윌슨은 도덕성이 육욕이나 탐욕처럼 감정에 속하는 것이며 관습은 아니라고 주장한다. 어떤 사람이 부정이나 학대를 목격하고 진저리를 치는 이유는, 그가 감성의 효용성을 합리적으로 활용하고 있기 때문이 아니라 본능에 이끌리기 때문이다. 물론 일시적으로 유행하는 관습을 맹목적으로 추종하는 경우를 제외하고…….

우리가 자선 행위를 궁극적으로 이기적인 행위라고 치부한다고 해서——사람들은 평판을 높이기 위해 자선을 한다——문제가 전부 해결되는 것은 아니다. 만일 그것이 사실이라고 해도 우리는 자선 행위가 왜 평판을 좋게 하는지를 다시 해명해야 하기 때문이다. 인간은 왜 자선 행위를 칭찬하는가? 인간은 도덕적인 가정들의 바다에 너무 깊이 빠져 있기 때문에 그렇지 않은 세상을 상상하는 데는 많은 노력이 필요하다. 호혜적인 보답을 할 의무, 공평하게 거래할 의무, 타인을 신뢰할 의무가 없는 세상은 상상하기조차 힘들다.[20]

이처럼 심리학자들은 감정이 헌신성을 보장하는 정신적 도구라는 프랭크의 주장에 서서히 동조해 가고 있다. 그러나 보다 더 확실한 증거는 손상된 두뇌에 관한 연구에서 관찰된다. 인간은 전두엽 앞쪽의 어떤 작은 부위를 다치면 이른바 합리적인 바보가 된다. 이 부위를 다친 사람들은 겉보기에는 정상이다. 마비나 언어장애, 감각 상실, 기억력 저하, 일반 지능의 저하 같은 현상은 나타나지 않는다. 심리학 검사 결과도 뇌를 다치기 전과 다르지 않다. 그러나 그들은 이상하게도 완전히 주위로부터 고립된 생활을 하는데, 이유는 신경과적인 문제보다는 정신과적인 문제에 있는 것처럼 보인다(그릇된 이분법이다!). 그들은 직장을 유지하지 못하고 자기 제어력을 상실하며 활동 불능 상태에 빠질 정도로 우유부단해진다.

그러나 그 밖에도 많은 일이 일어난다. 그들은 문자 그대로 감정을 상실한다. 불행한 일을 미소로 맞이하며 기쁜 일이나 참담한 좌절을 겪고도 마음의 동요가 없다. 그들은 감정적으로 완전히 밋밋하다.

안토니오 다마시오 Antonio Damasio는 『데카르트의 오류 *Descartes's Error*』에서 이런 증상을 보이는 환자 열두 명의 증례를 분석한 뒤, 의사 결정 능력의 상실과 감정의 상실이 함께 오는 것은 우연의 일치가 아니라는 결론을 내리고 있다. 환자들은 그들 앞에 놓인 모든 사실을 냉혈 동물처럼 합리적으로 저울질하기 때문에 아무런 결단도 내릴 수 없는 것이다. 〈이성의 감소에 못지않게 감정의 감소도 비합리적 행위의 중요한 원천〉이라는 것이 그의 생각이다.[21]

인간은 감정이 없으면 합리적 바보가 된다. 의사인 다마시오는 경제학자 프랭크, 생물학자 트리버스, 심리학자 캐건이 서로 다른 근거에서 출발해 비슷한 결론에 이르렀다는 것을 전혀 알지 못하는 상태에서 이 같은 결론에 도달했다. 참으로 희한한 일치라고 하지 않을 수 없다.

인내는 미덕이고, 미덕은 은총 Grace이고, 은총은 세수를 잘하지 않는 이웃집 여자아이의 이름이라네.

이 무의미하고 짧은 노래 가사에 헌신성 모델의 중요한 발견을 요약하는 통찰이 담겨 있는지도 모른다. 미덕은 진정으로 은총이며, 은총이라는 단어의 아우구스티누스적인 냄새를 제거해 현대적 용어로 대치한다면 미덕은 진정으로 본능이다. 우리는 미덕을 당연한 것으로 받아들이고 그것에 의존하고 그것을 소중히 간직해야 한다. 미덕은 우리가 인간 본성의 기질에 역행하면서 억지로 쟁취해야 하는 어떤 것이 아니다. 기름을 쳐야 할 사회라는 기계를 갖고 있지 못한 비둘기나 생쥐였다면 그렇게 해야 할 것이다. 미덕은 우리 본성의 일부이고 본능이며 아주 유용한 윤활제이다. 따라서 우리는 인간의 이기성을 최소화하기 위한 제도를 만들어 내려고 할 것이 아니라, 인간의 미덕을 계발하기 위한 제도를 만들기 위해 노력해야 한다.

남들로 하여금 이타주의자가 되게 하라

사리 추구에 대한 사람들의 관념에는 모순이 많다. 인간은 일반적으로 사리 추구를 반대한다. 사람들은 탐욕을 혐오하며, 자기 야심만 추구한다고 평판이 난 사람을 경계하라고 서로에게 충고한다. 그리고 사심 없는 이타주의자를 존경한다. 이타주의자의 비이기적인 행위는 전설이 되어 남는다. 최소한 도덕적 수준에서는 이타주의가 선이고 이기주의가 악이라는 데 사람들이 만장일치로 동의한다는 것은 명백하다.

그렇다면 어째서 세상에는 이타주의자가 더 많아지지 않는 것일까? 데레사 수녀Mother Theresa 같은 사람은 이타주의의 정의에 비추어볼 때도 아주 특이하고 드문 경우이다. 진정한 이타주의자, 즉 항상 타인만을 생각하고 자신은 돌보지 않는 이타주의자는 세상에 몇이나 될까? 아주, 극히 드물다. 솔직히 당신의 가까운 사람 중에 진정한 이타주의자가 되려는 사람이 있다면 당신은 그에게 뭐라고 할까? 당신의 자식이나 가까운 친구가 왼뺨을 맞으면 오른뺨을 내밀고, 자기 일도 아닌 세상의 허드렛일들을 챙기고 다니며, 병원 응급실에서 무보수로 봉사하고 주급을 몽땅 털어 자선 기관에 내준다면 당신은 그에게 뭐라고 하겠는가? 그것이 어쩌다가 있는 일이라면 아마도 당신은 그를 칭찬할 것이다. 그러나 일주일이 지나고 해가 바뀌도록 계속 그러고 다닌다면 당신은 그라는 인간에 대해 의문을 품기 시작할 것이다. 이윽고 당신은 아주 점잖은 말투로 그에게 자신을 좀더 돌보는 것이 좋겠다고 충고할 것이다. 말하자면 좀더 이기적인 사람이 되는 것이 좋겠다고…….

내가 지적하려는 것은, 우리는 사심이 없는 사람을 존경하고 칭찬하지만 자신의 삶이나 친척의 삶이 그렇게 되는 것을 원하지는 않는다는 것이다. 우리는 우리가 설교하는 대로 행동하지 않는다. 물론 이것은 아주 합리적이다. 이타주의를 실천하는 사람이 세상에 많을수록 나에게 이익이 되며, 나와 나의 주변 사람들이 더 이기적일수록 나에게는 이익이다. 이것은 죄수의 딜레마이다. 더구나 우리는 이타주의를 옹호하는 것처럼 가장할수록 더 많은 이익을 누릴 수 있다.

많은 사람들이 경제학과 이기적 유전자 이론을 혐오하는 이유가 바로 여기에 있을지도 모른다. 경제학자나 이기적 유전자 이론가들은 자신들이 오해를 받고 있다고 강변하지만 전혀 효과가 없는 것으로 보인다. 실제로 그들은 이기주의를 권장하고 있지는 않다. 경제학자들이 주장하는 바는 어떤 행동 동기에 대한 인간의 반응을 예측할 때 그 인간의 자기 이익을 잣대로 삼는 것이 가장 현실적이라는 것이다. 그것이 옳다거나 선하다는 것이 아니라 현

206

실적이라는 것이다. 그와 마찬가지로 생물학자들은 어떤 행동 동기에 대한 인간의 반응을 예측할 때 유전자가 복제 기회를 증진시키는 방향으로 진화된 능력을 보여줄 것으로 예측하는 것이 타당하다고 말한다. 그러나 우리는 그들의 주장을 받아들이는 것은 사악한 일이며, 아니 뭔가 정치적으로 부적절한 일이라고 생각하는 경향이 있다. 〈이기적 유전자〉라는 용어를 처음 사용한 도킨스는 자신이 유전자의 내재적 이기성에 주목한 것은 그것을 정당화하기 위해서가 아니었다고 말한다. 그의 목적은 그 이기성을 인간에게 환기시킴으로써 우리가 그것을 극복할 필요성을 자각하게 하려는 것이었다. 그는 우리에게 〈이기적 복제자의 전제에 대항해 반란을 일으킬 것〉을 촉구한 것이다.[22]

그러나 헌신성 모델이 옳다고 한다면 이기주의 학파에 대한 비판에 정당한 면이 없는 것은 아니다. 모든 진술은 규범적인 면을 갖고 있기 때문이다. 만일 모든 인간이 사리 추구의 화신이 아니라면, 그들에게 사리 추구가 논리적이라고 가르치는 것은 결국 그들을 타락시키는 것이다. 프랭크를 비롯한 학자들의 발견은 이 문제와 관련이 있다. 신고전주의 경제학의 묘방을 배운 학생들은 죄수의 딜레마 게임에서 천문학을 배운 학생들보다 속임수를 쓸 확률이 훨씬 높다.

관용이나 동정심 또는 정의의 미덕은 그것을 이룩하기가 어렵다는 것을 알면서도 억지로 추구해야 하는 정책이 아니라, 우리가 남에게 하는 약속임과 동시에 다른 사람들이 나에게 하는 약속이다. 그것은 우리가 추종하는 신이다. 어려움을 말하는 사람들, 예컨대 사리 추구가 인간의 행동을 지배한다고 말하는 경제학자들이 그 동기를 의심받는 것은 어쩌면 당연하다. 미덕이라는 신을 섬기지 않기 때문이다. 그들이 그렇게 말한다는 것은 그들이 신자가 아닐 수 있음을 시사한다. 그들은 여전히 자기 이익이라는 주제에 건전하지 못한 흥미를 보이고 있다.

도덕 감정론

프랭크의 『도덕 감정론*Theory of Moral Sentiments*』은 1759년 애덤 스미스가 같은 제목의 책에서 펼친 생각에 살을 붙인 셈이다. 이 책은 인간은 도덕 감정에 따라 행동한다는 애덤 스미스의 첫번째 저작과 경제적 풍요의 원천인 사리 추구를 파헤친 두번째 저작 사이의 명백한 논리적 간극에 다리를 놓는다.

애덤 스미스는 첫 저작에서 개인들이 집단의 이익에 관해 어떤 공통된 이해 관계를 갖고 있다면 그들은 집단의 이익에 역행해 행동하는 구성원들의 활동을 억압할 것이라고 주장했다. 구경꾼들이 반사회적인 행동을 응징하기 위해 개입한다는 것이다. 그러나 그는 두번째 저작에서 사회란 개인들에 의해 신중하게 보호되는 공공재가 아니라 개인들 각자의 사리 추구에 따른 부작용에 가깝다는 식으로 표현함으로써 예전의 주장을 번복한 것처럼 보인다.

독일인들은 『도덕 감정론』과 『국부론』을 그들 특유의 정연한 방법으로 읽어내어 두 권의 책 중 어느 하나를 가지고 다른 하나를 해석하려는 시도를 했던 모양이다. 그들은 그 결과 이해할 수 없었음을 의미하는 것으로 보이는 〈애덤 스미스 문제〉라는 재미있는 용어를 만들어냈다.[23]

프랭크의 『도덕 감정론』은 이 패러독스를 해결할 뿐 아니라 애덤 스미스의 두 저작을 더 현대적인 방식으로 이어주고 있다. 호혜성과 집단 이기성의 패러독스 사이에 다리를 놓아주고 있는 것이다. 그는 죄수의 딜레마에 처했을 때 우리가 해야 할 일은 좋은 파트너를 구하는 것임을 강조함으로써 이기적인 합리주의자들은 그들끼리 살도록 놔두면서 호혜주의자들이 어떻게 사회 안에서 자기들끼리 침전될 수 있는지를 보여주었다. 덕이 있다는 것은 덕이 있는 다른 사람과 힘을 합쳐 상호 이익을 나눌 수 있다는 것 이외에는 아무 의미도 없다. 협동가들이 일단 사회의 나머지 부분들로부터 분리되어 응집하기 시작하면 전혀 새로운 진화의 동력이 작용하기 시작한다. 이 새로운 동력은 개인들이 아니라 집단들을 서로 투쟁하게 한다.

협동과 전쟁

동물은 경쟁하기 위해 협동한다

야수에게는 행동을 지배하는 여러 가지 본능과 기질이 각인되어 있다. 인간도 마

찬가지이다.……그렇게 볼 때 인간은 선천적으로 거짓과 이유 없는 폭력과 불의를

증오하거나 상대에 따라 호의를 받아들이는 방식도 다른 것으로 보인다.

— 조지프 버틀러 주교의 『덕의 본질에 대하여 *Of the Nature of Virtue*』(1737)에서

동 아프리카 초원의 수컷 비비가 되었다고 상상해 보자. 물
론 갑자기 비비가 되어 사는 일이 쉽지는 않을 것이다. 비
비의 사회는 여러 모로 인간 사회와는 많이 다르기 때문이다. 그
러나 단서를 좀 줄 수는 있다. 수컷 비비가 아주 좋아하는 장난이
하나 있는데 그것을 알아두면 도움이 될 것이다. 수컷 비비는 다
른 수컷의 짝을 훔치기 위해 연합을 형성한다. 당신이 한창 젊은
암컷 비비와 신혼을 즐기며 행복한 시간을 보내고 있을 때, 만일
다른 수컷 비비가 나타나 머리흔들기 head-flagging라고 불리는 독
특한 몸짓을 하면서 또다른 수컷 비비에게 다가가는 모습이 보이면
무조건 경계하라. 수컷 비비의 머리흔들기는 〈나와 함께 저놈을 쫓
아버리고 계집을 가로채면 어떨까?〉라고 묻는 신호이다. 2 대 1 싸
움의 결론이야 뻔한 것이다. 당신은 제대로 싸워보지도 못하고 꽁
무니를 뺄 도리밖에 없다.

비비의 사회에서 젊은 수컷들은 이런 식으로 교미를 한다. 그들
은 패를 짜서 연장자에게 덤벼들어 연장자가 독점한 암컷을 가로
챈다. 그러나 공격을 한 패거리의 둘 중 하나만 암컷과 교미를 한
다. 다른 비비는 싸움에 참가하지만 얻는 것이 없다. 그 비비는 무

엇 때문에 소득 없는 행동을 하는 것일까? 동물학자 패커가 1977
년에 내놓은 해답은, 이번에 암컷을 차지한 수컷이 다음에는 자
기를 도와주리라고 기대하기 때문이라는 것이다. 연장자를 몰아
낸 뒤 교미를 하는 수컷은 처음에 도움을 요청한——머리흔들기
를 한——비비이고, 윌킨슨의 흡혈박쥐처럼 그는 다음에 상대를
도와주겠다는 약속을 하는 것이다.[1]

사실 트리버스가 호혜적 이타주의라는 독창적 이론을 내놓은
것은 아프리카에서 비비를 연구한 뒤였고, 그로부터 몇 년 후 패
커가 비비를 연구하게 된 것도 트리버스의 이론을 확인하기 위해
서였다. 비비는 호혜적 이타주의의 원형이다. 그들은 전형적인 맞
대응 게이머인 것이다.

그러나 미안하게도 패커의 생각은 틀렸다. 오랫동안 비비를 관
찰한 다른 과학자들에 따르면 누가 암컷을 차지하는가는 사전에
결정되어 있지 않았다. 일단 연장자가 달아나면 함께 공격을 했던
수컷들 간에 서로 암컷을 차지하려는 꼴사나운 추격전이 벌어진
다. 그렇다면 이타주의적 요소는 전혀 없는 것이다. 오로지 사리
추구만이 있을 뿐이다. A라는 비비가 암컷과 교미를 하려면 B와
연대해서 C를 공격하여 그의 암컷을 빼앗아야 하며, 일단 빼앗고
나면 그는 다시 B를 제치고 암컷을 차지해야 한다. A와 B는 협동
을 통해 즉각적인 이익, 즉 교미를 할 수 있는 50%의 확률을 얻는
것이다.

비비의 상황은 죄수의 딜레마는 아니다. 배신의 기회가 없기 때
문이다. 누군가가 협동을 거부했을 때 더 큰 이익을 얻는 것이 아
니라 둘 다 고통을 받는다. 협동을 포기하면 둘 다 암컷을 차지할
기회가 없다.[2]

그러나 비비가 맞대응을 하든 그렇지 않든 간에, 어쨌든 그들이 협동을 하고 협동의 이득을 누리는 것은 사실이다. 그들은 어떤 목적을 이루기 위해 힘을 합친다. 약한 두 개체가 힘을 합쳐 더 강한 한 개체를 물리친다. 승패를 결정하는 것은 힘이 아니라 사회적 기술이다. 야수적 힘은 협동의 미덕 앞에서 무력하다. 교섭에 뛰어난 자가 최후의 승자가 된다. 혹시 이것이 인간 사회로 오기 위해 영장류가 거쳐온 협동이라는 계단의 첫번째 단계는 아닐까? 만일 그렇다면 크로포트킨은 무척 상심할 것이다. 비비가 행하는 협동의 목적은 고상하고 공동체적인——비비 사회의 이익——것이 아니라 편협하고 이기적인 것이기 때문이다. 그것은 쫓겨난 수컷은 물론이고 그들의 수중에 들어온 암컷의 의사 따위는 전혀 고려하지 않는 성적 횡포이다. 협동은 원래 미덕을 위해서가 아니라 이기적 목적을 달성하는 수단으로 쓰였다. 우리는 기이할 정도로 협동에 집착하는 인간 사회의 본성을 찬양하기 전에 그 본성이 무엇으로부터 시작되었는지를 알아야 한다.

이것은 비비에만 해당되는 이야기가 아니다. 모든 종류의 원숭이 사회에서 협동은 오로지 경쟁과 공격 행위를 위한 것이다. 수컷 원숭이에게 협동이란 싸움에 이기는 수단이다. 원숭이들이 협동하고 연대하는 모습을 관찰하려면 그들이 서로 싸울 때를 기다리는 것이 가장 확실하다. 콜로부스 원숭이도 다른 수컷의 도움을 받아 암컷을 공격한다.[3]

앞에서 한 비비 이야기는 당신이 내세에 비비로 환생한다면 큰 도움이 될 것이다. 연합이 성적 약탈을 위한 것임을 알고 있기 때문이다. 그러나 이번에는 비비가 아니라 그와 비슷한 생활을 하는 짧은꼬리원숭이로 환생했다고 상상해 보자. 비비처럼 그들은 땅에 살며 제법 거대한 위계 사회를 구성하고 있다.

그러나 한 가지 비비와 다른 것이 있다. 비비 사회에서의 연합은 자주 일어나는 일이 아니지만 안정적이다. A와 B가 가까운 친구라고 해도 다른 수컷의 짝을 빼앗기 위한 연합은 자주 생기는 일이 아니다. 평상시 비비들의 싸움은 대부분 1 대 1이다. 그러나 짧은꼬리원숭이들은 싸움을 자주 벌이는데 거의 틀림없이 패싸움이다. 짧은꼬리원숭이 사회에서 연합은 일상사이다. 평균 39분마다 새로운 연합이 형성된다. 지금 한 연합군에 속한 수컷들은 제각기 상대편 연합군에 속한 각각의 수컷들과 언젠가는 같은 연합에 속할 날이 온다. 수컷들의 결속은 비비에서 볼 수 있는 특유의 머리흔들기가 예고하는 싸움에 국한된 것이 아니다. 결속은 삶 그 자체이다. 수컷들은 서로 보살펴주고 함께 놀고 패거리를 짜고 서로의 팔에 기대어 졸며 두셋씩 함께 어슬렁거린다. 그들은 서로 일시적인 우정을 맺고 그것을 유지하는 데 엄청난 노력을 투자한다. 싸움이 붙으면 이들의 연합은 더 활발해져 싸우고 있는 원숭이를 도우려고 다른 원숭이들이 몰려든다. 그러나 이번에 패싸움을 선동한 원숭이는 몇 시간 뒤에 자신의 동맹자들이 다른 원숭이 편에서 싸우고 있는 것을 발견하게 된다. 무척 당혹스런 일일 것이다.

그러나 완전히 무작위로 연합이 이루어지는 것은 아니다. 평균적으로 볼 때 과거에 자기를 도운 일이 있는 수컷과 연대하는 경향이 있으며 또 위계 관계가 큰 역할을 한다. 싸움판이 벌어졌을 때 지원군은 으레 연장자들이다. 싸움을 시작하는 젊은 수컷들은 싸움이 끝난 뒤 연장자들의 시중을 들어줌으로써 보답한다. 또 비비와는 달리 이들에게는 부정적 연합도 존재한다. 짧은꼬리원숭

216

이는 도움을 받은 적이 있는 원숭이를 돕는 것으로 끝나지 않고 싸움판에서 상대편을 도운 원숭이에게는 보복을 한다.

정리하자면 수컷 짧은꼬리원숭이의 세계는 불안정하고 일시적이며 끊임없이 바뀌는 우정, 그리고 보답을 받기 위한 호의와 제휴, 충절의 세계이다. 그들은 생애의 많은 부분을 여기에 소모한다. 무엇이 그들을 그렇게 살게 하는 것일까?

조안 실크Joan Silk는 캘리포니아 지역에 있는 어느 동물원의 짧은꼬리원숭이를 몇 년간 관찰하고 있지만 그 이유를 아직 찾지 못했다. 그들의 연합은 비비의 경우처럼 암컷을 차지하기 위한 것도 아니다. 침팬지처럼 연합해 싸움에서 이긴다고 해서 무리 속의 서열이 높아지는 것도 아니다. 사실 연합이 승리를 주는 것도 아니다. 방금 전의 동료가 지금은 적이 되기 때문이다. 연합에 따른 힘의 우위는 순간일 뿐이다. 실크는 아직도 고군분투하고 있다. 만일 이 책을 읽은 어떤 독자가 짧은꼬리원숭이로 환생한다면 실크에게 엽서를 보내 그 이유를 알려주기를 바란다.[4]

영장류의 정치성

실크와 그의 동료들이 원숭이를 연구하는 이유는, 원숭이 그 자체가 흥미로워서가 아니라 그들이 비록 유인원만큼은 가깝지 않지만 어쨌든 인간의 가까운 친척이기 때문이다. 1970년대와 1980년대에 걸친 영장류학의 급격한 발전으로 인류가 속해 있는 원숭이과의 복잡한 사회 조직에 관한 사실이 많이 밝혀졌다. 이런 작업이 인류를 연구하는 데 무의미하다고 생각하는 사람이 있다면 그는 아마도 외계인일 것이다. 우리는 영장류의 하나이기 때문에 영장류에 속한 다른 친척들을 연구함으로써 우리의 뿌리를 알 수 있다.

그러나 이 같은 생각은 우리를 두 가지 오해에 빠지게 할 위험이 있다. 첫째는 영장류 학자들이 모든 면에서 인류가 원숭이와 같다고 주장한다는 생각인데, 그것은 완전히 난센스이다. 각각의 원숭이들과 유인원들은 종마다 그들 특유의 사회 체계를 가지고 있다. 그러나 공통된 맥락도 분명히 존재한다. 원숭이과의 여러 종들이 서로 다른 것은 틀림없지만 그들을 전혀 다른 과의 동물, 예컨대 사슴과 비교할 때는 서로 닮은 것도 사실이다. 영장류에 속한 모든 종의 행동은 서로 다르지만 그래도 역시 그들의 행동은 영장류다운 면이 있다.

두번째 오해는 원숭이가 인간보다 사회적으로 덜 진화되었다는 생각이다. 그러나 우리가 원숭이의 조상이 아닌 것처럼 원숭이도 우리의 조상이 아니다. 인류를 포함한 모든 원숭이는 공통의 조상을 가지고 있지만, 인류는 그 공통 조상의 신체 설계와 사회 습성을 인류만의 고유한 방향으로 발전시켰다. 원숭이 과의 다른 모든 종들도 마찬가지이다.

자연 세계로부터 교훈을 이끌어내는 데는 상당한 주의가 필요하다. 우리는 떨치기 어려운 두 개의 유혹 사이에서 균형을 유지하면서 조심스럽게 배의 키를 잡아야 한다. 한쪽에서는 스킬라 Scylla가 우리의 동물적 징후, 즉 우리와 우리 사촌들의 닮은 점을 찾으라고 외친다. 이것은 크로포트킨이 개미들의 헌신성을 보고 인간에게 본능적인 미덕이 존재한다고 생각한 것과 같은 태도이다. 마찬가지로 스펜서 H. Spencer는 자연 세계는 냉혹한 투쟁의 장이므로 투쟁이 미덕이라고 주장했다. 그러나 인간에게 동물적인 면이 있다고 해서 인간이 모든 면에서 동물적인 것은 아니다. 모든 동물 종이 고유한 면을 갖고 있고 서로 다르듯이, 인간도 고유한 면을 갖고 있고 서로 다르다. 생물학은 단일 법칙성의 과학이 아니라 예외의 과학이며, 거대한 통합의 과학이 아니라 다양성의 과학이다. 개미가 공산주의적이라는 사실은 인간의 본능적 미덕과 아무런 관계가 없다. 자연선택의 잔혹성으로부터 잔혹이 미덕이라는 결론은 나올 수 없다.

그러나 스킬라의 유혹을 피하기 위해 반대쪽으로 키를 너무 많이 틀면 안 된다. 그 쪽에서는 카리브디스Charybdis가 인간의 특이성을 강조하라고 유혹하고 있다. 그녀는 자연에서는 아무것도 배울 것이 없다고 외치면서 이렇게 가르친다. 인간은 오직 인간일 뿐이며 신 또는 (취향에 따라) 조물주의 형상을 하고 있다. 우리가 성욕을 가지고 있는 것은 본능 때문이 아니라 그것을 가지도록 교육받았기 때문이다. 우리가 말을 하는 이유는 서로가 말하는 것을 가르치기 때문이다. 우리는 동물이라고 불리는 저 열등한 존재들과는 달리 의식을 가지고 있고 이성에 따라 판단하며 자유 의지로 행동한다. 이렇게 인문학·인류학·심리학계의 완고한 보수주의자들은, 신학자들이 걸터앉은 나무를 다윈이 흔들었을 때 떨어지지 않으려고 매달렸던 인간의 고유성에 관한 해묵은 교설을 아직도 되풀이하고 있다. 리처드 오웬Richard Owen이 인간 두뇌라는 하드웨어에서 인간의 고유성을 발견하기 위해 필사적으로 노력한 것——그래서 전에 알려지지 않았던 작은 융기, 이른바 소(小)해마hippocampus minor를 찾아내고 그것이 인간의 고유성을 입증한다고 믿었던 것——과 마찬가지로, 오늘날의 인류학자들은 인간에게는 문화와 이성 및 언어가 존재하므로 인간은 생물학의 대상에서 제외되어야 한다고 요구한다.

이들은 인간이 본능을 진화시켜 왔다는 것이 사실이라고 하더라도 인간의 본능을 인간의 의식적·문화적 판단이 아니라 행위양식에서 발견할 수 있다고 믿을 만한 근거는 없다고 강변한다. 부자 인간들은 다른 영장류 사회에서 지위가 높은 자들이 으레 그렇듯이 딸보다는 아들을 선호한다. 그러나 이것을 구태여 원숭이와 인류의 공통된 본능으로 볼 필요는 없다. 인간은 부를 성공적 번식을 위한 통행증으로 사용하는 데 의거해 아들이 딸보다 뛰어나다는 합리적인 추론을 통해 같은 논리를 재발견했을 수 있다. 인간을 논하는 데 문화적 환경을 완전히 부정할 수는 없다. 다니엘 데닛 Daniel. C. Dennett이 『다윈의 위험한 생각 *Darwin's Dangerous Idea*』에서 말했듯이 〈어떤 요령이 충분한 효용성을 갖고 있다면, 그것은 유전적인 연계가 없이도 모든 문화에서 재발견될 수 있다.〉[5]

그러나 이 논리는 양날의 칼이다. 이 논리를 따라가다 보면 환경결정론자들 자신도 예기치 못한 깊은 상처를 입는다. 왜냐하면 인간의 적응력 있는 행동을 관찰하면서 그들은 인간의 의식적인 또는 문화적인 판단을 보고 있다고 생각하지만, 뜻밖에도 그들이 보고 있는 것은 진화된 본능일 수도 있기 때문이다. 예컨대 언어는 문화의 산물처럼 보인다. 문화권마다 언어가 제각기 다르지 않은가? 그러나 언어에 유난히 집착하고 문법을 준수하고 엄청난 어휘력을 구사하는 특성은 인간의 본능이라고 볼 수밖에 없다.[6]

동물의 연구는 인간의 정신을 이해하는 데 매우 중요하며, 그 반대도 마찬가지이다. 헬레나 크로닌 Helena Cronin이 말했듯이 〈'우리'와 '그들'을 나누는 생물학적인 인종 차별을 고집하는 것은 잠재적으로 유용한 설명 원리들로부터 우리를 단절 짓는 행위이다. …… 물론 인간은 독특하다. 그러나 독특하다는 사실 자체는 전혀 독특한 것이 아니다. 모든 종은 그 나름의 독특한 길을 가고 있다〉.[7] 우리는 원숭이나 유인원의 사회가 어떻게 움직여지고 있는지를 앎으로써 인간의 사회를 더 잘 이해할 수 있다. 홉스와 루소가 진화론을 이해하지 못한 것은 어쩔 수 없는 일이었다. 그러나 그들의 지적 후예들이 아직도 그것을 이해하지 못하는 것은 용서받기 힘든 일이다. 철학자 존 롤스John Rawls는 완전한 무(無)의 상태에서 합리적 사람들이 모여 사회를 어떻게 창조했을지를 상상해 보라고 요구했다. 루소가 고독한 자급자족적 원시인을 상상했듯이 말이다. 이것은 물론 하나의 사고 실험에 불과하지만, 이로부터 우리는 〈전(前)〉사회란 없었다는 점을 문득 깨닫게 된다. 인간의 사회는 직립 원인의 사회로부터 유래했으며, 직립 원인의 사회는 오스트랄로피테쿠스의 사회로부터 유래했고, 그것은 다시 오래전에 멸종된 인간과 침팬지 간의 미싱링크missing link(滅失環) 사회로부터 유래했으며, 그것은 또다시 유인원과 원숭이 간의 미싱링크의 사회에서 유래했고, 이렇게 계속 나아가다 보면 결국 진정으로 루소적인 고독 속에서 살았던 파편 같은 어떤 동물로 귀착될 것이다. 물론 우리는 과거로 돌아가서 오스트랄로피테쿠스의 사회를 관찰할 수는 없지만, 골격 해부학과 오늘날 살고 있는 유사 종에 관한 지식에 근거해 몇 가지 추론을 할 수는 있다.

첫째, 인류의 조상은 사회적인 존재였다. 모든 영장류가 그렇고 반(半)독립성 오랑우탄도 예외는 아니다. 둘째, 사회내에는 먹이 서열이라고 하는 위계 질서가 존재했다. 그리고 이 위계 질서는 암컷보다 수컷에서 더 뚜렷했다. 이 또한 모든 영장류에서 공통이다. 여기에 하나 더 추가하자면, 앞의 사실들만큼 증거는 많지 않지만 흥미는 훨씬 더 끄는 사실이 있다. 즉 우리 조상들의 사회는 원숭이 사회보다 위계 질서가 덜 엄격했으며 평등주의적이었다는 것이다. 이것은 인류의 조상 유인원이 특히 침팬지와 가까운 사촌인 데서 알 수 있다.

원숭이들은 이미 협동을 터득하고 있지만 힘이 약한 수컷 원숭이는 힘이 센 수컷 원숭이에 비해 암컷과의 교미 기회가 훨씬 적다. 야수적 무력에 대한 원숭이들의 의존도는 양이나 해마에 비해서는 적지만 여전히 크다. 그러나 침팬지의 사회로 가면 육체적 무력이 원숭이 사회보다 훨씬 덜 중요해진다. 침팬지 사회에서는 가장 강한 놈이라고 반드시 우두머리가 되라는 법이 없다. 대개 우두머리 자리는 사회적 제휴 관계를 자신에게 유리하게 조작할 줄 아는 침팬지가 차지한다.

탄자니아의 마할 산맥에는 은토기 Ntogi라는 이름의 두목 침팬지가 살고 있다. 그는 원숭이나 영양을 잡아서 그 고기를 제 어미와 애인에게 나눠주는데 이것은 정상적 행동이다(제5장 참조). 그는 중간급 수컷들과 자기보다 더 나이 많은 수컷들에게도 고기를 나눠준다. 그러나 젊은 수컷이나 하급 수컷들에게는 고기를 주지 않는다. 마치 마키아벨리가 말하는 훌륭한 가신을 키우듯이 그는 최선의 지지자들과 좋은 관계를 맺는 것이다. 이것은 야심이 많은 젊은 수컷들이나 당장의 경쟁자들을 견제하기 위해 중간급 수컷들의 힘에 의존하려는 속셈이다. 고기는 권력을 유지하기 위해 동맹자들에게 나눠주는 화폐이다.[8]

서열상 자신들보다 높은 연장자의 암컷을 훔칠 때에만 특별히 연합을 형성하는 비비와는 달리 침팬지는 연합의 힘을 활용해 사회적 위계 자체를 변화시킨다. 이런 사례는 탄자니아의 야생 침팬지 등에서 관찰되었지만, 가장 충실한 기록은 1970–1980년대 아넴 동물원의 호수에 있는 한 작은 섬에서 드 발이 관찰해 보고한 것이다.

1976년 침팬지 집단을 지배하던 예로엔Yeroen을 밀어내고 루이트Luit라는 강력한 우두머리가 등장했다. 루이트는 우두머리가 되기 전에는 싸움에 강한 수컷들하고만 교제하는 경향이 있었다. 그러나 우두머리가 되고 난 뒤에는 태도가 돌변해 약자의 편을 들고 자꾸 싸움을 말리려고 했다. 드 발에 따르면 이것은 약자를 보호하는 이타주의가 아니라 자기 이익을 지키기 위한 치밀한 정치적 계산이었다. 루이트는 중세의 왕이나 로마의 황제들처럼 민중의 지지를 등에 업고 잠재적 경쟁자들의 우위에 군림하고자 한 것이다. 루이트는 특히 암컷들의 인기에 관심이 많았는데, 암컷들은 난처한 상황에서 의지할 만한 상대이기 때문이었다.

그러나 루이트는 머지않아 전임자와 후임자의 공모로 우두머리 자리에서 쫓겨났다. 루이트가 전에 밀어냈던 나이 많은 예로엔은 젊고 야심 만만하지만 아직 루이트를 상대할 수는 없는 니키Nikkie와 연합을 했다. 둘은 루이트를 공격해서 치열한 싸움 끝에 루이트를 폐위시켰다. 니키는 거의 모든 싸움, 특히 루이트를 상대로 한 싸움에서는 예로엔의 도움을 받아야만 했지만, 그럼에도 불구하고 우두머리 자리에 오를 수 있었다. 그것은 니키가 협동 관계를 잘 구사한 덕택이었다.

그러나 셋 중에 누구보다 영리한 것은 역시 예로엔이었다. 그는 배후 권력자로서의 지위를 성 관계에 이용하기 시작해, 곧 집단 내에서 성적으로 가장 활발한 수컷이 되었다. 집단 내에서 이루어지는 모든 교미의 40%가 그의 차지가 된 것이다. 그가 그렇게 할수 있었던 요인은, 니키가 그의 도움없이는 아무것도 할 수 없다는 점을 이용했기 때문이다. 니키가 도움을 청하면 그는 도와주는 대가로 발정기의 암컷에게 루이트가 접근하는 것을 막아달라고 요구했고, 결국 암컷을 자기가 차지했다. 니키와 예로엔은 거래를 한 것이다. 니키는 권력을 가졌고 예로엔은 교미의 기회를 독점했다.

그러나 니키가 계약을 어기기 시작하자 그는 곤경에 빠졌다. 니키도 교미의 비율을 높여가기 시작하자 예로엔의 기회는 예전의 절반으로 줄었다. 니키는 스스로 교미 횟수를 늘리기 위해 루이트가 암컷에 접근하는 것을 막지 않고 예로엔과 루이트가 직접 싸우도록 방치했다. 이때부터 니키는 다른 침팬지와 싸울 때에도 루이트와 예로엔을 번갈아 끌어들이면서 그들을 이용했다. 그는 분할 통치에 점점 더 자신감을 갖게 되었다. 그러나 1980년 어느 날 그가 드디어 실수를 했다. 그 날 니키와 루이트는 어떤 암컷에게 접근하는 예로엔을 몇 차례나 쫓아버렸는데, 그후에 발정난 암컷을 쫓아 나무에 오르는 루이트를 막아달라는 예로엔의 요구에 니키가 호응을 하지 못한 것이다. 예로엔은 니키의 통치 방식에 진저리가 났다. 며칠 후 밤새 계속된 격렬한 싸움 끝에 예로엔과 니키는 둘 다 부상을 입었으며, 니키는 우두머리 자리를 빼앗겼다. 루이트가 다시 권력을 차지한 것이다.[9]

아넴의 침팬지에 관한 이 이야기를 읽은 지 얼마 뒤 나는 우연히 장미 전쟁에 관한 어느 기록을 읽게 되었는데, 그 기록을 읽으면서 뭔가 꺼림칙한 것을 느꼈다. 그 기록 속의 이야기는 내가 전에 읽은 적이 있는가 싶게 기분 나쁠 정도로 친숙했다. 그러다 문득 머릿속을 스쳐가는 것이 있었다. 장미 전쟁에 등장하는 영국 여왕인 앙주의 마거릿Margaret은 바로 루이트였다. 그리고 찬탈자 요크York 대공의 아들인 에드워드 4세는 니키, 부유한 백작으로서 국왕 옹립자인 워릭Warwick은 예로엔이었다. 요크 대공은 워릭의 도움을 받아 무력한 헨리 6세를 폐위시켰다. 요크가 살해된 뒤 그의 아들 에드워드 4세가 왕이 되지만, 그는 워릭의 힘을 두려워한 나머지 그를 견제하기 위해 처가가 궁정에 세력을 구축하는 것을 묵인한다. 이윽고 현실을 파악하게 된 워릭은 헨리 6세의 아내인 앙주의 마거릿과 동맹을 맺고 에드워드를 국외로 추방한 후 무능한 헨리 6세를 다시 왕위에 앉힌다. 그러나 에드워드는 반란에 성공해 워릭을 전투에서 죽이고 런던을 점령한 다음 헨리 6세를 살해한다. 이것은 루이트, 니키, 예로엔의 이야기와 거의 같다. 아넴에서도 니키는 결국 예로엔의 손에 죽었다.

아넴 침팬지의 정치 이야기에서는 침팬지적 삶의 두 가지 중요한 테마가 드러난다. 첫째, 이들의 연합 관계는 호혜적이라는 것이다. 원숭이의 경우와는 달리 침팬지의 연합은 철저하게 대칭적인 관계이다. B가 당할 때나 공격을 할 때 A가 도와주면 나중에 B는 A에게 뭔가를 보답해야 하며, 그렇지 않으면 연합은 붕괴된다. 아넴 침팬지는 다름아닌 맞대응을 한 것이다.

둘째는 약자들이 연합해 강자의 권력과 성적 특권을 빼앗는다는 것이다. 이런 모습은 인간 사회에서 훨씬 더 극단적 형태로 나타나 수렵채집 사회에서는 전횡을 일삼는 지배자에 대항한 피지배자들의 연합 형성 과정이 사실상 정치의 모든 것처럼 보일 때가 적지 않다. 왕이나 추장이 개인적으로는 훨씬 약한 하급자들의 연합에 의해 견제받는 것은 제임스 조지 프레이저James George Frazer 경의 『황금 가지 *The Golden Bough*』로부터 로마 공화국의 집정관 제도나 미국의 정치 제도에 이르기까지 인류의 역사에 걸친 공통 주제이다. 인간 사회에서 남성 우두머리의 권력을 견제하기 위해서는 침팬지 사회에서보다 훨씬 크고 강력한 연합이 필요하다.[10]

돌고래의 숨겨진 치부

비비가 연합을 이루면서 살아가는 것과 그들의 두뇌가 상당히 큰 것은 우연의 일치가 아니다. 비비 사회보다 침팬지 사회에 더 많은 연합이 존재하고, 그만큼 침팬지가 체구에 비해 더 큰 두뇌를 가지고 있는 것도 우연의 일치가 아니다. 협동을 사회적 관계를 풀어나가는 무기로 활용하기 위해서는 각 개체가 친구와 적, 빚을 진 상대와 원한을 진 상대를 기억할 수 있어야 한다. 기억력과 전반적 두뇌 능력이 뛰어날수록 타산을 잘할 수 있다. 독자들은 침팬지보다 뇌의 비율이 더 큰 인간이라는 원숭이가 또 있다는 사실을 잊지는 않았을 것이다. 그러나 뇌의 비율이 침팬지보다 더 큰 것은 인간만이 아니다. 주먹코돌고래도 그렇다.

주먹코돌고래는 다른 돌고래나 고래들에 비해 뇌가 훨씬 더 발달했는데, 그 격차는 인류와 다른 유인원의 격차에 비할 만하다. 만일 두뇌 능력이 협동 능력을 결정하거나 협동 능력이 두뇌 능력을 결정한다는 가설이 옳다면 주먹코돌고래의 사회에서 우리는 좀더 높은 수준의 협동을 기대할 수 있을 것이다. 돌고래에 관한 사회학적 연구는 아직 걸음마 단계에 있지만, 실제로 그 초기적

성과는 유인원과의 놀라운 유사성과 몇 가지 흥미로운 차이점을 보여주고 있다.

가장 자세히 연구된 주먹코돌고래는 오스트레일리아 서부 해안의 샤크베이 Shark Bay라는 청정만에 서식하는 수백 마리의 돌고래들이다. 1960년대부터 여행객들이 던져주는 물고기를 먹기 위해 돌고래들이 해변으로 모여들었기 때문에 관찰이 쉬웠다. 이곳에서 10년 동안 그들을 관찰한 리처드 코노 Richard Connor의 연구진은 놀라운 결과를 얻었다. 돌고래가 신비로울 정도로 완벽한 동물이자 평화 애호가라는 환상을 갖고 있는 사람은 여기에서 일찌감치 책을 덮든지 소중한 환상을 포기할 각오를 하기 바란다.

샤크 베이의 돌고래는 거미원숭이나 침팬지와 별로 다르지 않은 일종의 〈분열 · 융합 사회〉를 이루고 산다. 즉 집단의 모든 구성원이 함께 행동하는 일은 거의 없고 서로서로 대충 알고 지내며 친분도 항상 유동적이다. 그러나 예외가 하나 있다. 성숙한 수컷 돌고래는 두세 마리가 함께 다니는데 이들끼리는 가까운 연합 관계가 유지된다. 코노의 연구진은 두 마리가 무리진 세 팀과 세 마리가 무리를 이룬 다섯 팀을 오랫동안 추적해 이들의 연합 목적을 밝혀냈다.

암컷 돌고래 한 마리가 발정기에 들어서면 수컷 돌고래들의 팀 하나가 그녀를 소속된 집단으로부터 며칠 동안 〈유괴〉한다. 수컷들은 한 마리는 암컷의 가까이에서, 다른 하나는 좀 떨어져서 ── 외짝 이탈 odd one out ── 암컷과 함께 헤엄을 친다. 암컷은 때때로 탈출을 시도하고 가끔 성공해서 물 속으로 쏜살같이 사라져 버리기도 한다. 구애하는 수컷들의 태도는 별로 정중하지 않다. 암컷이 도망치려고 하면 그들은 뒤를 쫓아가서 꼬리로 때리고 물어뜯고 몸을 부딪쳐 탈출을 막는다. 이따금 그들은 훈련받은 돌고래들처럼 싱크로나이즈 점핑과 다이빙과 수영을 하면서 장관을 펼쳐보이기도 한다. 결국 그들은 암컷과 교미를 하는데, 서로 교대로 하는 것은 확실히 관찰되었고 때로는 동시에 하려고 시도하기도 하는 것 같다.

수컷 돌고래들이 저마다 발정기의 암컷을 독차지해서 2세의 아버지가 되려는 욕구를 갖고 있다는 데는 의심의 여지가 없다. 그들이 두세 마리씩 팀을 이루는 것은, 혼자서는 암컷의 행동을 통제할 수 없고 다른 수컷으로부터의 공격에 버틸 수가 없기 때문이다. 또 팀을 이루는 최대 숫자가 셋인 것은 이보다 더 많아지면 아버지라는 유대감을 전혀 가질 수 없기 때문이다. 즉 그보다 큰 팀을 짜면 암컷을 통제하기가 더 쉽겠지만 부모가 된다는 보상감은 줄어들 것이다.

그러나 코노의 연구진은 수컷들의 팀이 서로 암컷을 빼앗기도 하고, 그것을 위해서 팀 사이에 〈이차적인〉 연합을 형성한다는 사실을 발견했다. 한번은 B라는 세 마리 무리가 해변에 왔다가 암컷을 데리고 다니는 H라는 다른 세 마리 무리를 발견했다. B는 북쪽으로 몇 킬로미터쯤 떨어진 곳으로 가서 A라는 두 마리 무리를 데리고 왔다. 다섯 마리의 돌고래가 H를 공격해서 암컷을 빼앗은 뒤 A는 떠나고 B가 암컷을 차지했다. 1주일 후 B는 A가 H로부터 암컷을 빼앗는 것을 도와줌으로써 지난 일에 보답했다. A와 B는 이런 식으로 서로를 돕는 일이 잦았고, H는 G 또는 D와 이런 관계를 맺었다. 연합체들이 제휴해 초연합체를 만드는 것이다.[11]

이것은 두 가지 점만 빼면 비비들의 동맹 관계——X는 Y를 동원해서 Z의 짝을 빼앗는——와 똑같다. 첫째, 돌고래의 경우

X, Y, Z는 개체가 아니라 팀이다. 그리고 돌고래에서는 암컷을 가로챈 뒤 누가 차지하는가의 문제가 없다. 제휴하는 팀들 중에 한쪽은 사심 없이 도움을 주는 것이다. 다른 팀을 돕기 위해 오는 팀에는 이미 암컷이 있는 경우도 종종 있다(그래서 싸움의 와중에서 자기 암컷을 놓쳐버릴 수도 있다). 한 마리 이상의 암컷은 통제할 수 없는데도 말이다. 이처럼 약탈을 돕는 그들의 행위는 사리 추구와는 거리가 멀지만 그들은 기꺼이 돕는다. 아직 결론을 내릴 단계는 아니지만, 코노와 그의 동료들은 돌고래 팀들 사이에 호혜주의가 작용하고 있다고 믿고 있다. 돌고래들은 영장류 중에서 인간만이 갖추고 있는 능력, 즉 2차적 연합, 다시 말해 연합의 연합을 형성하는 능력을 갖고 있는 것이다. 비비와 침팬지의 사회에서 연합들 간에는 오로지 경쟁이 있을 뿐 협동은 없다.

이 문제는 돌고래 연구에서 가장 흥미로운 주제로 우리를 이끈다. 아직까지 돌고래 사회가 폐쇄적인 사회라는 것을 시사하는 증거는 없다. 돌고래는 대부분의 영장류와는 달리 집단, 부족, 종족 같은 세력권을 형성하지 않는 것으로 보인다. 침팬지 집단은 느슨하고 유동성이 높기 때문에 서로 자주 만나지는 못하지만, 그래도 그들은 항상 자기 집단의 세력권을 벗어나지 않고 침입자는 적으로 간주한다. 암컷은 자기가 태어난 집단을 떠나 다른 집단에 합류하는 경우가 종종 있지만, 수컷은 자기가 태어난 집단을 평생 벗어나지 않는다. 비비는 그 반대이다. 다 자란 수컷은 태어난 집단을 떠나 다른 집단 속으로 밀고 들어가서 으레 먹이 질서의 상위권에 자리를 잡는다. 이 같은 이동을 통해 근친 교배를 막는 것이다.

어째서 비비에서는 수컷이 떠나고 침팬지에서는 암컷이 떠나는 것일까? 이것은 아마도 수침팬지들의 지독한 이방인 혐오증 때문인 것으로 짐작되는데, 이 혐오증은 무리짓기를 좋아하는 그들의 성향에서 비롯되었을 것이다. 혼자서 이웃 집단의 세력권을 어슬렁거리는 침팬지는 거의 틀림없이 죽는다. 침팬지들이 인간들의 전쟁, 아니 그보다는 정찰에 가까운 행동을 하는 것이 동아프리카의 여러 지역에서 관찰되었다. 수컷 침팬지들의 집단이 은밀하고 조심스럽게 다른 집단의 세력권을 향해 이동한다. 그들은 적들의 정찰대를 만나면 퇴각하고, 암컷을 만나면 잡아서 자기들의 세력권으로 돌아오며, 혼자 있는 수컷을 만나면 공격해서 죽여버린다. 제인 구달 Jane Goodall의 관찰에 따르면, 곰베의 한 침팬지 집단은 이런 식으로 이웃에 사는 소규모 집단의 수컷들을 몰살시키고 암컷들을 모두 차지한 일도 있다. 마할 산맥에서도 비슷한 일이 관찰되었다.

동물 세계에서 수컷들의 세력권 다툼이나 야만적 공격은 전혀 이상한 일이 아니다. 침팬지의 이상한(침팬지에서만 나타나는 것은 아니다. 다른 예로 늑대가 있다) 점은 세력권을 지키는 것이 개체가 아니라 집단이라는 것이다. 사실 집단적 세력권 방어는 우리가 예로엔과 니키의 예에서 보았던 연합 형성의 확대된 형태와 다르지 않다. 루이트가 우두머리가 되었을 때 약자들의 편을 들었음을 상기하자. 게다가 우두머리는 싸움에 개입해 싸움을 말린다. 우두머리는 집단을 평정하는 역할을 담당하는 것이다. 아마도 목적은 집단이 분열되는 것을 막기 위해서일 것이다. 집단이 클수록 다른 집단의 정찰에 더 잘 견딜 수 있기 때문이다. 한 집단이 정찰을 떠날 때 우두머리는 그 동맹자들의 후원을 구하는 듯한 행동을 한다. 곰베에서 촬영된 필름을 보면, 우두머리 고블린 Goblin이 동맹자들의 동의를 얻지 못해 정찰대가 해체되는 장면이 나온다.

따라서 침팬지 사회에서 가장 중요한 연합은 상대편 집단의 모든 성인 수컷들의 연합에 대항한 이쪽 집단의 모든 성인 수컷들의 연합이다. 이 〈대연합〉은 〈외부〉로부터 위험이 닥쳐올 때, 또는 외부에 위험을 가하려 할 때에만 가동된다. 수컷 침팬지들은 일정 규모 이상의 큰 집단을 이루지 않는 이상 세력권 밖으로 나가지 않는다. 암컷들은 그 같은 위험 지대에서 멀리 떨어져 있다.

주먹코돌고래의 사회가 폐쇄적인 세력권 사회가 아니라는 것이 사실이라면, 연합의 연합을 형성하는 그들의 습성은 오히려 더 잘 이해된다. 바다에서는 수컷들의 집단들이 서로 바다의 일정 해역을 차지하고 그곳에 사는 암컷을 보호한다는 것은 거의 불가능하다. 때문에 외부인 혐오증도 형성되기 힘들다. 돌고래는 물이 아주 맑더라도 소리만 내지 않으면 1.5킬로미터쯤 밖의 다른 돌고래에게 들키지 않을 수 있다. 뭍이라면 이런 일은 불가능할 것이다. 따라서 돌고래가 연합을 형성하는 것은 암컷이나 영토를 지키기 위해서가 아니라 다른 연합의 암컷을 빼앗아 데리고 다니는 간헐적이고 일시적인 목적을 위한 것이다.[12]

집단과 폭력

리처드 랭엄 Richard Wrangham이 지적했듯이 죽고 죽이는 집단 간의 폭력은 침팬지와 인간의 공통된 특징이다. 그러나 인간은 침팬지가 갖지 못한 것, 즉 무기를 동원한다. 일단 창이나 투석기 같은 투척형 무기로 무장을 하게 되면 인간은 이전보다 훨씬 안전하게 다른 인간을 공격할 수 있다. 무장하지 않은 적을 상대로 신 무기를 갖고 싸우는 인간은 부상의 위험이 거의 없다. 침팬지 한 마리를 여러 마리가 한꺼번에 공격하는 경우에도 비할 바가 아니 다. 이 경우에는 공격하는 침팬지들도 뼈가 부러지거나 찰과상을 입거나 눈을 잃기 십상이다. 침팬지 서너 마리가 침팬지 한 마리 를 죽이는 데는 평균 20분이 걸린다. 그러나 무기 덕분에 인간은 순식간에, 그것도 안전한 거리에서 상대를 죽일 수 있다.

투척형 무기는 처음에 아마도 사냥 목적으로 만들어졌을 것이 다. 그러나 그렇게만 보기에는 뭔가 이상한 점이 있다. 짐승을 쏘 아 맞출 수 있는 무기의 사정 거리는 점차 늘어났기 때문에 이론 상 사냥할 때 집단을 이룰 필요성은 그만큼 줄어들었어야 했다. 돌과 곤봉으로 무장한 사람은 수풀 속에 숨어서 다른 동료들이 사 냥감을 몰아오기를 기다리는 수밖에 없었지만, 활과 화살로 무장 한 사람은 혼자서 사냥을 할 수 있는 것이다.

그러나 투척형 무기 등장의 실제적 중요성은 그것이 전쟁의 승 률을 높이고 위험성을 감소시켰다는 데에 있다. 투척형 무기가 등 장함에 따라 거대 연합은 공격과 방어에 더 유리해졌다. 인류 역 사상 최초로 대량의 정교한 석기를 사용하기 시작한 직립 원인이 갑자기 큰 키와 두꺼운 두개골을 획득한 것은 우연이 아니다. 직 립 원인은 늘 머리에 타격을 받고 살았던 것이다. 무기와 연합은 공생 관계에 있다. 최근 들어 인류학자들은 무기가 등장하면서부 터 불확실성이 싸움의 법칙으로 정착되었고, 이것 때문에 지도자 는 강압보다 설득에 더 의존하게 되었다고 믿게 되었다. 남아프리 카 쿵족에 관한 논쟁중에 자주 튀어나오는 말 가운데 이런 것이 있다. 〈남보다 특별히 센 사람은 없다. 우리는 모두 사내 대장부이고 누구나 싸울 준비가 되어 있다. 나는 화살을 가지러 간다.〉 금주법 시대 Prohibition-era의 뉴욕을 그리고 있는 대면 러니언 Damon Runyon의 소설에서 총을 가리키는 속어는 〈평등 장치 equalizer〉였다.[13]

무기를 사용한다는 점에서 인간은 침팬지나 주먹코돌고래와 다르다. 인간 사회의 겉모습은 침팬지와 돌고래 사회의 특징을 합쳐 놓은 듯이 보인다. 침팬지처럼 우리는 이방인 혐오증을 갖고 있다. 문자 발명 이전의 모든 인간 사회와 현대의 모든 사회는 〈적〉, 다시 말해 너희와 우리의 구분 개념을 갖는 경향이 있다. 친족 관계의 남자들과 그 아내들 및 식솔로 이루어진 부족 사회——형제애 이익 집단이라고 알려져 있는 보편적 형태의 부족주의——에서는 〈적〉의 중요성이 더 컸다. 달리 말하자면, 여성들이 이동을 하고 남성들이 태생 집단 속에 머무르는 경향이 강할수록 집단 간의 적대주의는 더 강하다. 이에 비해 모계 사회나 데릴사위 제도에서는 반목과 전쟁이 적다. 이것은 모계 중심과 데릴사위 제도의 비비 사회에서 집단 간의 분쟁이 별로 없는 것과 마찬가지이다.

한편 혈연 관계가 가까운 남성들이 하나의 사회적 단위를 이루고 사는 집단은 침팬지 사회처럼 집단 간의 반목과 분쟁이 끊일 날이 없다. 베네수엘라의 야노마모 인디언을 보면 마을 사이에 거의 일상적으로 기습과 전쟁이 일어난다. 스코틀랜드 가문인 맥도널드 McDonald 집안의 사람이 캠벨 Campbell 집안 사람을 증오해 다시 캠펠은 맥도널드를 증오했고, 오랜 세월 뒤 글렌코 Glencoe 대학살이 일어난 뒤에야 두 집안은 화해를 했다. 지금 글래스고 근교에 사는 그의 후손들은 조상들한테서 물려받은 씨족 충성심을 레인저스 Rangers나 셀틱스 Celtics 같은 축구 팀에게 바친다.

제2차 세계대전이 끝난 뒤 우연히 만난 러시아 사람과 미국 사람이 반드시 적이나 경쟁 상대가 되어야 한다는 논리적 이유는 없었지만, 인간적으로는 불가피했다. 몬터규 Montague 가와 캐풀렛 Capulet 가, 프랑스인과 영국인, 휘그 Whig 당원과 토리 Tory 당원, 에어버스 Airbus와 보잉 Boeing, 펩시 Pepsi와 코카콜라 Coca Cola, 세르비아인과 이슬람교도, 기독교도와 사라센 등에서 보듯이 우리는 구제 불가능할 정도로 부족 중심적인 동물이다. 이웃 집단이나 경쟁 집단은 수식어를 어떻게 붙이든 간에 자연스레 적으로 인식된다. 아르헨티나인과 칠레인이 서로를 증오하는 것은 주위에 증오할 만한 다른 사람이 없기 때문이다.

너희와 우리를 가르는 남성들의 습관은 우리 삶의 구석구석에 영향을 미치고, 남성들은 신분 상승을 추구할 때에도 집단 간의 투쟁을 도구로 삼는다. 침팬지라면 집단 내에서의 투쟁을 통해 신분 상승을 꾀할 것이다. 침팬지 집단 간의 투쟁은 전쟁이 아니다. 경쟁 집단의 정찰대들은 서로를 공격하지 않고, 혼자 있는 수컷을 찾아내 공격할 뿐이다. 그것은 정찰이지 전쟁이 아니다. 인간 남성들은 적과의 전쟁에서 영광을 추구한다. 아킬레스 Achilles로부터 나폴레옹 보나파르트 Napoléon Bonaparte에 이르기까지.[14]

청·녹 알레르기

스포츠 경기가 사실은 부족 근성을 가진 유인원 수컷들 연합체 간의 전쟁 대용물이라는 사실을 안다면 오늘날 축구 팬들의 열기는 쉽게 이해된다. 팬들에게 상대편 팀과 그 응원대는 야노마모족 앞에 나타난 한 무리의 잔혹한 전사 집단과 같은 공포와 위협이 된다. 고대 로마의 원형 경기장에서 벌어진 전차 경주에서는 전차를 모는 전사의 제복 색깔로 경주 팀을 구별했다. 처음에는 백색과 적색이 사용되었지만 곧 여기에 녹색과 옅은 청색이 추가되었고, 나중에는 녹색과 옅은 청색만 사용되었다. 이 변화는 애당초 전차를 좀더 쉽게 식별할 목적으로 고안된 것이었지만, 도시 내에 지지자들의 분파 형성을 촉발하는 계기가 되고 말았다. 칼리굴라Caligula 이후에는 황제조차 청색이나 녹색 중 하나를 지지하게 되었다.

이 관습은 콘스탄티노플에도 전파되었는데, 그곳에서는 히포드롬이 전차 경주를 위한 경기장으로 사용되었고, 머지않아 이곳에서도 도시 전체가 녹색과 청색으로 나뉘어졌다. 이것만도 무시할 수 없는 해악이었지만, 더 심각한 사태가 6세기에 일어났다. 스포츠 분파라는 산(酸)이 종교와 정치라는 알칼리와 뒤섞여 살인적 광기라는 폭발을 일으킨 것이다. 유약하지만 총명했던 황제 아나스타시우스Anastasius는 이교도를 포용하고 교황과 결별했다. 그리하여 그의 팀——녹색파——은 이교도들과 손을 잡게 되었다. 이윽고 녹색파는 그의 통치 말기의 한 종교 축제에서 3,000명의 청색파 지지자들을 학살함으로써 두 분파 간에 참혹한 폭력의 시대를 열었다. 아나스타시우스가 죽자 황제 자리는 야심 많은 군인 출신 유스틴Justin이 이어받았다. 그리고 유스틴이 물러나자 역시 야심 많은 그의 조카 유스티니안Justinian이 자리를 이었는데, 그는 자신보다도 더 야심이 큰 테오도라Theodora라는 전직 매춘부를 아내로 맞았다. 테오도라는 매춘부 시절에 녹색파에게 수난을 겪은 일이 있었다. 그것 때문에 유스티니안과 테오도라는 종교적 정통주의를 혹독하게 강요했으며 스포츠에서도 철저하게 청색파 편을 들었다. 이것에 대해 녹색파는 이단 교파들을 포섭해 끌어들이면서 새 정권에 정치적으로 저항했다. 청색파는 녹색파와 이교도들을 색출해 처벌하면서 도시 전체를 공포의 도가니로 몰아갔다. 532년에는 전차 경주가 벌어지던 히포드롬에서 폭동이 일어났는데, 유스티니안은 양측의 주모자를 모두 처형함으로써 사태를 마무리하려고 했다. 그러나 이 같은 조처에 양측 모두가 분노해 이른바 니카Nika 폭동이 일어나게 되었다. 성 소피아 성당을 포함한 도시 전체를 불태운 히포드롬의 군중들은 아나스타시우스의 조카를 강제로 황제 자리에 앉혔다. 이 닷새 동안 도시는 〈승리하자〉는 의미의 〈니카〉를 슬로건으로 내세운 한 무리의 녹색파가 장악했다. 유스티니안은 포위된 성 안에서 탈출을 준비하고 있었는데, 이때 그의 아내가 나서서 상황을 바꿔놓고 말았다. 그녀는 청색파에게 히포드롬을 포기하라고 설득하고 장군 두명을 보내 히포드롬을 공격했다. 녹색파 3만 명이 히포드롬에서 죽었다.[15]

이 사건은 아마도 오늘날 축구 경기장 폭동의 원조격이라고 할 수 있을 것이다. 인간의 이방인 혐오증은 이처럼 아주 사소한 불씨에 의해서도 침팬지 사회에 비할 만큼 강력한 폭발력을 발휘한다. 그러나 인간의 이방인 혐오증에서는 돌고래적인 특징도 발견된다. 인간은 2차적인 연합을 형성한다. 대부분의 인간 사회, 특히 서구 사회의 뚜렷한 특징은 〈분절〉되어 있다는 것이다. 우리는 소가족을 이루고 살며, 소가족은 다시 모여서 부족을 이루고, 부족들은 서로 연합을 형성한다. 가족은 늘 티격태격 다투면서 살지만 외부 위협이 닥치면 강고하게 결속한다. 영장류에서도 이런 모습이 발견된다. 망토비비는 한 마리의 수컷과 몇 마리의 암컷 그리고 어린 수컷들로 이루어진 하렘[後宮]을 구성하고 산다. 그러나 밤이 되면 혈연 관계의 하렘 두셋이 한곳에 모인다. 그리고 이 친족 단위 몇 개가 모여 하나의 세력권 집단을 형성한다. 그러나 주먹코돌고래와 인간은 제3의 집단과 싸우기 위해 집단끼리 연합을 형성하는 독특한 면을 갖고 있다. 수컷 돌고래 두 팀이 힘을 합쳐 다른 팀의 암컷을 빼앗는 것과 비슷한 방식으로 이루어지는 부족 간의 전략적 동맹은 인간의 역사에서 아주 흔하다. 내 적의 적은 곧 나의 친구이다.

야노마모 인디언 세계에서는 공동의 적을 가진 부족끼리 동맹을 맺는 일이 아주 흔하다. 독일의 폴란드 및 프랑스 침공을 가능하게 했던 나치 독일과 스탈린 시대 러시아 간의 몰로토프-리벤트롭Molotov-Ribbentrop 조약은, 드 발의 연구에서 니키를 몰아내기 위해 루이트와 예로엔이 체결한 평화 조약이나 코노의 돌고래 연구에서 H를 공격하기 위해 A와 B가 맺은 동맹과 형식상 다를 바가 없다. 야노마모 인디언의 동맹이나 몰로토프-리벤트롭 조약은 남을 꺾기 위해 협동하는 영장류적 전통을 계승한 부족주의적 인간의 본능에 깃들여 있는 연합 형성 전술의 사례들이다.

그렇다면 이 같은 설명을 국가 간의 외교 정책에도 적용할 수 있을까? 세세한 부분들이야 그렇지 않겠지만, 적용하지 못할 이유도 없다. 우리는 우리의 외교관들이 사바나 유인원 시절의 부족 적대감의 유전적 기억에 따라서 행동하지 않고 철저하게 국가의 이익에 따라 외교 조약을 체결하리라고 기대한다. 그러나 외교관들은 인간 본성의 어떤 요소, 그중에도 특히 부족주의를 당연한 것으로 간주한다. 인간이 반드시 그렇다는 보장은 없는데도 불구하고······. 내가 독자에게 강조하고 싶은 것은 인간의 탈을 벗고 인간이라는 생물학적 종이 갖고 있는 약점을 직시하라는 것이다. 이렇게 할 수 있다면 우리는 인간이 반드시 부족주의적이라는 법은 없으며, 인간 사회의 정치도 반드시 지금 같은 식으로 되라는 법은 없다는 것을 깨닫게 될 것이다. 인간이 돌고래와 같은 개방 사회를 이루고 살아왔다 하더라도 공격 · 폭력 · 연합 · 정치 따위가 없었을 리는 없겠지만, 적어도 인간 세계는 현재와 같은 집단들의 모자이크 그림이 아니라 수채화가 되기는 했을 것이다. 그랬다면 민족주의나 국경, 집단 안팎의 차별, 전쟁 같은 것은 존재하지 않았을 것이다. 이런 것들은 모두 부족주의적 사고 방식의 산물이며, 이 부족주의적 사고 방식은 집단을 만들고 연합을 형성하며 살아온 유인원의 진화적 유산이다. 코끼리의 사회에는 폐쇄성이 없다. 암컷 코끼리들이 모여 집단을 형성하지만 이들 집단은 서로 경쟁적이거나 적대적이지도 않으며 세력권도 없고 구성원이 일정하지도 않다. 코끼리들은 집단과 집단 사이를 자유롭게 오간다. 인간이 그런 식으로 사는 모습을 상상해 보는 것은 매우 흥미로운 일이다. 사실 여성들은 이미 그렇게 하고 있다.

9

투쟁하는 개체들의 화합

협동 사회는 집단 편견이라는 대가를 치른다

다수의 구성원이 높은 애국심과 충성심과 준법 정신 그리고 용기와 포용력을 갖고

있어서 항상 남을 돕고 공익을 위해 희생할 준비가 되어 있는 부족은 그렇지 않은

부족들을 제압하여 승리할 것이다. 아마 이것이 자연선택일 것이다.

— 찰스 다윈의 『인류의 유래와 성 선택 *The Descent of Man and Selection in*

Relation to Sex』(1871)에서

캘 리포니아 동부의 사막에 있는 혹서의 땅 데스밸리 Death Valley에서 가장 흔한 생명체는 사막종자수확개미라고도 불리는 메소르 페르간데이(*Messor Pergandei*)이다. 이 개미들은 몇 미터 깊이의 땅속 굴에 몇만 마리 단위씩 거대한 군체를 이루고 산다. 새벽과 해질 무렵이면 이들은 굴에서 기어나와 빈틈없는 대열을 이루고 사막을 샅샅이 훑어서 종자들을 물고 돌아와 땅속에 저장한다. 이렇게 저장한 식량 덕분에 이들은 몇 년간의 가뭄도 견딜 수 있다. 각 군체를 지배하는 것은 한 마리의 여왕개미인데, 여왕개미가 낳은 알에서는 쉴새없이 일개미들이 부화되어 나온다.

여기까지는 전혀 색다른 것이 없다. 그러나 여왕개미의 세대 교체 때 일어나는 일은 아무래도 독특하다. 앞으로 대를 이을 새로 태어난 여왕개미들이 함께 모여 공동으로 새로운 집을 파는 것이다. 새 집을 파는 여왕개미들이 반드시 자매 사이인 것도 아닌데 ──전혀 남남인 경우도 적지 않다──여왕개미들은 아주 열심히 공동 작업에 몰두하며, 집을 짓고 나면 모두 동시에 알을 낳기 시작한다. 그러나 몇 주가 지나면 갑자기 그들의 행동이 돌변한다. 공동의 군체 내에서 내전이 일어나 여왕개미들 사이에 죽고 죽이는 대살육전이 벌어진다. 『햄릿 *Hamlet*』의 마지막 장면처럼 왕의 시해가 왕의 시해를 부른다(여기에서는 여왕 하나가 살아남지만). 도대체 그 사이에 무슨 변화가 일어난 것일까?

이런 일이 일어나는 이유는 이 개미가 지독스러울 정도로 세력권에 집착하기 때문으로 해석된다. 이 개미는 원래 사막을 수많은 작은 세력권으로 분할해 각 영토를 하나의 군체가 독점적으로 지배한다. 그러나 왕권을 이을 날개 달린 여왕개미들이 모든 군체에서 거의 동시에 여러 마리가 태어나기 때문에, 각 군체의 영토에는 지배자가 없이 여러 개의 새로운 집단들이 공존하는 권력의 공백 기간이 일시적으로 조성된다. 그러나 공백 기간은 오래가지 않고 곧 새 군체들 사이에는 무차별적인 전쟁이 벌어진다. 군체들은 저마다 습격대를 파견해서 이웃 군체의 알과 애벌레들을 빼앗아 온다. 그들을 〈노예〉로 양성해 군체의 세력을 강화하기 위해서이다. 알과 애벌레를 빼앗긴 군체는 힘을 잃고 소멸한다. 결국 최후로 승리한 군체만이 남는다.

새롭게 왕국을 건설하는 여왕개미들의 일시적인 협동을 이해하는 열쇠는 바로 이 전쟁이다. 새로 짓는 집에 여왕개미가 많을수록 처음에 태어나는 일개미의 숫자도 많다. 그리고 일개미가 많을수록 자기들의 새끼를 보호하고 다른 군체의 새끼들을 빼앗아 올 수 있는 확률도 높아진다. 따라서 왕국을 건설하는 여왕개미들로서는 우선 지배 집단이 되기 위해 협동적으로 공동 왕국을 건설하는 것이 유리하다. 집단 간의 경쟁이 개체 간의 경쟁을 압도하는 것이다. 그러고 나서 더 이상 경쟁 집단이 없는 상태가 되면 그들은 다른 공동의 여왕개미들에게 자기 이익을 주장하기 시작한다.[1]

좀더 인간사에 어울리는 용어로 표현하자면, 외부의 적이 집단의 결속을 돕는 것이다. 이것은 전혀 생소한 이야기가 아니다. 런던 대공습 때 영국의 분쟁과 갈등은 씻은 듯이 사라졌다. 독일의 폭탄이 대영 제국에 대한 획일적 충성을 이뤄낸 것이다(물론 영국의 폭탄도 독일에 대해 같은 역할을 했지만). 전쟁이 끝나자 사회는 다시 갈기갈기 찢어졌다. 전시의 대의주의는 보통 때의 시끌시끌한 이기주의로 대체되었고, 사회주의의 희망은 좀먹어 들어가기 시작했다. 더 일상적인 예를 들자면, 런던의 택시 기사들은 자가용에게는 적대감을 품고 같은 택시한테는 노골적인 편애를 보인다. 택시 기사들은 개인적으로 안면이 있든 없든 간에 다른 택시의 끼어들기를 돕기 위해서는 급정차를 마다하지 않는다. 하지만 자가용이 끼어들기를 하려고 하면 자동차 경주라도 하듯이 달려가 앞을 가로막으면서 욕설을 퍼붓고 뒷좌석의 승객에게 들으라는 듯이 투덜거린다. 택시 기사의 세계는 택시와 자가용의 두 파벌로 나뉘어 있다. 그들은 〈우리〉에게는 친절하고 〈너희〉에게는 야비하다.

애플 매킨토시 사용자들과 IBM PC 사용자들 사이에도 비슷한 경쟁심이 작용한다. 전자는 후자에 대해 놀라울 정도의 경멸감을 갖고 있으며, 그들은 자신들의 소프트웨어가 본질적으로 우월하다고 믿고 있다. 이런 감정을 부추기는 것은 부족 근성이다.

이기적인 무리

사회에 관해 뭔가 참신한 설명이 이것을 통해 본 모습을 드러낼

지도 모르겠다는 생각이 든다. 협동이 인간 사회의 중요한 구성
요소가 된 것은 친족주의나 호혜주의 또는 도덕적 가르침 때문이
아니라 협동적인 집단은 살아남고 이기적인 집단은 도태되는, 그
래서 협동적인 사회가 그렇지 못한 사회들을 제치고 살아남는 〈집
단 선택〉 때문이었는지도 모른다. 자연선택은 개체 차원이 아니라
집단과 부족의 차원에서 일어났을 것이다.

이런 생각은 인류학자들에게는 낯선 것이 아니다. 인간다움을
특징 짓는 문화적 인습이 대부분 집단이나 부족 또는 사회의 통합
을 유지하고 증진한다는 직접적 목적을 갖고 있다는 것은 인류학
에서는 이미 진부한 이야기이다. 인류학자들은 의식이나 의례를
개인이 아닌 집단 이익의 증진이라는 견지에서 해석한다. 그러나
그들은 부주의한 탓인지 집단 선택 이론이 생물학자들에게 이미
완전히 붕괴되었다는 사실을 간과하고 있다. 집단 선택 이론은 근
거를 상실한 이론이다. 1960년대 중반까지는 생물학자들도 오늘
날의 인류학자들처럼 종족에게 이로운 특성의 자연선택에 따른
진화라는 이론을 제법 그럴 듯하게 설파하고 다녔다. 그러나 어떤
것이 종에게는 이롭지만 개체에게는 해로울 때 무슨 일이 일어날
까? 달리 말하자면, 죄수의 딜레마에서는 어떤 일이 일어날까?
우리는 이미 결론을 알고 있다. 개체의 이익이 최우선이다. 사심
이 없는 집단 이익은 집단을 구성하는 개체들의 사리 추구에 의해
끊임없이 훼손당할 것이다.

띠까마귀 떼를 보자. 유라시아 대륙 어느곳에서나 까악까악거
리면서 떼를 지어다니며 풀밭의 굼벵이를 잡아먹고 사는 이 새들
은 봄이 되면 한 지역에 모여들어 교목 위에 나뭇가지로 집을 짓
고 새끼를 친다. 띠까마귀는 지나치게 사교적이다. 다투고 장난치

244

고 유혹하는 까악까악 소리가 온종일 끊일 새가 없다. 오죽하면 귀에 거슬리게 시끄러운 집단을 일컫는 〈띠까마귀들의 의회〉라는 말이 생겼을까. 1960년대에 베로 윈에드워즈 Vero Wynne-Edwards 라는 생물학자는 띠까마귀 같은 새들의 집단을 사회, 즉 부분들의 집합보다 더 큰 전체라는 의미로 묘사했다. 그는 띠까마귀들이 해마다 한곳에 모이는 것은 군체 밀도를 파악해서 그 해에 새끼를 얼마나 칠 것인가를 결정해 개체수 과잉을 막기 위한 행위라고 생각했다. 숫자가 너무 많으면 모든 띠까마귀가 낳는 알의 수를 줄여 맬서스의 법칙에 의한 기아를 방지한다는 것이다. 〈개체의 이익은 사회 전체의 이익에 종속되거나 뒷전으로 밀려난다.〉 띠까마귀 떼들끼리는 서로 경쟁을 하지만 한 무리 속의 띠까마귀들은 서로 경쟁하지 않는다.[2]

관찰에만 의존한다면, 윈에드워즈의 생각은 사실처럼 보인다. 군체 밀도가 높을 때에는 실제로 한 번에 낳는 알의 수가 적다. 그러나 이 같은 상관 관계로부터 반드시 그가 추론한 결론이 도출되는 것은 아니다. 같은 사실을 놓고 조류학자 데이비드 랙 David Lack은 군체 밀도가 높으면 상대적으로 먹이가 줄기 때문에 결과적으로 낳는 알의 수가 줄어든다고 반박했다. 사실 띠까마귀 한 마리가 자신의 이익보다 집단의 이익을 앞세운다는 것이 과연 가능하겠는가? 모든 띠까마귀가 자기 절제를 할 때 그렇게 하지 않는 항명자가 있다면 그는 남보다 많은 새끼를 세상에 남길 수 있으며, 머지않아 이기적인 후손들의 수가 이타주의자의 수를 압도하게 되어 결국 집단 내의 자기 절제는 사라질 것이다.[3]

논쟁은 랙의 승리로 끝났다. 새는 집단 이익을 위해 생식 욕구를 자제하지 않는다. 이 논쟁을 겪으면서 생물학자들은 개체의 이익보다 집단이나 종족의 이익을 앞세우는 동물은 거의 없다는 사실을 문득 다시 깨달았다. 간혹 집단 이익을 앞세우는 것처럼 보이는 경우가 있었지만, 그것은 예외 없이 집단이 아니라 가족이었다. 개미 군체나 벌거숭이두더지쥐의 사회는 하나의 거대 가족일 뿐이다. 늑대 무리나 난쟁이몽구스의 집단도 마찬가지이다. 먼저 태어난 새끼들이 이듬해에 태어난 새끼들의 양육을 돕는 덤불어치 같은 새들의 한배 새끼 집단도 그렇다. 탁란(托卵)을 하는 새에게 속아 남의 알을 부화시키는 새나 다른 군체의 개미를 노예로 삼는 개미의 경우가 아니라면 동물들이 개체보다 앞세우는 집단은 오직 가족뿐이다.

물론 많은 동물들이 대가족 단위를 훨씬 넘어선 대집단을 형성한다. 그러나 그 목적은 자기 이익이다. 한 개체의 처지에서는 무리 속에 섞이는 것이 무리 밖에 홀로 있는 것보다 이익이다. 무리 속에 섞여 있으면 포식자에게 자기 말고 다른 먹이를 선택할 기회를 제공할 수 있기 때문이다. 수적 다수의 안전성이 있는 것이다. 청어나 찌르레기가 떼를 지어 다니는 것은 한 개체가 먹이가 될 확률을 줄이기 위한 것이다. 전체로서 볼 때 효과는 오히려 부정적이다. 흑고래나 범고래가 청어를 좋아하는 이유는 그들이 몰려다니기 때문이다. 먹이를 한 마리씩 쫓아다니는 번거로움이 줄기 때문이다. 그러나 한 개체의 처지에서는 어쨌든 다른 물고기의 뒤에 숨는 편이 혼자 다니는 것보다는 낫다. 물고기나 새의 무리는 집단 이기주의가 아니라 사리 추구의 결과물이다.

띠까마귀가 몰려다니는 이유는 좀 다를 수도 있다. 그들의 목적은 집단적 방어 또는 먹이가 많은 장소를 찾아낸 동료를 쫓아갈 기회를 얻기 위한 것일지도 모른다. 그러나 근본은 동일하다. 집

246

단에 참여하는 목적은 사리 추구이다. 요약하자면, 동물들의 군거 또는 군집성 행동은 그들이 이루는 집단이 거대 가족이 아닌 이상 이타성과는 무관하다.

해밀턴은 이것을 〈이기적인 무리〉라고 지칭하고, 연못 속에 들어온 뱀의 표적이 되지 않으려고 둥근 연못의 둘레에 모이는 상상 속의 개구리 집단을 예로 들어 이 문제를 설명했다. 오직 다른 개구리 두 마리 사이에 끼여서 자기가 잡아먹힐 확률을 낮추겠다는 욕망 때문에 그들은 한 무리의 개구리가 되었다. 자연의 모든 집합체는 가족이 아니라면 〈이기적인 무리〉이다. 침팬지가 집단을 이루고 사는 목적도 여기에 있을지도 모른다. 이 경우의 포식자는 다른 침팬지 집단일 것이다. 침팬지가 집단에 끼어 삶에서 얻는 이익은, 집단이 경쟁 집단의 정찰에 대해 다수의 안전을 보장해 준다는 데에 있다.[4]

로마에 가면 ……

집단 선택이 개체 선택을 극복하는 것은 아주 드문 일이다. 이 점을 확실히 하기 위해 모든 동물의 수태시 성비가 50 대 50이라는 사실에 대해 살펴보자. 그 이유는 무엇일까? 수컷 한 마리당 암컷 열 마리로 구성된 특별한 토끼 종이 있다고 하자. 토끼는 일부다처제이며 토끼 세계에서 수컷은 새끼를 양육하거나 보호하지 않으므로 이 토끼 종은 다른 정상적 토끼의 두 배 비율로 번성할 것이다. 머지않아 그들은 정상적 토끼를 도태시킬 것이다. 이렇게 볼 때 불균형한 성비는 종에게 이익이 될 수 있다.

그렇다면 이번에는 이 특별한 토끼 종에 속한 한 마리 암컷의 처지에서 문제를 다시 생각해 보자. 편의상 이 암컷은 한배 새끼의 성비를 조작할 수 있는 능력을 갖고 있다고 해두자. 이 암컷이 수컷만을 낳으면 수컷 새끼들은 각각 열 마리의 암컷들을 차지할 것이고, 그렇게 되면 이 토끼는 경쟁자 암컷들에 비해 열 배나 많은 손자를 가질 수 있다. 그러나 머지않아 그 암컷의 혈통이 종족 전체를 장악하게 되고 수컷은 점점 늘어나 성비는 같아질 것이다. 이것이 성비가 50 대 50을 맴도는 이유이다. 어느쪽으로 편차가 생겨도 자동적으로 보상되어 성비는 거의 같아진다.

인간에 대해서도 마찬가지 논리를 적용할 수 있다. 남아메리카 밀림에 100가구의 인디언 가족이 살고 있는데 그들은 오직 한 가지 식량, 예컨대 야자나무 열매만을 먹는다고 하자. 야자나무 열매를 주식으로 하는 사람들도 있으므로 그리 황당무계한 가정은 아니다. 그런데 야자나무는 자라는 속도가 느리므로 그들은 다 자란 나무만을 베어 속을 파먹는다는 규칙을 갖고 있다. 또한 기근을 막기 위해 각 가정은 부부당 아이를 둘만 낳고 그 밖에는 모두 죽인다는 엄격한 규칙을 지킨다. 덕분에 다 자란 야자나무만으로도 모두가 굶주리지 않을 수 있다. 인간의 상상이 꾸며낸 전체주의적 냄새가 짙은 에덴 동산이라면 이것으로 전혀 문제는 없을 것이다. 개체의 욕구를 부분적으로 희생하는 덕에 종족은 보존되고 번성할 수 있다.

그런데 몇 년 후, 어떤 이유 때문에 한 가족이 아이 열을 낳고 덜 자란 야자나무를 베어 자식들을 먹여살리게 되었다고 가정해 보자. 다른 가정들까지 이렇게 행동하면 부족은 곧 위기에 처한다. 그러나 문제는 법을 지키는 인디언들도 법을 어기는 인디언들과 똑같은 어려움에 처한다는 데 있다. 법을 어기는 자들이 다수가 되면, 법을 어기는 자들은 법을 지키는 자들보다 기근을 넘길 확률이 더 크다. 고통은 분담될 뿐 아니라 오히려 순진한 사람이 더 많은 짐을 지게 된다. 종족은 번성하지 못하지만 개체는 번성한다. 물론 당신이라면 법을 지키고 유혹을 이기는 것이 장기적으로 이롭다고 남들을 설득하거나 나만은 공동체 정신을 구현하겠다고 선언할지도 모른다. 그러나 다른 사람들이 당신을 따를 것이라고 어떻게 믿을 수 있겠는가? 죄수의 딜레마 식으로 표현하자면, 당신은 상대가 배신하지 않으리라고 어떻게 믿을 수 있겠는가? 또 당신은 상대가 당신을 신뢰한다고 과연 믿을 수 있겠는가? 한 개인이 배신을 하면, 또는 다른 사람이 배신하리라고 생각하게 되면, 또는 다른 사람이 그가 배신하리라고 생각한다고 믿게 되면, 공동체 정신은 무너지고 합리적 판단의 결과는 난투극으로 결말을 맺는다.

염색체와 배아와 개미 군체가 가르쳐준 교훈을 되새겨보자. 이처럼 긴밀한 친족 집단에도 이기적 반란의 위협은 상존한다. 때문에 염색체에서는 추첨, 배아에서는 생식 세포계 격리, 일개미에서는 생식 능력의 제거와 같은 정교한 메커니즘을 통해 반란은 억제된다. 하물며 집단을 구성하는 개체들이 혈연적으로 무관하고 개체들이 한 집단에서 다른 집단으로 옮겨다니며 저마다 재생산 능력을 갖고 있는 경우에 이기적 반란을 억제한다는 것은 얼마나 어려운 일인가?

바로 이 논리에 따라 집단 선택 이론의 허약한 전제는 여지없이 무너진다. 집단 선택이 개체 선택의 효과를 압도할 수 있으려면, 집단이 개체만큼 짧은 세대를 가져야 하고 아주 공정하게 동종 교배되어야 하며, 게다가 집단 간의 이동이 거의 없고 집단의 도태율이 개체의 도태율만큼 높다는 조건이 모두 동시에 충족되어야만 한다. 어떤 종족 또는 어떤 집단이 아무리 대의를 내세우면서 이기적 욕망의 절제를 시도한다고 해도 이들 조건이 충족되지 않으면 집단 내에는 이기주의가 독감처럼 번질 것이다. 개체는 집단의 절제를 틈타 야심을 충족시킬 기회를 끊임없이 노린다. 동일 클론이나 가까운 친족이 아닌데도 집단 선택이 실현되는 것으로 보고된 가장 훌륭한 사례는 기껏해야 새로운 군체 형성기의 사막종자수확개미의 일시적이고 일회적인 협동 정도이다. 꿀벌은 집을 지키기 위해 목숨을 걸지만 그 집단 자체의 생존을 바라기 때문이 아니라 자매들에게 남아 있는 자신의 유전자가 생존하기를 원하기 때문이다. 그들의 용기는 유전자의 이기주의로부터 나오는 것이다.[5]

그러나 이 학설에 대해서도 의문이 제기되고 있다. 명제 자체가 의심을 받는 단계는 아니지만 예외가 발견되었다는 주장이 있기 때문이다. 즉 협동적 개체들의 집단이 이기적 개체들의 집단보다 훨씬 생존에 유리해서 협동적 개체들의 집단이 이기적 개체들의 집단에게 감염되기 전에 그들을 몰아내는 경우를 발견했다는 것이다.

그 예외는 다름 아닌 인간이다. 인간을 다른 동물과 구별 짓는 것은 문화이다. 전통이나 관습이나 신념 따위를 사람에서 사람으로 직접 감염시키는 특성 덕분에 인간은 전혀 새로운 종류의 진화를 겪고 있다. 즉 유전적으로 서로 다른 개인이나 집단 사이에서가 아니라 문화적으로 다른 개인이나 집단 사이에서 경쟁이 이루어지는 것이다. 더 좋은 유전자를 갖고 있지 못하더라도 실제적 수준의 뭔가를 알고 있거나 믿고 있다는 사실만으로도 한 사람이 다른 사람을 밀어내고 성공하는 경우가 있다.

새로운 생각을 주장하는 학자들 중에는 로브 보이드가 있는데, 그도 게임 이론을 통해 이 같은 생각을 갖게 되었다. 보이드는 물리학으로 석사 학위를, 생태학으로 박사 학위를 받은 뒤, 생물학자들이 그 동안 상당히 유연하게 다루어온 주제들을 수학적으로 철저히 분석하기 시작했다. 1980년대에 그는 플랑크톤을 연구하는 생태 전문가 피터 리처슨Peter Richerson과 손을 잡고 집단 선택 이론을 연구했다. 그는 게임 이론에서 나온 패러독스 하나부터 연구를 시작했다. 죄수의 딜레마 게임은 맞대응 전략의 우수성을 입증했다. 그러나 아무리 계산을 다시 해보아도 호혜성은 아주 작은 집단 내에서만 협동을 낳을 수 있다. 흡혈박쥐나 침팬지 수준의 집단에서는 문제가 없다. 그들은 두세 마리의 이웃이 과거에 베푼 호의를 기억해 두면 된다. 그러나 인간은 그 사회의 초보적 단계인 부족 사회에서조차도 수십 수백 수천 명의 개인과 상호 관계를 맺는다. 심지어 오늘날처럼 거대하고 다양한 사회 속에서도 인간은 여전히 협동을 한다. 우리는 생면부지의 사람을 믿고, 다시는 볼 기회가 없는 웨이터에게 팁을 주고, 헌혈을 하고, 호혜적 보답을 거의 기대할 수 없는 상대에게도 협력한다. 이처럼 호혜적인 협동가들의 거대 집단 속에서 자기 이익만을 챙기는 무임 승차자가 되는 것은 매우 유리한 전략이다. 사실 그 같은 선택을 하지 않는 사람들이 미친 것처럼 보일 정도이다.

보이드와 리처슨은 인간의 협동을 설명하는 데 호혜성만으로는 불충분하므로 다른 설명을 찾아보자고 제안했다. 인류의 역사를 통해 협동적 개인들의 집단이 이기적 개인들의 집단보다 늘 번영하고 이기적 개인의 집단들을 불가항력적으로 도태시켜 왔다고 가정해 보자. 만일 그렇다면 당신은 이기적 개인들의 집단에 남아 있기보다 비이기적 개인들의 집단 속에 끼는 것이 중요하다는 결론을 얻게 될 것이다. 집단 간의 장벽이 존재하는 한 이 결론에는 변함이 없다. 그러나 만일 이기적인 생각이 서로 다른 집단 사람 간의 결혼 등을 통해 이기적 집단에서 비이기적 집단으로 전파된다면 문제는 달라진다. 우리가 본능이 아니라 문화를 통해서 관습을 배운다고 해도 결론은 마찬가지이다.

그런데 보이드와 리처슨은 수학적 시뮬레이션을 통해 협동을 더 가능하게 하는 문화적 학습 방식을 발견했다. 그것은 순응주의 conformism이다. 아이들이 부모를 본받거나 스스로의 시행착오로 학습하지 않고 성인 역할 모델 가운데 가장 보편적인 전통이나 유행을 모방함으로써 학습한다고 한다면, 그리고 성인들은 그 사회의 가장 보편적 행동 패턴을 따른다고 한다면——간단히 말해 우리가 문화에 순종하는 순한 양이라고 한다면——협동은 아주 큰 집단 속에서도 유지될 수 있다. 이렇게 되면 협동적 집단과 이기적 집단 간의 차별성은 전자가 후자를 멸종시킬 수 있기에 충분한 기간 동안 유지될 수 있다. 개체 간의 선택만큼이나 집단 간의 선택이 중요해지기 시작하는 것이다.[6]

순응주의라는 말이 낯설게 느껴지는가? 그렇지 않을 것이다. 인간은 아주 우스꽝스럽고 위험한 길을 단지 다른 모든 사람들이 간다는 이유만으로 이해할 수 없을 정도로 쉽게 따라간다. 나치 치하의 독일에서는 거의 모든 사람들이 자기 판단을 포기하고 일종의 정신병자의 길을 택했다. 마오쩌둥(毛澤東) 시대의 중국에서는 사디스트적인 지도자의 선언 몇 개에 따라 전인구가 학교 선생들을 탄핵 공격하고 솥을 녹여 무쇠를 만들고 참새를 몰살시키는 식의 우스꽝스런 일에 참여했다. 이것들은 모두 극단적인 예이기는 하지만 그렇다고 해서 지금 당신이 살고 있는 사회가 광기와 무관하다고 안심하지는 말기를 바란다. 제국주의적 전쟁 옹호론, 매카시즘McCarthyism, 비틀스Beatles 광신, 나팔 청바지, 그리고 정치 캠페인 같은 것을 보면 인간이 단지 유행이라는 이유만으로 얼마나 쉽게 유행을 따르는지를 알 수 있다.

보이드와 리처슨은 그렇다면 순응주의가 애당초 어떻게 생겨났을까에 의문을 가졌다. 순응주의자가 되는 것은 인간에게 어떤 이익을 주는가? 인간처럼 아주 다양한 생존 방식을 갖고 있는 동물 종에게는 〈로마에 가면 로마법을 따르라〉는 전통이 상당히 설득력이 있다는 것이 그들의 해답이다.

범고래를 예로 들어보자. 대부분의 동물 종은 같은 먹이를 먹는다. 여우는 캔자스에 살든 레스터셔에 살든 썩은 고기와 벌레, 쥐, 어린 새, 곤충을 잡아먹는다. 그러나 범고래는 다르다. 범고래는 사는 지역에 따라 먹이가 다를 뿐더러 저마다 독특하고 세련된 전략을 구사해서 먹이를 잡는다. 노르웨이 피오르드의 범고래는 아주 남다른 협동 기술을 발휘해 청어를 잡는다. 그러나 브리티시 컬럼비아의 앞바다에 사는 범고래가 연어를 잡을 때 쓰는 기술은 이와 다르다. 남극권 인접 섬들의 범고래는 주로 펭귄을 먹고 사는데, 그들은 바닷말 속에 숨어 있다가 펭귄을 기절시켜 잡는 기술을 갖고 있다. 또 파타고니아 연안의 범고래는 해변으로 뛰어올라 와 바다사자를 잡는 기술을 개발했는데, 어린 고래들은 이 기술을 배우지 않으면 살아갈 수 없다. 이렇게 집단마다 차이가 있기 때문에 노르웨이의 범고래는 파타고니아에 가서 굶어죽지 않으려면 그 지방의 관습을 배워야 한다.

인류가 지금으로부터 500만 년 전 침팬지의 조상들과 아직 유전적으로 분리되지 않았을 무렵부터 인류의 습관도 이것에 못지 않게 지방성이 강해졌을 것이다. 침팬지는 각 집단이 군거하는 지방에 가장 적합한 먹이 획득 방법을 터득하고 있는데, 그 지방적 차이가 범고래만큼이나 심하다. 서아프리카의 한 침팬지 집단은 견과류를 돌로 깨뜨려 먹는 것으로 주식을 해결하고, 동아프리카의 한 집단은 굴에 막대기를 집어넣어 〈낚시질〉한 흰개미를 주식으로 삼는다. 순응주의에 따른 문화의 전승은 우리가 각 지방에 걸맞은 행위를 획득하도록 해주고, 결국 우리는 우리의 이웃을 모방하는 경향을 전수받게 된다. 세렝게티에 살다가 서쪽 지방으로 이주해 산기슭의 숲에 정착한 직립 원인 여성이라면 새 정착지에서는 자라지도 않는 덩이줄기를 캐기 위해 땅을 파는 헛수고를 고집하기보다는 새 이웃들을 모방해 나무열매 따는 방법을 익히는 편이 좋다.

한편 보이드는 기왕 모방을 하려면 되도록 많은 사람이 모방하는 행위를 따라하는 편이 더 큰 이익이 된다는 사실도 깨달았다. 누군가의 행위를 나 혼자만 모방한다면 그 행위는 그가 혼자 힘으로 애써 습득한 것에 지나지 않을 뿐, 다른 수백 또는 수천 명의 경험을 통해 입증된 안전한 것이 아니기 때문이다. 여기까지 오면 도대체 순응주의라는 것이 최초에 어떻게 시작되었을까 하는 의문이 제기된다.[7]

인류의 진화 과정에서 지역 특성화의 습성, 문화적 순응주의, 집단 간의 강렬한 적대감, 협동적인 집단 수호, 집단 이기주의 등은 따로따로가 아니라 함께 더불어 발전해 온 것으로 보인다. 협동을 잘하는 집단은 으레 번성했고, 그에 따라 협동적 관습은 조금씩 인간의 정신 세계 깊숙이 자리를 잡아갔다. 보이드와 리처슨의 말을 빌리자면, 〈우리 인간이 왜 다른 동물들과는 달리 자기 이익을 억누르고 낯선 사람들과 협동을 하는지에 관해서, 순응주의적 전승 이론은 이론적으로 설득력이 있을 뿐 아니라 경험적으로도 타당한 설명이다.〉[8]

다수가 틀릴 리는 없다? 글쎄······

진화론자들이 순응주의를 발견한 같은 시기에 심리학자들과 경제학자들도 비슷한 사실을 발견했다. 1950년대에 솔로몬 애시 Solomon Asch라는 미국인 심리학자는 남이 하는 대로 따르지 않고는 못 배기는 인간의 경향을 파악하기 위한 일련의 실험을 했다. 그는 의자 아홉 개가 반원 모양으로 놓인 방에 피실험자를 들여보내고 끝에서 두번째 자리에 앉게 했다. 뒤이어 여덟 사람이 차례로 들어와 나머지 의자에 앉았다. 피실험자는 모르고 있지만 그들은 애시의 조수들이었다. 애시는 카드 두 개를 차례로 보여주었다. 첫번째 카드에는 선이 하나만 그어져 있었고, 두번째 카드에는 서로 다른 길이의 선 세 개가 그려져 있었다. 그러고는 두번째 카드에 있는 선 세 개 중에서 첫번째 카드의 선과 길이가 같은 것이 어느것인지를 한 사람씩 물었다. 세 개의 선은 2인치씩이나 차이가 났기 때문에 전혀 어려운 문제가 아니었다.

그러나 피실험자가 여덟번째로 답을 할 차례가 되었을 때는 이미 다른 일곱 명이 의견을 말한 뒤였다. 그런데 피실험자로서는 당황스럽게도 앞의 일곱 명이 모두 틀린 선으로 답했으며 게다가 틀린 답조차 일곱 명이 모두 일치했다. 피실험자의 시각적 판단과 다른 일곱 명의 공통된 의견이 갈등을 일으키기 시작했다. 어느 쪽을 믿을 것인가? 피실험자 열여덟 명 중에서 열두 명이 다수의 의견을 따라 틀린 답을 선택했다. 그러나 실험이 끝난 뒤 그들에게 다른 사람들의 영향을 받았는지 물었을 때 그들은 한결같이 그렇지 않다고 대답했다. 그들은 남이 하는 대로 단지 따라한 것이 아니라 순진하게도 자신의 신념 자체를 바꿔버린 것이었다.[9]

수리경제학자 데이비드 허슐레이퍼 David Hirshleifer와 수실 비크찬다니 Sushil Bikhchandani 그리고 아이보 웰치 Ivo Welch는 이 실험에 주목했다. 그들은 일단 순응주의를 당연한 전제로 받아들이고 그 같은 일이 일어나는 이유를 발견하려고 했다. 어째서 사람들은 일정 시기와 일정 공간의 국지적인 유행을 따르는가? 치마 길이나 붐비는 식당, 다양한 농작물, 대중 가요 가수, 이야깃거리, 음식 취향, 유행하는 취미, 환경 공해, 예금을 인출하려고 몰려드는 인파, 꾀병에 둘러대는 정신과적 병명 등은 어째서 일정 시기와 일정 지역에서 마치 누가 강제하기라도 하는 듯이 유사한가? 프로작 Prozac, 아동 학대, 에어로빅, 파워 레인저 Power Ranger……. 인간이 이런 것에 미치는 이유는 무엇인가? 사람들은 어차피 이길 후보에게 투표할 것이라는 단순한 명제에 따라 뉴햄프셔 같은 작은 지역의 선거 결과에 철저히 의존하는 미국의 예비 선거 제도는 어떻게 가능한가? 인간이 이처럼 순한 양인 이유는 무엇인가?

이것에 대해 그 동안 다섯 가지 해석이 제시되었지만 그중 어느 것도 그리 믿을 만하지는 않다. 첫번째 해석은 유행을 따르지 않는 사람은 처벌을 받는다는 것이다. 이것은 사실이 아니다. 두번째 해석은 도로의 차로를 지키는 것이 안전하듯이 유행을 따르면 그에 대한 즉각적 보답이 돌아온다는 것이다. 세번째 해석은 청어가 무리지어 다니기를 좋아하듯이, 사람들은 그저 무의식적으로 남이 하는 대로 따른다는 것이다. 옳은 면이 있지만 질문에 대한 답은 아니다. 네번째 해석은 모든 사람들이 독립적으로 동일한 결론에 도달한다는 것이고, 다섯번째 해석은 가장 먼저 결정을 내린 사람이 다른 사람들의 모범이 된다는 것이다. 이 설명들 중에서 순응주의의 수수께끼를 푸는 실마리가 될 만한 것은 없다.

위의 해석 대신에 허슐레이퍼와 그의 동료들은 〈정보의 순차성 informational cascade〉이라는 개념을 제안했다. 사람은 어떤 결정을 내리려 할 때——짧은 치마를 살 것인가 긴 치마를 살 것인가, 어느 영화를 보러 갈까 등등——두 개의 다른 정보원을 참고한다. 하나는 각자의 독립적 판단이며, 또 하나는 다른 사람들이 무엇을 선택했는가이다. 다른 사람들이 모두 동일한 선택을 했을 경우 그는 자기 자신의 견해를 무시하게 된다. 즉 다른 사람들이 어떤 선택을 했는지가 매우 유용한 정보원이 된다는 것이다. 몇천 명의 사람들이 열망하는 것이 무엇인지를 아는 데 오류투성이인 자신의 사고력을 믿을 이유가 과연 있겠는가? 극장 앞에 늘어선 수많은 인파가 영화를 잘못 선택할 리는 없다. 설사 그 영화의 대본이 아무리 엉성하더라도…….

한편 옷의 유행처럼 다른 사람들이 많이 선택한 것 자체가 옳은 선택인 것들도 있다. 옷을 고르는 여성은 〈이 옷이 좋은 거예요?〉 하고 묻지 않는다. 질문은 으레 〈유행하는 거예요?〉이다. 이처럼 유행을 좇는 우리 인간과 아주 비슷한 습성을 갖고 있는 동물이 있다. 아메리카 대륙 고원 지대에 사는 뇌조(雷鳥)의 수컷들은 〈구애 장소 lek〉로 불리는 곳에 떼지어 몰려들어 암컷을 수정시킬 기회를 차지하기 위해 서로 경쟁한다. 그들은 뽐내듯이 춤을 추며 가슴을 한껏 부풀려 암컷의 눈에 띄려고 애를 쓴다. 으레 기회는 구애 장소의 한가운데를 차지하는 한두 마리의 뇌조에게 돌아간다. 그중 10%의 수컷들이 구애 장소에서 이루어지는 전체 교미의 90%를 독점한다. 흥미롭게도 그 이유 가운데 하나는 암컷들이 서로를 모방하기 때문이다. 암컷은 어떤 수컷이 다른 암컷들에게 둘러싸여 있다는 이유만으로 그에게 매력을 느낀다. 암컷들의 이 같은 유행 추종성 덕분에 수컷은 제멋대로 전횡을 휘두를 수 있지만, 무조건 유행만 따르려고 하는 암컷들에게 그런 사실은 전혀 중요하지 않다. 암컷은 인기 있는 수컷 앞의 긴 대기 행렬을 무시하고 구석에 외로이 웅크리고 있는 수컷을 선택할 수도 있지만, 그 대가로 아버지를 닮은 무능한 아들을 낳는 것을 감수해야 한다. 짝짓기 게임에서도 유행을 따르면 그만큼의 보답이 돌아오는 것이다.[10]

인간의 문제로 돌아가보자. 정보의 순차성을 따르는 데서 발생하는 문제는 장님이 장님을 안내하는 결과가 될 수 있다는 것이다. 거의 모든 사람이 스스로 판단하지 않고 남들에게 휩쓸려 다닌다면 수백만의 군중이 잘못된 길로 들어설 수 있다. 수천 년 동안 다른 사람들이 믿어왔다는 이유만으로 어떤 종교적 관념이 옳다고 주장하는 것은 잘못된 일이다. 그 〈다른 사람들〉도 그들의 선조에게 휩쓸렸을 것이다. 인간 사회의 유행이 커다란 폭발성을 갖고 있지만 또한 일시에 덧없이 사라지고 만다는 사실은 허슐레이퍼의 이론으로만 설명된다. 별로 새로울 것도 없는 어떤 정보에 따라 모든 사람이 현재의 유행을 버리고 새 유행을 좇는다. 인간의 유행 추종성은 정보의 순차성이라는 채찍질에 따라 춤추면서 이 유행에서 저 유행으로 정신없이 몰려다니는 어리석기 짝이 없는 속성이다.

그러나 수렵채집 시대의 소부족 사회에서의 유행 추종은 오늘날보다 훨씬 유익한 관습이었을 것이다. 넓은 견지에서 보자면 인간 사회는 표범이나 사자 사회와는 달리 개체들의 집합이 아니다. 인간 사회는 집단으로 구성된 초유기체이다. 순응주의에 따라 조성되는 집단 간의 응집력은 여러 집단이 다른 여러 집단과 경쟁하기 위해 함께 행동해야만 하는 세계에서 매우 효과적인 무기이다. 옳은 결정인지보다는 그 결정이 만장일치로 이루어졌는지가 더 중요하다.[11]

컴퓨터 과학자 허버트 사이먼Herbert Simon도 이와 비슷한 생각을 했다. 그는 우리 선조들의 사회가 각 사회가 달성한 사회적 〈유순도〉, 즉 사회의 영향을 받아들이는 감수성의 정도에 비례해 번성했다는 이론을 내놓았다. 비이기성의 미덕을 서로에게 끊임없이 설교하면서 살아가는 우리 자신을 생각해 보자. 우리가 이런 종류의 사상 주입을 수용하도록 자연선택되었다고 한다면, 우리는 이타주의적 편향 덕분에 승리를 거두게 될 것이다. 어떤 일을 혼자서 해내려고 하기보다는 남들이 말하는 대로 따르는 것이 손쉬울 뿐 아니라 대개는 더 이익이다.[12]

네 이웃을 사랑하라, 그 밖에는 모두 증오하라?

사람들이 저마다 출신 집단의 전통을 따른다면 각 집단이 문화적으로 다른 경향을 갖게 되는 것은 당연한 결과이다. 어떤 집단이 돼지고기에 대한 터부를 갖고 있고 다른 집단은 쇠고기에 대한 터부를 갖고 있다면, 순응주의가 집단 간의 이질성을 유지시킬 것이다. 둘 중 어느 한 집단에 가담하는 사람은 그 집단의 터부를 따른다. 이렇게 되면 여러 집단 간의 경쟁 덕분에 아주 다양한 관습이 생겨날 수 있으며, 각각의 관습을 각 집단이 대표하게 된다. 나아가 각 집단이 낳은 경쟁의 결과로 집단들이 도태될 확률이 꽤 높고, 새로운 집단의 형성은 여러 집단 구성원의 동원이 아닌 이전 집단의 분할에 따라 이루어진다고 한다면 집단 선택이 일어날 필요 조건은 갖추어진다.

이 같은 조건이 인간에게 적용될 수 있을까? 보이드와 리처슨의 동료 학자 조지프 솔티스Joseph Soltis는 뉴기니의 부족 전쟁사 연구를 통해 이 문제를 풀어보려고 했다. 뉴기니에 사는 부족들은 19, 20세기에 접어들어서야 서구 문명을 접하게 되었기 때문에 인류학자들이 처음 그들을 찾아갔을 때에도 서구 물질 문명의 영향을 거의 받지 않은 상태였다. 뉴기니 사람들은 홉스주의적인 상태, 즉 폭력의 위협이 상존하는 상태에서 살아가고 있었다.

솔티스는 뉴기니 섬의 여러 지역에서 지난 50년 동안 일어난 몇백 개의 전쟁 사례를 검토했다. 그리고 거의 모든 사례에서 새로운 집단은 이전 집단의 분할에 따라 형성되었으며, 부족 전쟁의 결과로 집단이 멸망하는 예가 많다는 것을 확인했다. 예를 들어 웨스턴하이랜드의 중부 지역에 사는 마에엥가의 경우 50년간 14개 씨족 간에 벌어진 29회나 되는 전쟁 때문에 5개 씨족이 멸망했다. 멸망한 씨족 구성원들은 모두 죽은 것이 아니라 승리한 씨족에 흡수되어 아주 빠르게 그들에게 동화되어 갔다(이것이 유전적 집단 선택이 일어나지 않는 이유이다. 패배한 집단 구성원의 유전자는 살아남는다. 전쟁에서 포로로 잡혀 승리한 부족의 아내가 된 여성의 경우 유전자는 살아남을 뿐 아니라 승리한 집단 속에 침투해 들어간다. 그러나 패자들은 그들의 문화를 잃어버리고 승자의 문화를 흡수하기 때문에 문화적인 집단 선택이 이루어진다). 솔티스의 계산에 따르면 뉴기니의 씨족들은 25년마다 20-30%가 멸망했다.

이런 속도의 집단 멸종은 문화적인 집단 선택이 일어나기에는 너무 빠른 것이어서 설령 문화적 집단 선택이 일어난다고 해도 아주 미약한 수준일 것이다. 우수한 전통을 가진 집단에 의한 그렇지 못한 집단의 멸종이라는 설명은 500-1,000년 정도의 긴 기간에 걸쳐 일어난 사건에나 적용될 수 있다. 그런데 인류의 문화적 변화는 그보다 빠르다. 예를 들어 뉴기니 섬에 고구마가 처음 들어온 이후 전파된 속도는 고구마를 이용하는 집단이 그렇지 않은 집단보다 이점을 갖게 되어 집단 선택에 승리했다는 식으로 설명되기에는 너무 빠른 속도였다. 사실 고구마는 부족에서 부족으로 확산되었다.[13]

인류 역사를 집단 선택 이론으로 설명하는 데는 또다른 어려움이 있다. 크레이그 파머Craig Palmer가 주장했듯이 인류의 집단이란 관념적 요소를 많이 내포하고 있다. 사람들은 늘 집단, 부족, 씨족, 사회, 국가를 의식한다. 그러나 인간은 그들이 상정하는 것처럼 어떤 고립된 집단 속에 갇혀 사는 것이 아니다. 인간은 끊임없이 다른 집단의 구성원과 뒤섞인다. 인류학자들이 선호하는 씨족 집단조차 사실 대부분은 추상적인 개념이다. 사람들은 친족을 그 밖의 사람들과 구별하지만, 그렇다고 해서 친족하고만 살아가는 것은 아니다. 부계 사회의 사람들은 아버지의 친족들과 생활하지만 어머니한테서도 어느 정도의 문화를 흡수한다. 인간의 집단이라는 것은 유동적이고 일시적인 것이다. 파머에 따르면 사람들은 집단 속에서 살아가는 것이 아니라 세계를 집단의 관점에서 인식하면서 너희와 우리를 철저히 구분할 뿐이다. 그러나 이 사실은 두 가지 관점에서 받아들여질 수 있다. 우리가 세계를 집단의 관점에서 인식한다는 사실 자체가, 설령 그것이 허상일지라도 인간의 사고 방식에 대해 이야기해 주는 바가 있다는 것이다. 즉 진화를 통해 획득된 사회라는 각인은 우리의 두개골 속에 자리잡고 있다.[14]

집단 선택 이론을 부정하는 더 결정적인 근거가 있다. 인간이 순응주의자이며, 그렇기 때문에 집단과 운명을 함께한다고 주장하는 것은 쉬운 일이다. 그러나 내가 앞에서 든 사례들은 개체들이 각자의 사리 추구를 위해 협동하는 경우이다. 이 사례들은 집단 선택이 아니다. 집단성을 매개로 한 개체 선택이다. 집단 선택이란 개체가 자기 이익을 희생하면서 집단의 이익을 추구하는 것을 전제로 하고 있다. 예컨대 번식에서 자기 절제를 하는 것 같은 경우이다. 인간에 대해 우리가 확보하고 있는 사례들은 하나같이 개체의 목적을 달성하기 위해 집단성을 이용하는 것일 뿐, 집단을 개체보다 앞세우는 것은 아니다. 집단 속에서 살아가는 이득을 추구하도록 선택된 정신(예를 들자면 순응주의)을 집단 선택에 의해 진화된 정신과 동일시할 수는 없다. 집단성이 개체의 선택을 증진시킨다고 해서 그것이 집단 선택은 아니다.

존 하퉁John Hartung에 따르면, 오히려 우리가 집단 선택된 것처럼 가장하고 싶어할——또는 실제로 그렇게 믿을——정도로 본능적으로 집단적이라는 데에 문제가 있다. 달리 표현하자면 사람들은 자기의 이익보다 집단의 이익을 존중한다고 주장하지만, 사실은 집단이 자기 이익에 부합할 때 집단과 함께 행동할 뿐이다. 그러나 당신이 이 사실을 남들에게 지적하면, 홉스 이후의 모든 홉스주의자들이 그랬듯이 당신은 사람들로부터 소외당할 것이다.

예컨대 사람들이 무작위로 선발된 학교 스포츠 팀 같은 집단들에 대해 정서적 친밀감을 갖고 있다는 사실은 집단 선택을 입증해 주는 것이 아니라 오히려 그 반대이다. 이것으로부터 입증되는 것은 사람들이 자기 이익이 어디에, 즉 어느 집단에 걸려 있는지를 아주 민감하게 인식한다는 사실이다. 우리는 집단성이 지극히 강한 종족이지만 집단 선택된 것은 아니다. 우리는 집단을 위해 우리를 희생하는 것이 아니라, 우리 자신을 위해 집단을 이용하도록 설계되어 있다.[15]

파트너를 찾아라

인류학 관련 화보집을 펴보면 으레 춤, 미신, 의례, 종교에 관한 사진을 만날 수 있다. 그러나 부족의 식사 관습이나 구혼 관습 또는 자녀 양육 방식에 대한 기록은 거의 찾아볼 수 없다. 식사, 구혼, 자녀 양육의 전통은 부족이나 사회 간에 차이가 별로 크지 않은 탓이다. 반면 부족의 조상신 신화나 보디페인팅, 머리와 옷 장식, 마술적 주문이나 춤의 패턴 같은 것은 아주 뚜렷한 문화적 특성을 보인다. 이런 것은 한 종족을 다른 종족과 구별짓는 특징이며, 삶에 부수적인 장식물이 결코 아니다. 사람들은 이런 행위에 엄청난 노력과 시간을 투자한다. 그것은 삶의 보람이다. 그리고 그런 것을 갖지 않은 종족은 없다. 뉴기니의 부족들 중에서 춤, 신화, 의례의 의미를 모르는 부족을 찾는 것은 굶주림, 사랑, 가족의 의미를 모르는 부족을 찾는 것만큼이나 헛된 일이다. 의례는 보편적이다. 그러나 구체적 내용은 특수하다.

내가 말하려는 요점은 집단 중심주의와 다른 집단과의 경쟁을 중시하는 종족 사회에서 의례는 문화적 순응주의를 강제하는 하나의 수단으로 이해될 수 있다는 것이다. 내가 생각하기에 인류는 언제나 서로 적대적이고 경쟁적인 부족들로 나뉘어 살아왔으며, 구성원의 두개골 속에 문화적 순응주의를 세뇌시킬 수 있는 부족이 그렇지 못한 부족보다 항상 강했다.

인류학자 라일 스테드먼Lyle Steadman은 의례가 전통의 수용을 과시하는 것 이상의 의미를 갖고 있다고 말한다. 의례에는 협동과 희생의 고양이라는 기능이 있다는 것이다. 무도회나 종교적 의식 또는 직장의 파티에 참여하는 것은 다른 사람들과 협동하겠다는 의지를 보이는 것이다. 운동 선수는 경기를 시작하기 전에 국가를 부르고, 부모들은 핼러윈(만성절 전야)에 〈과자를 안 주면 장난칠 테야〉라는 버릇없는 협박을 받아주며, 크리스마스에는 성가대에게 문을 열어주고, 의과대학 교수는 종강 파티 풍자극에서 학생들이 던지는 험담을 웃음으로 넘기고, 축구장의 관중들이 서로 어깨를 잡고 파도타기를 하는 것 같은 행위들은 그 자리에 있는 모든 사람에게 하나의 중요한 메시지를 전달해 준다. 즉 우리는 한 팀이며, 우리는 같은 편이고, 우리는 하나라는 것이다.[16]

이런 본질을 가장 잘 드러내는 것이 춤이다. 춤이란 더도 덜도 없이 사람들이 음악의 도움을 받아 한꺼번에 통일되게 행동하는 행위이다. 역사가 윌리엄 맥닐 William McNeill은 춤을 좋아하는 인간의 경향은 사람들을 정서적으로 단결시키고 집단 정체성을 과시하는 시위 행위와 관련시켜 볼 때 비로소 이해할 수 있다고 말한 적이 있다. 아프리카, 아시아, 남아메리카의 미개 사회에서 춤은 구애나 성적 매력의 과시와는 거의 무관하다. 그것은 집단 정신을 강조하는 하나의 의식이다. 구호를 외치며 노래에 맞춰 행진하는 남아프리카 군중의 정치 시위가 밤늦도록 왈츠를 즐기는 비엔나의 무도회보다 훨씬 춤의 근본에 가깝다.[17]

음악에 대해서도 이와 같은 주장을 하는 사람이 많은데, 철학자 앤터니 스토 Anthony Storr도 그중 하나이다. 음악은 세계 어디에서나 감동과 정서적 동요를 보장한다. 영화의 장면에 배경 음악이 빠질 수 없는 것도 이것 때문이다. 소크라테스 Socrates는 〈리듬과 하모니는 영혼의 내면에 깊숙이 파고든다〉고 생각했다. 성 아우구스티누스는 그것에 동의하면서 찬송가를 부르는 행위 자체가 가사에 담겨 있는 진리보다 더 감동적이라는 것은 통탄할 만한 죄악이라고 덧붙였다. 위대한 지휘자 헤르베르트 폰 카라얀 Herbert von Karajan의 연주중에 그의 팔에 측정기를 감고 맥박을 잰 일이 있다. 맥박 수는 지휘중 매순간 소모되는 에너지의 양이 아니라 음악의 분위기에 따라 변화했으며, 그가 비행기 조종석에 앉아 손수 착륙을 시도했을 때 맥박 수의 변화는 지휘중의 변화보다 적었다.

이처럼 음악은 감정을 동요시킨다. 음악에 대한 감정적 동요 능력을 진화시킴으로써 얻는 이득은 구성원들이 집단을 위해 동원되었을 때 그들의 정서적 분위기를 일치·화합시키는 것이다. 피타고라스 학파의 철학자들은 음악을 투쟁하는 요소들 간의 화합이라고 보았다. 음악이 춤보다도 더 밀접하게 집단에 대한 헌신성의 과시와 연관되어 있는 것은 우연이 아니다. 찬송가, 축구장의 응원가, 국가, 군가 등 음악과 노래는 다른 기능을 획득하기 훨씬 이전부터 집단 규정적 의례로서 기능해 온 것으로 추정된다. 리듬과 멜로디에 대해 인간과 비슷한 반응을 보이는 것으로 추정되는 동물도 있다. 겔라다개코원숭이는 에티오피아 산맥의 고원 지대에서 풀을 주식으로 삼아 거대한 집단을 이루고 산다. 그들은 구성원 중 하나가 노래를 부르면 주위에 모여들어 집단 의지를 과시하는 반응을 보인다. 사람의 경우에도 이와 마찬가지로 〈문화적으로 합의된 형태의 리듬과 멜로디, 예컨대 함께 부르는 노래는 적어도 그 행위를 하는 동안은 행위에 참가한 사람들 간에 공통된 감정 형태를 전달함으로써, 참가자들로 하여금 자신들의 육체가 정서적으로 매우 유사하게 반응하고 있음을 경험하게 한다.〉[18]

종교에 대해 생각해 보자. 현대 기독교의 보편성 universalism은 종교적 교리라는 것의 중요한 속성 하나를 은폐하는 경향이 있다. 종교적 교리는 거의 예외 없이 집단 내부와 외부의 차별을 강조해 왔다. 우리와 그들, 이스라엘 사람과 팔레스타인 사람, 유대교도와 기독교도, 구원받은 자와 저주받은 자, 신앙인과 이교도, 아리우스파와 아타나시우스파, 가톨릭과 유대 정통파, 프로테스탄트와 가톨릭, 힌두교도와 이슬람교도, 수니파와 시아파 등등. 종교는 그것을 따르는 자들에게 그들이 선택된 종족이고 그 밖의 경쟁 집단은 모두 미개한 야만인이며 인간 이하의 족속이라고 가르친다. 대부분의 종교가 부족으로 분할된 폭력적 사회에서의 배타적 숭배로부터 시작되었다는 점을 돌이켜볼 때 이것은 전혀 놀라운 일이 아니다. 에드워드 기번 Edward Gibbon은 로마 제국의 군사적 힘은 종교에서 나왔음을 지적했다. 〈로마 군대의 군기(軍旗)

에 대한 애착은 종교와 명예심 두 가지의 결합된 영향을 받아 고취되었다. 군단 선두에서 번쩍이는 황금 독수리는 맹목적 헌신의 대상이었다. 위기 상황에서 그것을 포기하는 행위는 불경스러울 뿐 아니라 수치스러운 일로 간주되었다.〉[19]

인류학자이면서 여가를 이용해 역사학을 공부하고 있는 하퉁은 유대 기독교도들이 애호하는 〈네 이웃을 사랑하라〉는 구절에 대해 상세한 조사를 했다. 율법 Torah(『구약성서』 권두의 5편)에 나오는 설명에 따르면 이 구절은 이스라엘 사람들이 사막에서 계층 간의 불화와 살육으로 분열되어 있던 시기에 생긴 것이다. 이 구절이 등장하기 얼마 전에 3,000명이 살해되었다. 모세 Moses는 부족 내의 우호 관계를 회복하기 위해 이웃을 사랑하자는 구호를 외쳤지만, 그 한계는 명백한 것이었다. 그 구절은 직접적으로 〈네 종족의 아이들〉을 지칭했다. 박애를 선언한 것은 아니었다. 하퉁은 이렇게 말한다. 〈편협성은 대부분의 종교가 지닌 특징이다. 종교는 대부분 다른 집단과의 경쟁에서 이겨야만 생존할 수 있는 그런 집단에서 시작되었기 때문이다. 그런 종교, 그리고 그것이 품고 있는 배타적 도덕성은 그것을 잉태시킨 경쟁보다도 더 오랫동안 살아남는 경향이 있다.〉

하퉁은 여기에서 멈추지 않는다. 그는 십계명이 이스라엘 사람들에게만 적용되는 것이며 이교도에게는 적용되지 않는다는 사실을 밝혀냈다. 이것은 『탈무드 Talmud』의 여러 곳에서 언급되고 있으며, 마이모니데스 Maimonides 같은 이후의 학자들, 그리고 율법에 등장하는 왕과 예언자들이 반복해서 언급하고 있다. 오늘날의 번역본에서는 각주와 주의 깊은 편집 또는 오역에 따라 이 같은 사실이 뚜렷이 드러나지 않는다. 그러나 신의 가르침 중에서 종족 학살은 도덕성만큼이나 중요한 사항이었다. 여호수아Joshua 가 한나절 동안에 2,000명의 이교도를 죽이고 신에게 감사드리기 위해 〈너희는 서로 죽이지 마라〉라는 구절을 포함한 십계명을 바위에 새겼을 때 그는 위선자가 아니었다. 집단 선택주의자들이 으레 그렇듯이, 유대의 신은 집단 내부에 대해 도덕적인 만큼 집단 외부에 대해 가혹했던 것이다.

특별히 유대교를 헐뜯으려는 것은 아니다. 마거릿 미드Margaret Mead는 〈사람을 죽이지 마라〉라는 금지 명령에서 말하는 사람이란 그 부족 구성원만을 지칭하는 것으로 해석되는 것이 보편적이라고 주장했다. 다른 부족의 구성원은 인간이 아니다. 리처드 알렉산더가 지적했듯이 〈도덕과 법률의 규칙은 사회 구성원들이 조화롭게 살아가도록 하기 위해 고안된 것이 아니라, 적을 제거할 수 있을 만큼 충분히 단결하도록 하기 위해 고안된 것으로 보인다.〉[20]

물론 기독교는 같은 기독교인만이 아니라 모든 사람을 사랑하라고 가르친다. 이 가르침은 주로 성 바울St. Paul의 것으로 여겨진다. 예수는 복음서에서 유대교도와 이교도를 차별하는 언급을 자주 했으며, 그의 메시지는 유대교도를 위한 것이라고 분명히 밝혔기 때문이다. 성 바울은 이교도 지역에서 망명 생활을 하면서 이교도를 완전히 제거하기보다 개종시켜야겠다는 생각을 했다. 그러나 설교에 비해 기독교의 실제 행동은 훨씬 포용력이 작았다. 십자군 원정, 이단 재판, 삼십년 전쟁, 그리고 북아일랜드와 보스니아에서 아직도 계속되고 있는 종파 분쟁을 보면 같은 신앙을 가진 이웃만을 사랑하는 기독교인의 경향이 여전히 계속되고 있음을 알 수 있다. 기독교가 종족이나 국가 간의 분쟁을 해소한 경우는 별로 없다. 오히려 분쟁을 부추겨온 것으로 보인다.

물론 종교를 모든 부족간 갈등의 원흉으로 매도하려는 것은 아니다. 아서 케이스 Arthur Keith가 지적했듯이, 아돌프 히틀러 Adolf Hitler는 나치 운동을 민족사회주의라고 명명함으로써 집단 내의 도덕성과 집단 외의 잔인성이라는 이율 배반적 기준을 완성시켰다. 사회주의란 단어는 종족 내의 공동체주의를, 민족이라는 단어는 사악한 외부인을 지칭한다. 그에게는 종교적 선동이 필요 없었다. 그러나 인간이 수백만 년 동안 집단 이기주의에 따라 조장되어 온 부족주의적 본능을 갖고 있다는 점을 고려한다면, 종교가 개종자들의 공동체와 이교도의 추악함을 강조할수록 그만큼 번성할 수 있었음을 이해하기는 어렵지 않다. 하퉁은 자신의 논문에서 그 같은 전통에 물들어 있는 종교들이 보편적 도덕성을 가르칠 수는 없을 것으로 보이며, 아마도 전 지구를 단합시킬 만한 다른 세계의 적이 나타나지 않는 이상 보편적 도덕성이란 이루어질 수 없는 공허한 꿈일 것이라는 결론을 내리고 있다.[21]

인간이 오랜 세월에 걸친 집단간 폭력을 통해 습득한 타고난 이방인 혐오증에 의해서만 서로에게 호의를 베푼다는 생각을 도덕주의자들은 별로 탐탁하게 여기지 않을 것이다. 인류나 가이아 또는 지구 전체를 보호하자고 호소하는 사람들에게도 용기가 될 만한 생각은 결코 아니다. 윌리엄스가 지적했듯이, 개체간 투쟁의 잔혹성을 비난하고 집단 선택의 도덕성을 옹호하는 것은 살인보다 종족 살상이 더 낫다고 주장하는 것과 다를 바 없다. 또 크로포트킨이 말했듯이 개미와 흰개미는 홉스주의적 전쟁을 포기한 것이 아니라, 개체 간의 전쟁에서 집단 간의 전쟁으로 돌아섰을 뿐이다. 군체 내에서는 서로 의좋게 살아가는 벌거숭이두더지쥐도 다른 군체의 벌거숭이두더지쥐에 대해서는 지독할 정도로 공격적이다. 그러나 이와 반대로 집단 내부의 협동성을 거의 찾아볼 수 없는 찌르레기 무리에게는 다른 무리에 대한 적대감이 없다. 집단들 내부의 협동성이 강할수록 집단 간의 투쟁도 폭력적이라는 진화 법칙에서 우리 인간도 예외가 아니다. 인간은 지구상에서 가장 협동적이고 사회적인 생물이지만, 동시에 가장 호전적인 생물이다.

이것이 인류의 집단 이기성이 갖고 있는 어두운 측면이다. 그러나 집단 이기성에는 밝은 면도 있다. 그것은 다름 아닌 교역이다.

10

비교 우위의 법칙

2 더하기 2가 5가 된다

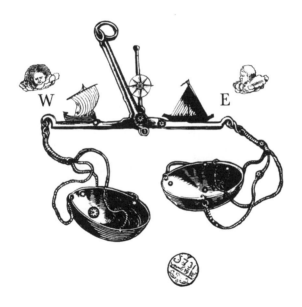

짐승들은 아직도 여전히 개별적이면서도 독자적으로 스스로를 부양하고 방어하고

있으며, 자연이 동종(同種) 구성원 각자에게 부여한 다양한 재능의 장점을 전혀 활

용하지 못하고 있다. 반면 인간 사회에서는 완전히 다른 재능을 가진 사람들이 서

로를 이용한다. 각자의 재능에 의해 만들어진 서로 다른 생산물들이 물물교환이나

교역과 같은 일반적인 소인(素因)에 의해 공적 자산으로 모이고, 여기서는 누구나

각자가 필요로 하는 타인의 재능이 구현된 산물을 구입할 수 있다

— 애덤 스미스의 『국부론 *The Wealth of Nations*』(1776)에서

오 스트레일리아 원주민 이르요론트족은 북부 요크 반도의 콜먼 강 하구에 살고 있다. 최근까지도 그들은 금속 도구를 전혀 모른 채 문자 그대로 석기 시대에 살았다. 그들은 사냥을 하고 물고기를 낚고 숲에서 나는 과일과 채소를 채집하는 수렵채집인이었다. 농사도 지을 줄 몰랐으며 가축이라고는 개밖에 없었다. 정부나 법률로 간주할 만한 것도 없었다. 그들은 현대인이 문명의 기원과 관련이 있다고 생각하는 위대한 발명, 즉 철이나 국가, 농경, 법률 체계, 문자, 과학 중 아무것도 갖고 있지 않았던 것이다.

그러나 그들은 우리가 근대적 발명품이라고 생각하는 것, 다시 말해 국가나 법률 체계 또는 문자가 없이는 발생할 수 없다고 믿고 있는 것을 하나 가지고 있었다. 그것은 상당히 정교하게 발달한 교역 체계이다.

이르요론트족은 세련된 돌도끼를 나무 자루에 끼워 사용한다. 돌도끼는 아주 귀하게 여겨지며 거의 안 쓰이는 데가 없다. 여성들은 돌도끼를 이용해 불을 지필 나무를 쪼개고 우기용(雨期用) 움집을 수선하고 근채를 캐내며, 나무를 베어 열매와 섬유를 채집한다. 남성들은 사냥을 나갈 때 돌도끼를 가지고 가서 갈라진 나무 틈의 야생 꿀을 파내고 의식에 쓸 성물(聖物)을 제작한다. 돌도끼는 남성만이 소유할 수 있으며 여성들은 남성들한테서 빌려 쓴다.

이르요론트족이 사는 지역은 충적토 해안의 평야 지대이기 때문에, 도끼를 만들기에 적합한 돌이 나는 곳은 가장 가깝다고 해야 내륙으로 남쪽 650킬로미터쯤 떨어진 채석장이다. 이르요론트족과 채석장 사이에는 여러 부족이 살고 있다. 물론 이르요론트족이 이삼 년에 한 번씩 남쪽 지방으로 가서 도끼 재료를 가져올 수도 있겠지만, 그렇게 하려면 많은 위험과 시간 소모를 감수해야 했을 것이다.

그러나 다행히도 그럴 필요가 없었다. 채석장 주변에 사는 부족들이 충분한 양의 돌도끼를 보내왔기 때문이다. 돌도끼는 교역 중간상들의 긴 연결망을 통해 이르요론트족에게 왔으며, 그 대가로 다른 물건이 동일한 연결망을 거꾸로 타고 남쪽으로 전달되었다. 이르요론트족보다 북쪽에 사는 부족은 그들에게서 돌도끼를 공급받았다. 한편 반대 방향으로는 노랑가오리 가시로 만든 창이 남쪽을 향해 이동했다.

교역은 한 부족의 중간상과 이웃 부족의 동업자를 연결하는 1 내 1의 연결망을 따라 이루어졌다. 그러나 이런 교역이, 이르요론트족이 노랑가오리 창을 만들어 돌도끼와 거래하려는 총체적인 사업 구상을 실천하고 있었기 때문에 가능한 것은 아니었다. 그것은 단순히 가격의 문제였다.

이르요론트족은 남쪽에 사는 이웃 부족의 파트너에게 노랑가오리 창 열두 개를 주고 돌도끼 한 개를 살 수 있었다. 그 돌도끼를

274

그는 더 북쪽에 사는 이웃 부족에게 열두 개 이상의 창을 받고 팔수 있었다. 이것을 통해 그는 거래의 이익을 챙길 수 있었기 때문에 그에게는 돌도끼를 북쪽으로 넘기려는 욕구가 있었다. 한편 그가 만든 창은 남쪽으로 갈수록 점점 더 많은 돌도끼와 교환되었다. 내륙 240킬로미터쯤 되는 지역에서 창 하나는 돌도끼 하나와 같은 가치로 매겨졌다. 채석장에 다다르면 (아무도 관찰한 바는 없지만) 창 하나가 돌도끼 열두 개와 교환되었을 것이다. 교역에 참여한 사람들 대부분은 돌도끼도 창도 생산하지 않고 있었다. 그러나 그들은 중간상으로 활동하는 것만으로도 상당한 이익(예컨대 돌도끼나 창을 차익으로 챙기는)을 남길 수 있었다. 그들은 싼 곳에서 구입하고 비싼 곳에서 파는 중재 거래의 기법을 알고 있었던 것이다.

이르요론트족은 19세기 말까지도 백인 이주자들과 이따금씩 벌어진 유혈 충돌을 제외하고는 현대 사회와의 접촉이 거의 없었다. 그러나 그 당시에 이미 그들은 무쇠 도끼를 사용하고 있었는데, 이 도끼는 선교사들이 남쪽 부락의 사람들에게 나눠준 것이 교역 통로를 통해 북쪽으로 전달된 것이었다. 무쇠 도끼는 돌도끼보다 훨씬 품질이 좋아 가격도 비쌌다. 무쇠 도끼에 혈안이 된 이르요론트족은 그것을 손에 넣기 위해 수단과 방법을 가리지 않게 되었다. 전에는 건기 동안의 수확만으로도 한 해 동안 사용할 수 있는 돌도끼를 살 수 있었지만, 이제는 그렇게 여의치 않았다. 무쇠 도끼 하나를 구하기 위해 이르요론트족의 어떤 남자는 낯선 이방인에게 아내의 몸을 팔았다.[1]

교역 전쟁

이르요론트족의 교역 체계는 석기 시대인에게 전혀 희한한 일이 아니다. 그러나 그것을 통해 우리는 매우 중요한 두 가지 사실을 알 수 있다. 첫째, 교역은 노동 분화의 결과이다. 이르요론트족에게는 노랑가오리 낚시가 쉬운 일이며, 채석장 주변의 부족에게는 돌도끼 제작이 쉬운 일이다. 양쪽 부족이 각자의 장점을 살리고 그 결과물을 교환함으로써 둘 다 이익을 보았다. 이와 마찬가지로 일개미와 여왕개미는 각자의 일에 전문화함으로써 둘 다 혜택을 입으며, 인체는 위장이 자기 역할을 충실히 수행해서 몸의 다른 기관들에게 그 성과물을 공급하는 덕분에 건강을 유지할 수 있다. 앞에서 언급했듯이, 삶이란 제로섬 게임이 아니다. 승자가 있다고 해서 항상 패자가 따르는 것은 아니다.

이르요론트족 이야기의 두번째 교훈은 상업은 현대의 발명이 아니라는 것이다. 마르크스나 막스 베버 Max Weber의 주장은 이와 다르지만, 교역에서 이익을 얻는다는 단순한 생각은 자본의 힘에 의해 발생한 것이 아니었으며 현대나 고대를 막론하고 경제의 핵심이었다. 부(富)란 교역을 통한 노동의 분화이며, 그 이상도 이하도 아니다. 애덤 스미스와 데이비드 리카도 David Ricardo가 태어나기 수천 년 전에 이미 인류는 이 사실을 발견하고 적극적으로 활용했다. 이르요론트족이 〈자연 상태〉였다는 점에 대해서는 루소나 홉스도 동의할 것이다. 그러나 그들에게는 홉스가 필요하다고 생각했던 사회 계약을 강제하는 전제군주도 없었고, 루소가 환상적으로 묘사했던 비사회의 행복도 없었다. 수렵채집인들은 교역, 전문화, 노동의 분화, 그리고 정교한 물물 교환 체제를 이미 삶의 일부로 갖추고 있었던 것이다. 아마도 그것들은 수백 또는 수천 년 전부터 계속되어 온 것일 것이다. 어쩌면 수백만년이 되었을지도 모른다. 사실 140만 년 전의 직립 원인조차 전문화된 채석장에서 수출을 위해 돌 도구를 생산했을 가능성이 있다.

인간은 수렵채집인이었고 사바나의 영장류였으며, 사회를 이루고 사는 일부일처주의자인 동시에 교역자였다. 상호 이익을 위한 교역은 직립 원인이 하나의 종으로 독립한 오랜 옛날부터 인간다움의 조건 중 하나였다. 교역은 근대의 발명품이 아니다.

그러나 교역의 역사가 고대까지 거슬러 올라가며 전근대 사회에서도 교역이 흔히 이루어졌다는 말을 인류학 서적에서는 찾아볼 수 없다. 그 이유는 의외로 간단하다. 이르요론트족의 사례가 그 이유를 적절히 설명해 주고 있다. 인류학자들이 현장에 도착했을 때에는 이미 서구 문물에 의해 기존의 교역 체계가 붕괴된 지 오랜 뒤인 것이다. 이르요론트족은 서구인들을 정기적으로 접촉하기 이전에 무쇠 도끼를 접했다. 그래서 수렵채집 시대에 인류가 어떤 모습으로 생활했는지를 연구하는 사람들은 항상 교역의 역할을 과소평가하게 마련이다.[2]

교역은 집단 이기주의의 이로운 측면이다. 앞에서 나는 인간과 침팬지가 집단 세력권과 집단 간의 투쟁에 중독되어 있다고 말한 바 있다. 우리는 배타적 집단으로 분열되며, 이것을 통해 우리가 향유하는 집단 구성원들의 공동 운명성은 우리에게 이방인 혐오증과 문화적 순응주의를 강요한다.

그러나 이 같은 집단적 분열이 또한 전문화된 집단 간의 교역을 가능하게 한다. 침팬지 집단들은 폐쇄 사회이다. 침팬지 집단 사이에는 폭력과 이주 외에 상호 교환이라고는 없다. 인간의 집단은 결코 폐쇄적이지 않고 폐쇄적이었던 적도 없다. 인간 집단은 상호 침투적이다.[3] 서로 다른 부족의 사람들이 만나 싸우기만 하는 것이 아니라 재화와 정보와 식량을 교환한다. 만나서 교환하는 것은 대개 희소하거나 공급이 불확실한 것들이다. 그러나 때에 따라서는 교역을 자극하기 위해 교환의 필요를 일부러 만들어내는 경우조차 있는 것으로 보인다. 나폴레옹 샤농 Napoleon Chagnon이 연구한 베네수엘라 우림 지역의 야노마모족 사례를 보면 이 점이 명료하게 드러난다.

샤농은 야노마모족이 부락 간의 고질적인 전쟁 상태에서 살고 있다고 보고했다. 남성들에게는 폭력과 살인이, 여성들에게는 부녀 탈취가 아주 일상적인 일이 되어 있다. 그러나 각 집단이 모든 집단을 상대로 투쟁하는 홉스주의적 투쟁의 전형을 보여주는 침팬지의 전쟁과는 다른 면이 있다. 야노마모족의 한 부락이 승리를 거두려면 다른 부락과 동맹을 맺어야 한다. 때문에 다양한 우호 협정의 복잡한 네트워크가 여러 부락을 몇 개의 동맹으로 묶어놓고 있다. 침팬지와 돌고래 사회에서 개체 간의 동맹이 성공의 열쇠이듯이, 인간 사회에서는 집단 간의 동맹이 성공을 약속하는 것이다.

야노마모 사회의 동맹을 가능하게 하는 접착제는 교역이다. 샤농에 따르면, 야노마모족 부락들은 교역의 핑곗거리를 만들기 위해 부락 간의 노동 분화를 주도 면밀하게 조성하고 있으며, 이것을 통해 정치적 동맹 관계를 공고히 하고 있다.

각 부락은 동맹자에게 제공하기 위한 한두 가지 특산물을 가지고 있다. 특산물 중에는 개, 환각제(재배한 것이나 채집한 것), 화살

278

축, 화살대, 활, 면사, 원면, 덩굴로 만든 해먹, 각종 바구니, 진흙 단지 등이 있으며, 서구 사회와 접촉을 하는 부락의 경우에는 철제 도구, 낚시 바늘, 낚시줄, 알루미늄 솥도 포함된다.[4]

그러나 어떤 특산물을 생산하는 부락이라고 해서 특별히 그 부락에서만 원료를 구하기 쉬운 것도 아니다. 대부분은 어느 부락이든지 자급자족할 수 있는 물건들이다. 그러나 그들은 자급자족을 하지 않기로 결정했는데——샤농은 그것이 어떤 합목적적 결정이라고 단정짓기는 힘든 것 같다고 생각했지만——그렇게 하는 것이 교역과 동맹을 조장하는 데 도움이 되기 때문이었다. 다른 부락에서 생산하는 진흙 단지만을 사용하는 어떤 부락 사람들은 자신들이 그런 단지를 만들지 못하며 만드는 방법을 오래전에 잊어버렸다고 주장했다. 그러나 진흙 단지를 공급해 주던 부락과의 동맹이 깨지자 그들은 어느새 단지 만드는 방법을 기억해 냈다. 야노마모족 부락 간의 교역 품목에 식량은 없으며, 대부분이 수공품이다. 바로 이런 것, 즉 생태 지리적 조건에 근거한 교역이 아니라 기술적 노동 분화에 근거한 교역이 초기 형태의 교역에서 발견할 수 있는 보편적 특징이 아닐까?

야노마모족이 아마존에서 수렵채집 생활을 해온 것은 1만 년 정도로 비교적 짧은 기간이지만, 오스트레일리아 원주민들이 수렵채집 생활을 해온 기간은 야노마모족의 여섯 배나 된다. 그러나 두 석기 시대인들의 교역 패턴은 거의 비슷한 양상을 보이며, 특히 교역과 호혜적 대우가 서로 얽혀 있다는 점에서 완전히 일치한다. 샤농의 생각에 따르면, 목적은 호혜적 대우이며 교역은 핑계일 뿐이다. 호혜적 대우를 통해 동맹 관계를 공고히 다질 수 있는 우정을 획득할 수 있기 때문이다. 그러나 교역이 단지 수단인지 아니면 목적인지는 별로 문제가 되지 않는다. 중요한 점은 교역이 정치의 결과물이 아니라 정치가 교역의 결과물이라는 것이다.

상거래법

이것은 놀라운 발견이다. 교역이 법률보다 앞서 존재했다고 한다면, 철학이라는 카드로 지은 장난감 집은 붕괴될 위험에 처하고 말 것이다. 제러미 벤담 Jeremy Bentham은 이렇게 말했다. 〈법률이 존재하기 전에 소유권이란 없었다. 법률을 제거해 버리면 모든 소유권은 무효가 된다.〉 정부는 수수방관하고 있어야 한다고 입버릇처럼 말하는 철저한 자유무역주의자들조차 상인들 간에 이루어지는 계약의 이행을 정부가 강제해야 한다고 주장한다. 법률에의 호소와 정부의 보호가 없다면 상거래는 곧바로 붕괴되어 사라져 버릴 것이라는 주장이다.

그러나 이것은 본말이 전도된 것이다. 정부나 법률, 사법, 정치는 교역보다 훨씬 뒤에 생겨난 것일 뿐더러 그것들은 교역이 인도하는 길을 뒤따랐다. 수렵채집인 사회가 그랬듯이 중세 상인들의 경우에도 이것은 마찬가지였다. 근대의 상거래법은 정부가 아니라 상인들 자신이 만들었고 그것에 구속되었다. 정부가 한 일은 그것을 받아들인 것뿐이었는데, 그 결과는 오히려 참담했다.

11세기의 유럽으로 거슬러 올라가보자. 여러 방면의 혁신을 통해 농업 생산력이 향상되었다. 그 결과 잉여 노동력은 농촌을 떠나 도시로 흘러들었고 그들은 식량 대신에 재화 생산에 종사했다. 장인이 생산한 이 재화를 농민이 생산한 식량과 교환함으로써 그들은 더 잘 살게 되었으며, 덕분에 경제적 번영에 박차가 가해졌다. 역사상 최초로 부유한 직업적 상인 계급이 생겨날 정도로 교역의 규모는 확대되었다. 경제 팽창이 계속됨에 따라 이 상인들 중에는 국가 간의 비교 우위를 점하기 위해 해외로 눈을 돌리는 자들이 생겨났다. 그러나 그들은 외국에서 사기를 당하더라도 자기 나라의 국왕에게 호소할 수 없었으며, 이국에서는 고국에서와 같은 기준이 적용되리라는 보장이 없었다. 상인들은 담합을 해서 게임의 규칙을 만들기 시작했다. 상인법이 제정되었다. 이 법은 자발적으로 만들어졌으며, 자발적으로 재가되었고, 자발적으로 강제되었다. 그것은 사교 클럽의 규약 같은 것이었다.

상인법은 진화했다. 효과적이고 좋은 관습과 분쟁을 해결하는 좋은 방법이 나쁜 관습과 나쁜 방법을 밀어냈다. 12세기 중엽에 이르러서는 해외를 여행하는 상인들은 지역 상인들과 분쟁이 발생하더라도 상인법에 따라 실제적인 보호를 받았다. 위반자에 대한 유일하고도 가장 강력한 제재는 배척이었다. 우리가 이미 알고 있듯이 배척은 강력한 힘을 발휘할 수 있다. 사기꾼이라는 평판을 얻은 상인은 교역에 참여할 수 없게 되었다. 상인들은 그들 자신의 법정을 만들었는데, 그것은 당시의 왕실이나 국가 법정보다 더 효율적이고 일사불란했다. 대금지불법이나 이자지급법 또는 분쟁해결법 등에 대한 표준화된 관습이 전 대륙에 걸쳐 자리를 잡았다. 이 과정에서 위로부터의 지도는 추호도 없었다. 독점적 권력이 없는 획일성이 관철된 것이다.

12세기에는 중간 상인들이 신용이라는 새로운 개념을 도입하기 시작했다. 이것은 상거래와 화폐 제도에서 아주 중요한 개선이었다. 화폐는 로마 시대의 통일성과 대체성을 이미 상실해 버린 지 오래였다. 은행가들이 나타나기 시작하면서 저당, 계약, 약속어음, 환어음 등이 등장했다. 이 모든 것이 정부법이 아닌 상인법에 따라 통제되었다. 당시의 정부는 도대체 무슨 일이 일어나고 있는지조차 깨닫지도 못했다. 완전히 사적이며 자발적인 비형식적 거래 체계가 만들어진 것이다.

이윽고 사태를 파악한 정부가 허둥지둥 입법을 서둘렀다. 정부는 상인들의 관습법을 국가법으로 공식화하고, 그 법을 어기면 왕실 법정에 고소하도록 허용했다. 물론 이와 함께 세금도 거두기 시작했다. 당시의 영국 국왕 헨리 2세는 위대한 입법가가 아니라 위대한 법 집행자였다. 좀더 상급인 왕실 법정이 개입함으로써 상인들의 법정은 무력해졌고, 법률 체계의 융통성은 사라졌다. 전에는 새로운 관습이 낡은 관습을 대체하는 것만으로 변화가 가능했지만, 이제는 법을 바꾸기 위해서는 왕과 의회의 재가가 필요했다. 정부 법정에서의 소송 비용 증가와 소송 정체 때문에 법률 체계는 과거의 신속성과 경제성을 잃어버렸다.

오랜 세월 뒤, 남북 전쟁중 면화 무역의 무질서를 근거로 어느 상인들의 주장에 따라 리버풀에서 탄생한 상업 중재 제도가 동맥경화에 걸린 법정의 숨통을 터주게 되었다. 판사를 임대하는 방식의 사립 법정이 몇 년간 미국에서 성장 산업으로 활개를 쳤다. 민법이 원래대로 사영화되지 않은 것은 오직 변호사들의 제한 관행 덕분이었다. 그러나 이로부터 과학자들이 얻을 수 있는 교훈은 명백하다. 시장과 교환과 규칙은 정부를 비롯한 어떤 독점 기구가 그것을 규정하기 전에 발전할 수 있다는 것이다. 그것들은 스스로

의 규칙을 만든다. 왜냐하면 그것들은 수백만 년 동안 인간 본성의 일부였기 때문이다.[5]

은화와 금화

노랑가오리 창을 돌도끼와 맞바꾸는 이르요론트족이나 외환 시장을 노리고 파운드화를 투기하는 조지 소로스George Soros 사이에는 전혀 차이가 없다. 이들은 둘 다 값싸게 사서 비싸게 파는 중개 거래를 하고 있을 뿐이다. 전자는 실제 생활에 쓰일 재화를 교환하지만, 후자는 전혀 실제적 효용도 없고 언제 잿더미로 변해버릴지 모르는 지폐쪼가리에 대한 대안이라고 주장되는 전자 상거래 메시지를 교환하는 것이라는 식의 구별은 무의미하다. 화폐는 재화의 대리인이다.

이르요론트족과 소로스의 중간쯤에 속하면서 양자의 차이를 메워줄 수 있는 사례로 15세기 프랑스의 부패한 관료 자크 쿠오 Jacques Coeur를 들 수 있다. 쿠오는 찰스 7세의 주조소장으로서 은화를 주조하는 일을 맡고 있었다. 이 직위는 대단히 몫이 좋은 자리였는데, 그는 기회를 최대한 활용했다. 그는 1453년에 부패 혐의로 기소되었기 때문에, 재판 기록을 통해 그의 축재 과정을 추적해 볼 수 있다. 그는 마르세유 항에서 군함의 뱃머리 가득히 은화를 싣고 시리아로 가서 그것을 판 뒤 금화를 구입해 프랑스로 돌아오는 방법으로 큰 부를 축적했다. 배 한 척에 은화 1만 마르크를 실어 보낸 적도 있었다.[6]

왜 그렇게 했을까? 쿠오에 따르면, 같은 양의 은화를 시리아로 가져가면 프랑스에서보다 14%의 금을 더 살 수 있었기 때문이다. 이 정도의 차익만으로도 배를 타고 지중해를 건너는 정도의 위험은 보상받고도 남는 것이었지만, 여기에 한술 더 떠 그는 은화에 동을 섞어서 무게를 더 나가게 한 뒤 순도를 보증하는 백합 무늬의 왕실 문양까지 새겨 넣었다.

그러나 쿠오의 부패보다도 프랑스와 시리아 간에 이렇게 큰 가격 차이가 생긴 이유가 더 재미있다. 이야기의 발단은 쿠오의 시대보다 500년 전인 10세기 말로 거슬러 올라간다. 10세기 말쯤 아랍권에서 은화는 거의 자취를 감추었고, 반면 기독교권에서는 금화가 거의 자취를 감추었다. 이것은 광산의 생산량과 질 좋은 동전을 주조하는 능력이 반영된 결과였다. 유럽은 은이 필요했고 아랍은 금이 필요했기 때문에 은에 대한 금의 가치는 기독교권보다 아랍권에서 더 높이 매겨지는 경향이 있었다.

십자군 운동이 없었다면 이런 상황이 계속되었을 것이다. 십자군들은 몸에 지닐 수 있는 최대한의 금을 가지고 갔으나, 전공을 세운 대가로는 은을 선택했다. 레반트 지역에 자리를 잡자마자 그들은 은화를 주조하기 시작했다. 오래지 않아 십자군이 주조한 많은 은화가 그들과 거래를 튼 이슬람 상인들의 손으로 넘어갔고, 이어서 이슬람인들 간의 거래에도 쓰이게 되었다. 마찬가지로 십자군들도 아랍인들에게서 빼앗거나 거래의 대가로 받은 금화를 사용하기 시작했다.

십자군들은 직접 금화도 주조했는데 아랍에서 빼앗은 형판을 주로 사용했기 때문에, 악화가 양화를 구축한다는 〈그레셤의 법칙 Gresham's law〉에 따라 아랍의 금화 가치를 떨어뜨리는 결과를 가져왔다. 여기까지는 문제될 것이 없었다. 십자군을 통해 많은 양의 은이 아랍 세계로 흘러들어왔기 때문에 아랍은 지난 1세기 이상의 공백을 거쳐 은화를 재도입하는 것이 가능해졌다. 그 결과 아이러니컬하게도 은의 수요가 늘어났고, 유럽에서의 은에 대한 금의 가치와 아랍에서의 은에 대한 금의 가치가 역전되었다.

사태가 이렇게 되자 실업가들에게는 큰 이익을 챙길 기회가 생겼다. 그들은 에이커 지역 같은 기독교 고립 지역에 잔류하거나 아예 유럽 본토로 돌아와서 아랍 은화를 위조하고 그것을 배에 실어 아랍으로 가서 금과 교환했다. 밀라레스millares라고 불리던 이 동전에는 〈알라Allah 이외의 신은 없고, 마호메트Muhammed는 그의 사도이며, 마디Mahdi는 우리의 지도자이다〉라는 구절이 쓰여 있었다. 그런데 그것을 제작한 사람들 중에는 프랑스와 이탈리아의 백작과 공작, 심지어 아를르나 마르세유 및 제노바의 주교도 끼여 있었다. 이같이 불경스런 작태에 깜짝 놀란 신앙심 깊은 프랑스 왕 루이는 무능한 교황 이노센트 4세를 설득해 1260년대에는 밀라레스 위조를 금지시킬 수 있었다. 그러나 위조는 비밀리에 계속되었다.

13세기에만도 대략 4,000톤의 은에 해당하는 30억 개의 밀라레스가 아랍 세계에서 쓰일 목적으로 기독교 세계에서 제작되었다. 그것은 25년간 유럽 전체 은광의 최대 생산량에 맞먹는 것이었다. 세르비아, 보스니아, 사르디니아, 보헤미아의 은광에서 생산된 전량의 은이 밀라레스 제작에 쓰였다. 말할 것도 없이 유럽의 은화는 점차 위태로워졌다. 프랑스 은화를 가지고 가장 큰 이윤을 남길 수 있는 방법은 그것을 남부 지방에 가져가 녹여서 밀라레스로 다시 주조하는 것이었기 때문에, 시간이 갈수록 국내의 화폐 공급은 어려워졌다. 화폐의 가치는 저하되기 시작했다.

아랍 사람들은 이 은화의 대가로 무엇을 줬을까? 금이었다. 아라비아와 중앙 아시아의 금광 외에도 가나에서 사하라 사막을 건너 금을 가져오는 낙타 행렬이 가세했다. 한꺼번에 너무 많은 금이 모여들어 한때 이집트에서는 금이 은과 같은 가격, 심지어는 소금과 같은 가격으로 거래된 적도 있었다. 이런 상황에서 당신이 이탈리아 통치자라면 어떻게 하겠는가? 나라에 은이 절망적일 정도로 부족한데 상인들 손에는 밀라레스 은화를 팔아 받은 금이 넘쳐난다면, 통치자가 할 수 있는 가장 현명한 조치는 금화를 주조하는 것이다. 1252년에 베니스와 제노바가 그렇게 하기 시작했고, 한 세기 뒤에는 대부분의 유럽 국가가 이를 따랐다. 그러나 그 결과는 엉뚱한 것이었다. 금의 수요가 늘어남으로써 밀라레스 무역의 이윤은 더 커졌다. 게르만의 대다수 통치자들이 금화를 주조하기 시작한 1339년, 1그램의 금은 21그램의 은과 교환되었다. 그러나 시리아나 이집트에서 1그램의 금은 10-12그램의 은의 가치밖에는 없었다.

복본위 유동bimetallic flow이라고 알려져 있는 이 이상한 현상은 전혀 무의미한 것으로 보인다. 재료가 무엇이든 간에 돈은 돈일 뿐이다. 앞에서 말한 것처럼, 교역이란 노동 분화를 통해 이득을 얻는 인류의 오랜 관습이라고 한다면 금을 은으로 교환하는 것이 무슨 의미가 있겠는가? 만일 어떤 초자연적 사건이 일어나서 지구상에 은이 존재하지 않았다면, 그래서 변치 않는 금속은 지상에 금 하나뿐이었다면, 복본위 유동에 온갖 정력을 기울일 필요는 없었을 것이다. 대신에 상인들은 비단과 밀을 교환하는 것처럼 재화의 중개 거래에 힘을 쏟았을 것이다. 복본위 유동은 오늘날 통화 시장의 중세적 형태였다.[7]

이르요론트족이나 컴퓨터 수입의 예를 소로스나 쿠오의 경우와 비교해 보면 차이는 명백하다. 이르요론트족의 교역은 교역 당사자 모두에게 이익이 되고 내가 원고를 쓰기 위한 컴퓨터를 일본에서 배로 실어오는 것도 일본인이나 나에게 이익이 되지만, 통화 시장에 대한 투기는 전혀 다른 문제이다. 소로스가 남기는 이윤은 그의 행위가 환율을 안정시킬 것이라고 믿는 멍청한 정부로부터 직접 이전되어 온 것이다. 쿠오가 남긴 이윤도 프랑스 경제로부터 직접 이전된 것으로, 그의 행위는 프랑스의 은을 교묘하게 도둑질한 것과 다를 바 없다. 교역이 넌제로섬 게임이 될 수 있는 것은 노동의 분화 덕분이다. 노동의 분화가 없다면 교역은 제로섬 게임이 된다.

비교 우위의 법칙

어느 유명한 경제학자가 현대 사회과학의 전 영역에 걸쳐서 참으로 중요한 명제는 단 하나뿐이라고 말한 적이 있다.[8] 그것은 다름아닌 리카도가 말한 비교 우위의 법칙이다. 어떤 나라가 특정 상품을 생산하는 효율성이 그 교역 상대국보다 못하더라도 그 상품을 생산함으로써 비교 우위를 누릴 수 있다는 이 명제의 결론은 언뜻 보기에 궤변처럼 느껴진다.

국가 간의 교역이 이루어지는 상품이 창과 도끼 두 가지밖에 없다고 가정해 보자. 한 민족, 예컨대 이야기의 편의상 일본은 창을 만드는 데 뛰어나고 도끼를 만드는 데는 더 뛰어나다. 다른 민족, 예컨대 영국은 창을 만드는 데 서툴고 도끼를 만드는 데는 더

욱 서툴다. 언뜻 생각하면 일본인들은 창과 도끼를 자급자족하는 것이 당연하고 교역에 힘을 기울일 이유가 전혀 없다.

그러나 좀더 생각해 보자. 창과 도끼는 서로 일정 비율의 교환 가치를 갖게 된다. 우선 창과 도끼가 1 대 1로 교환된다고 생각하자. 일본인이 창 하나를 생산하는 시간이면, 대신 도끼를 만들어서 그것으로 영국인이 만든 창을 수입할 수 있다. 일본인은 창보다 도끼를 더 빨리 만들 수 있다고 했으므로, 그들 입장에서는 창을 만드는 시간에 도끼를 더 많이 만들어서 영국인이 만든 창과 교환하는 것이 합리적이다. 영국인도 마찬가지로 생각할 것이다. 도끼 하나를 만드는 시간이면 그들은 더 많은 창을 만들 수 있으므로, 창을 만들어서 일본인의 도끼와 교환하는 편이 이익이다. 따라서 일본인이 도끼를 전문적으로 생산하고 영국인이 창을 전문적으로 생산하면 두 민족은 자급자족하던 시절보다 더 풍요한 생활을 할 수 있다. 창 만드는 기술에서도 일본인이 영국인보다 더 뛰어나다고 했지만, 이것은 사실이다.

이것이 리카도의 견해이다. 리카도는 세속적 의미에서도 상당한 성공을 거둔 인물이다. 1772년 네덜란드 은행가의 아들로 태어난 그는 열네 살부터 부친 밑에서 일을 배웠으며, 퀘이커교도 처녀와 사랑에 빠진 뒤에는 그녀와 결혼하기 위해 유대교에서 퀘이커로 개종할 정도로 적극적인 성격의 인물이었다. 스물두 살에 부모한테서 독립한 그는 단돈 800파운드를 가지고 주식 시장에 투자를 했다. 4년 후 그는 부자가 되었고, 20년 뒤에는 50-160만 파운드 정도로 추산되는 큰 재산을 모았다. 그의 비결은 다른 투자자들이 뉴스에 과민 반응한다는 점을 이용한 데에 있었다. 그는 좋은 뉴스가 떠돌면 주식을 팔고 나쁜 뉴스가 떠돌면 주식을 샀다. 다른 투자자들이 그의 뒤를 따르면 그는 큰 이익을 얻었다. 1815년에는 아서 웰링턴 Arthur Wellington이 워털루 전투에서 승리할 것을 예상하고 공채 시장에 대규모 투자를 해서 다시 행운을 거머쥐었다.[9)]

리카도는 1819년 급진당으로 의회에 진출하자마자 하원 최고의 경제학자로 이름을 떨쳤다. 의회에서 그는 자유 무역을 제창했으나 성과는 별로 거두지 못했고, 아쉽게도 1846년의 곡물법 폐지를 보지 못하고 죽었다.[10)]

리카도가 말한 비교 우위의 법칙은 너무 놀라운 생각이어서 오늘날까지도 그 이론을 주장하는 정치가는 비웃음을 사기 십상이다. 그러나 그 이론이 옳다는 것을 증명하기는 전혀 어렵지 않다. 윈스턴 처칠 Winston Churchill은 남에게 결코 뒤지지 않는 어엿한 벽돌공이었다. 그는 웬만한 직업 벽돌공보다도 뛰어났다(이것은 꾸며낸 이야기가 아니다). 그러나 그는 벽돌공보다는 정치가로서 더 뛰어났기 때문에 벽돌공을 고용해 용역을 주는 편이 그에게는 더 이익이었다. 일본인이 세상 모든 물건을 영국인보다 잘 만든다고 하더라도, 일본인의 처지에서 볼 때 영국인들한테서 수입하는 편이 나은 품목, 즉 스스로 만들기보다 자신들이 더 잘 만들 수 있는 것을 생산해 그것과 교환하면 더 많은 양을 획득할 수 있는 품목은 여전히 존재한다.[11)]

너무 장황하게 이야기를 늘어놓은 것 같다. 비교 우위의 법칙은 이미 1817년에 발견된 것인데, 왜 새삼스럽게 마치 새로운 이론을 발견한 듯이 길게 이야기하는가? 물론 나의 의도는 리카도가 의회에서 펼친 자유무역주의를 장황하게 재현하려는 것은 아니다. 내 주장의 요점은 개체 수준에서뿐만 아니라 집단 수준에서도 전문화의 장점은 명백하다는 점을 강조하려는 것이다. 앞에서 주장했듯이 교역의 역사가 수십만 년이나 된 것이 사실이라고 한다면, 그 같은 오랜 역사의 근거는 리카도의 비교 우위에 있다. 대부분의 인류학 논문들은 경제적 자급자족 상태를 전제로 하고 있다. 인류학자들은 사바나에 정착한 수렵채집인들을 모든 면에서 완전히 자급자족하던 존재로 묘사한다. 물론 그들은 남편과 아내, 뛰어난 사냥꾼과 뛰어난 꿀 채집자 간의 노동 분화를 인식하고 있지만, 부족과 부족 간의 노동 분화에 대해서는 그렇지 않다. 이것은 공평하지 않다.

사바나에는 수많은 종류의 부족들이 살고 있었다는 사실을 어째서 인식하지 못하는 것일까? 지금 올더바이 계곡이 있는 호수 연안 근처에는 어민들이 살고 있었을 것이며, 그들은 갈대 바구니를 엮어 내륙 부족들의 짐승 뼈로 만든 낚시 바늘과 교환했을 것이다. 이들 내륙 부족은 다시 서쪽 산악 지대에 사는 부족들에게 짐승 가죽을 제공하고 보석을 받았을 것이며, 이 같은 연결망은 결국 아프리카 대륙을 가로질러 광범위하게 존재했을 것이다.

집단 간의 노동 분화가 집단 내의 노동 분화보다 더 생산적이라는 데에는 이론적 근거가 있다. 개체들끼리 서로 남는 것을 공유하는 행위는 각 개체가 언제 직면할지 모르는 궁핍의 위험을 줄여준다. 그러나 생존 자원의 고갈이란 문제는 서로 다른 활동에 종사하는 부족들이나 서로 다른 지역에 떨어져 사는 부족들에게 동시에 닥칠 가능성보다는 한 부족 전체에게 동시에 닥칠 가능성이 훨씬 더 높다. 가뭄이 닥치면 수렵 부족은 큰 피해를 입지만 물고기를 잡기는 더 쉬워진다. 노동 분화에 대한 애덤 스미스의 낡은 경구는 집단 내에서뿐 아니라 집단들 사이에도 똑같이 적용된다.[12]

20만 년 전에 광산에서 아주 멀리 떨어진 지역까지 석기가 전달된 고고학적 흔적이 있다. 6만 년 전 급변하는 테크놀로지를 갖춘 인류가 아프리카에서 몰려나와 유럽과 아시아의 고대 종족들을 몰아낸 이른바 후기 구석기 혁명의 초기에 생산된 유물들은 생산지에서 한나절 넘게 걸어가야 하는 장소에서 종종 발견되고 있다. 3만 년 전 유럽에서는 목걸이용 조개껍데기가 내륙으로 640킬로미터 이상을 이동해 최근 옛 무덤의 부장품으로 발견되었다. 이와 비슷한 시대에 이웃 부락 간에 전문적 분업이 성립되었다는 증거가 있는 것을 고려할 때 이것은 우연이 아닌 것 같다. 이곳에서 먼저 살았던 네안데르탈인도 이와 별로 다를 게 없는 생활을 했지만, 그들의 후계자는 석기 제조 기술이나 예술 양식에서 더 큰 다양성을 보이기 시작한 것이다. 이것이 리카도가 말하는 〈비교 우위〉의 시초로 짐작된다.[13]

설사 내 추측이 틀렸고 집단 간의 교역은 훨씬 뒤, 즉 선사 시대의 마지막 순간에 생겨났다고 하더라도, 집단간 교역의 발명이라는 것이 인류의 진화 과정에서 인류가 다른 동물들과 완전히 구별되는 생태학적 장점의 단서를 발견한 아주 중요한 순간이라는 사실에는 변함이 없다. 집단간에 비교 우위의 법칙을 활용하면서 살아가는 동물은 인간밖에 없다. 개미나 벌거숭이두더지쥐, 휘아새들도 집단 내부에서는 아주 훌륭한 노동 분화를 이루고 있다. 그러나 집단 사이의 노동 분화는 없다.

리카도가 한 일은 우리 조상들이 아주 오래전에 발명한 것을 설명해 낸 것일 뿐이다. 비교 우위의 법칙은 우리 인간이 가지고 있는 생태학적인 비장의 무기 가운데 하나이다.

11

공존의 생태학

자연과 조화를 이루고 산다는 것은 생각보다 어렵다

나는 선한 목자다. 선한 목자는 양을 위하여 자기 목숨을 버린다. 삯꾼은 목자가

아니요, 양도 자기의 것이 아니므로, 이리가 오는 것을 보면, 양들을 버리고 달아

난다. 그러면 이리가 양들을 물어가고 양떼를 흩어버린다. 그는 삯꾼이어서 양들

을 생각하지 않기 때문이다.

— 「요한복음 10:11-13」(표준새번역)에서

두 와미시 인디언의 지도자 시애틀Seattle 추장은 1854년 워
싱턴의 지사에게 담화문을 보냈다. 그보다 먼저, 지사는
미국의 대통령 프랭클린 피어스Franklin Pierce를 대신해 추장에
게 영토를 팔라고 요구했다. 이에 대해 시애틀은 장황하고도 모욕
적인 담화문으로 답을 대신했는데, 이것이 오늘날 환경 관련 저
작에서 가장 널리 인용되는 글 중 하나가 되었다. 이 글에는 오늘
날 환경 운동을 풀어나가는 철학의 거의 모든 실마리가 예견되어
있다. 이 담화는 기록자에 따라 다양하게 변형되었지만, 앨버트
고어Albert Gore가 『위기의 지구Earth in the Balance』라는 책에
서 인용한 문장이 가장 심금을 울리는 것 같다.

당신은 하늘이나 땅을 사고팔 수 있다고 생각하는가? 우리에게는
너무 이상하게 들린다. …… 나의 종족에게 이 지상의 모든 사물은
신성하다. 햇살에 빛나는 솔잎과 모래 가득한 해변, 어두운 숲 속의
안개, 풀밭, 윙윙거리며 날아다니는 곤충들. 이 모든 것이 내 종족
의 기억과 경험 속에서는 신성하다. …… 우리가 아이들에게 가르치
는 것처럼 당신들의 아이들을 가르쳐보지 않겠는가? 대지는 우리의

어머니라고. 대지가 겪는 재앙은 대지의 자식들도 피할 수 없다. 우리 모두를 엮어주는 피처럼 세상 모든 것은 연결되어 있다. 인간은 삶이라는 피륙을 짜는 존재가 아니라, 단지 그 피륙을 구성하는 한 가닥의 실일 뿐이다. 인간이 피륙에 대해 하는 일은 곧 그 자신에게 하는 일이다.[1]

고어는 이 문장 속에서 아메리카 대륙 원주민의 신앙에 담겨 있는 〈지구와 인간의 관계에 대한 사색의 풍부한 태피스트리 tapestry〉를 발견할 수 있다고 생각했다. 오늘날의 다른 많은 사람들과 마찬가지로 고어에게도 지구에 대한 경외는 단순히 양식 차원의 문제가 아니라 일종의 당위적 도덕이다. 그것을 의심하는 일은 이미 죄악이다. 그는 이렇게 설교한다. 〈우리는 저마다 자연 세계와 우리의 관계를 반성하고 우리 내부 깊숙한 곳에 있는 본연의 인성으로 돌아가 자연과의 관계를 일신해야 한다. …… 우리는 믿음을 가지고 출발해야 하는데, 내가 말하는 믿음이란 내부의 것과 외부의 것 사이에 조화로운 안정을 유지하면서 스스로의 원주를 도는 일종의 정신적 자이로스코프 gyroscope이다.〉[2]

그에게는 충실한 동지들이 많다. 생태계의 숭고함을 표현하는 탁월한 문구 몇 개를 살펴보자. 〈환경적으로 지속 가능한 미래를 건설하기 위해서는 세계 경제를 재구성하고 인간의 생식 습관을 크게 바꿀 뿐 아니라 삶의 가치와 생활 양식을 극적으로 변화시켜야만 한다〉는 것이 미국의 환경 운동 지도자인 레스터 브라운 Lester Brown의 주장이다. 〈우리 시대 그리고 지금 우리가 직면하고 있는 생태학적 도전에 적합한 새로운 방향 감각을 지니고 살

296

방법을 발견하고 익히지 않는 이상 인간의 정신은 치유될 수 없다는 것이 나의 생각〉이라고 영국의 저명한 환경론자인 조너돈 포리트Jonathon Porritt은 말했다. 또 〈현대 사회는 생활 양식을 심각하게 재검토하지 않으면 생태 문제의 해결 방법을 찾을 수 없다.…… 생태학적 문제의 심각성은 인간의 도덕적 위기를 적나라하게 폭로한다〉는 것은 교황의 권고다. 영국 왕세자도 이렇게 말했다. 〈우리의 과학 기술적 능력을, 표현이 적절치 못할지 모르겠지만 아무튼 우리의 정신적 재건, 즉 어떤 진리는 영원하다는 깨달음과 결합시킬 필요가 있다는 것이 나의 개인적 생각이다.〉[3]

이들의 목표는 결코 소박한 것이 아니다. 이들의 외침은 인간 본성을 바꾸자는 것이다. 이 같은 생태 낙관론이 타당한 것이라면, 다시 말해 인간이 계몽된 사심에 거스르지 않는 경우에만 협동 전략을 추구하도록 정교하게 디자인된 계산기가 아니라면, 내가 이 책에서 전개해 온 모든 논의는 무의미해질 것이다. 따라서 시애틀 추장이 자연과 형제애를 나눈다는 철학을 갖고 살았다는 것이 사실이라면, 나는 어떻게든 그것을 설명해 내지 않으면 안 된다. 루소의 표현인 생태학적으로 고상한 야만인이란 이 책과 양립할 수 없다.

불행하게도 추장이 했다는 말은 누군가가 꾸며낸 것이다. 당시 그가 지사에게 전달한 내용을 아는 사람은 없다. 그로부터 30년 뒤에 쓰여진 보고서가 유일한 기록인데, 그 내용에 따르면 그는 땅을 구입해 준 위대한 백인 추장의 호의를 칭송했다고 한다. 사실은 〈담화〉 자체가 최근에 만들어진 허구이다. 그것은 시나리오 작가이자 영화학 교수인 테드 페리Ted Perry가 1971년 ABC TV의 드라마 대본으로 쓴 것이다. 고어를 포함한 많은 환경론자들이 시애틀 추장을 추켜주었지만 그는 전혀 환경 운동가가 아니었다. 그에 관해 알려진 몇 안 되는 사실 가운데 하나는, 그가 노예 소유자였고 적들은 거의 다 살해했다는 것이다. 시애틀 추장의 사례가 보여주듯이, 자연과 조화를 이루고 산다는 생각 자체가 사실에 근거한 것이 아니라 희망에 근거한 관념이다.[4]

설교하는 것과 실천하는 것

사람들은 대자연의 무자비함을 겪어보기 전까지는 야생 생활을 낭만적으로 보는 경향이 있다. 자연의 너그러움만을 보고 자연의 심술은 간과하는 것이다. 윌리엄스가 여러 차례 강조했듯이 최소한 그 효과에서(동기는 그렇지 않더라도) 살인에 가까운 범죄, 즉 강간, 식인, 영아 살해, 사기, 도둑질, 고문, 종족 학살 등은 동물들이 순간적으로 저지르는 실수가 아니라 삶의 방식 그 자체이다. 구멍다람쥐는 전혀 거리낌없이 새끼 구멍다람쥐를 잡아먹는다. 수컷 청둥오리들은 암컷을 집단 강간하는 도중에 익사시키는 일이 다반사다. 기생성 장수말벌은 살아 있는 먹이를 내장에서부터 파먹는다. 인간의 가장 가까운 친척인 침팬지는 일상적으로 집단 전쟁을 벌인다. 그러나 당연히 객관적이라고 간주되는 TV 프로그램들이 늘 보여주고 있듯이, 인간은 대자연의 엄연한 실상을 알려고 하지 않는다. 그들은 자연의 실상을 멋대로 왜곡하고, 실낱 같은 단서라도 붙잡으면(물에 빠진 사람을 구하는 돌고래, 죽은 가족을 애도하는 코끼리) 동물의 미덕을 추켜주려고 혈안이 되며, 동물의 잔혹성은 인간이 가져온 일탈 행동이라고 변호해 주기에 급급하다. 최근 스코틀랜드 연안에서 돌고래들이 참고래들을 공격하는 모습이 관찰되었을 때, 동물 〈전문가들〉은 이 일탈 행동을 뭔지는 모르지만 어떤 공해의 탓으로 돌렸는데, 결국 그들은 그에 관한 증거는 아무것도 없음을 시인했다. 우리는 자연의 부정적 측면을 외면하고 긍정적 측면에 대해서는 감상에 빠진다.

고상한 야만인의 신화가 사라지지 않는 데서 알 수 있듯이 원주민에 대해서도 우리는 위선적 감상주의를 드러낸다. 루소의 시대에 고상한 야만인의 신화는 사회적 미덕에 관한 것이었지만, 오늘날에는 생태론적 형식을 취한다. 윤리적 수준에서 지구 자원의 지속 가능한 활용을 중시하는 태도는 도덕적 인간을 판별하는 기준이 되고 말았다. 오늘날 환경 감상주의를 내세우는 것은 약자를 존중하는 태도, 범죄와 탐욕에 대한 혐오, 인간에 대한 믿음, 남이 나에게 하기를 바라는 대로 남에게 먼저 한다는 황금률의 준수 등 대의를 지향하는 그 어떤 성향을 표명하는 것보다 정치적으로 유리하다. 오늘날 공해를 옹호하는 것은 13세기에 사탄을 옹호하는 것만큼이나 불명예스러운 일이다. 앞 장에서 말했듯이 인간은 진화적으로 당연한 이유 때문에 대의를 설교(실천하는 것은 별도로 하고)하는 데 중독되어 있다. 그렇다면 우리가 이 본능을 표출하기 위해 정치적 이슈를 활용하는 것은 전혀 놀라운 일이 아니다. 이를 위해 가장 강력한 수단은 환경 보존 윤리를 내세우면서 사라져 가는 고래와 열대 우림의 운명을 서글퍼하고, 개발과 산업과 성장을 비난하는 것이다. 그리고 이런 측면에서 우리 조상들(현대의 원주민 부족들)이 우리보다 얼마나 도덕적으로 우월했는가를 장밋빛으로 채색하는 것이다.

물론 이것은 위선이다. 남들에게는 왼뺨을 맞으면 오른뺨도 내밀기를 요구하면서 가까운 친척이나 친구가 맞고 오면 복수를 하러 뛰쳐나가는 것과 마찬가지로, 또 자신은 실천하지 않는 도덕성을 남들에게 촉구하는 것과 마찬가지로 우리는 환경 보호주의 또한 실천하기보다는 설교하기를 좋아한다. 인간은 누구나 자기 자신에게 이익이 되는 도로가 새로 뚫리기를 바라지만, 도로 건설을 위해 뭔가를 하는 것은 좋아하지 않는다. 누구나 차 한 대가 더 있기를 소망하면서도 도로를 달리는 차량 수는 줄어들기를 바라는 것이 인간이다. 많은 사람들이 아이가 둘은 되어야 한다고 생각하면서도 인구 증가는 원치 않는다.

아메리카 원주민들이 자연의 과잉 착취를 방지할 수 있는 환경 윤리를 지니고 있었다는 것은 서구인들이 최근에 만들어낸 이야기이다. 영화 「라스트 모히칸 *Last of the Mohicans*」의 첫 장면에서 다니엘 데이 루이스 Daniel Day Lewis의 극중 아버지인 칭가치국 Chingachgook은 아들이 죽인 사슴에게 〈형제여, 너를 죽여서 미안하다. 우리는 너의 용기와 날쌤과 힘을 존경한다〉고 말하는데, 이것은 참으로 시대 착오적인 대사이다. 20세기 이전의 인디언 풍습에 〈죽은 짐승에게 감사드리는 의식〉이 있었다는 증거는 없다. 설사 그런 풍습이 있었다고 하더라도, 사냥꾼이 뭐라고 사과하든 간에 그 짐승이 죽었다는 사실에는 변함이 없다.

인디언은 자연과 하나였고 자연을 숭배했으며 불가사의할 정도로 자연과 깊게 감응했을 뿐 아니라, 사냥을 하면서도 사냥감인 동물 종 자체에는 해를 입히지 않도록 철저한 절제의 규칙을 준수했다는 것이 일반적 생각이다. 그러나 유적 조사의 결과는 이 같은 희망적인 신화에 의문을 던진다. 이리는 늙거나 아주 어린 짐

300

승만 잡아먹지만, 인디언이 사냥한 엘크는 대부분 한창 때의 것들이다. 인디언은 황소보다는 암소를 더 많이 잡았고, 오늘날만큼의 수명을 유지한 엘크는 당시 거의 없었다. 생태학자 찰스 케이Charles Kay는 북아메리카 원주민이 큰 짐승을 보호했다는 증거가 전혀 없다고 결론내렸다. 그는 과거 엘크의 생장을 현재와 비교한 자료에 근거해서 콜럼버스가 상륙하기 전에 이미 인디언들은 로키 산맥의 대부분 지역에서 엘크를 완전히 멸종시키기 직전이었다고 주장했다. 이 같은 극단적 결론에 대해서는 논란의 여지가 있겠지만, 백인이 도착했을 때 분쟁 지역을 제외한(분쟁 때문에 사냥을 하지 못한 지역) 북아메리카 전역에 짐승이 놀랄 만큼 적었다는 것은 사실이다. 설사 짐승을 보호하라는 어떤 영적·종교적 명령이 있었다고 하더라도 효과는 없었다는 것이다. 케이는 오히려 종교적·샤머니즘적 의식이 문제를 더 악화시켰다고 주장한다.

> 아메리카 원주민들은 사냥 행위와 짐승 숫자와의 관계를 깨닫지 못했기 때문에 종교적 신념 체계가 오히려 발굽 달린 짐승들에 대한 과잉 착취를 조장했다. 종교적인 동물 숭배와 동물 보호는 같은 것이 아니다.[5]

그러나 신화는 계속되고 있는데, 그 이유는 설교하는 것이 실천하는 것보다 더 중요하게 느껴지기 때문이다. 아마존 인디언들이 자연을 보호했다는 소리가 사실이 아닐지라도 그렇게 이야기되어서는 안 된다는 것이 한 인디언 권리 보호론자의 주장이다. 〈토착 원주민들의 생태학적으로 불건전한 활동을 입증하는 증거는 땅과

천연 자원, 그리고 문화적 풍습에 관한 그들의 기본권을 침해할
것〉이기 때문이라는 것이다.[6]

석기 시대의 대멸종

마지막 빙하기가 끝난 뒤 인류의 조상들이 지구를 가로질러 새
로운 땅을 개척하면서 자연에 대해 저지른 유린 행위가 요즘 서서
히 드러나고 있다. 1만 1,500년 전 북아메리카에 인간이 처음 발을
내디딘 바로 그 시기에 대형 포유 동물의 73%가 짧은 기간 동안
에 사라져 버렸다. 사라진 것은 자이언트 바이슨, 야생마, 단두
곰, 매머드, 마스토돈, 검상송곳니고양이, 나무늘보, 야생낙타
등이다. 8,000년 전에는 남아메리카의 대형 포유 동물의 80%가 사
라졌다. 나무늘보와 자이언트 아르마딜로, 과나코, 자이언트 캐피
바라, 말만큼 큰 개미핥기 등이다.
  이것이 이른바 홍적세의 대량 살육이다. 감상주의자들은 아직
도 동물들을 해친 것은 인간이 아니라 기후 변화이며, 인간이 한
일은 어차피 사라져 가는 동물들에게 최후의 일격을 가한 것뿐이
라고 주장한다. 기후 변화에 책임을 돌림으로써 면죄를 받으려는
소망이 이토록 강하게 남아 있다는 것이 오히려 인상적이다. 그러
나 인간이 처음 발을 내디딘 시기와 멸종의 시기가 정확히 일치하
고, 빙하기가 시작되기 전이나 끝난 후에도 기후 변화는 여러 차
례 있었고, 이상하게도 멸종된 동물들에게 공통점——큰 짐승들
만 사라졌다——이 있다는 사실을 고려할 때 인간이 죄를 면하기
는 어렵다. 좀더 직접적인 증거도 있다. 클로비스 사람의 창날이

뼈에 박힌 채 도살된 유골이 발견된 것이다. 물론 아프리카나 유라시아에서는 그 같은 폭발적인 멸종이 없었으며, 유라시아에서는 매머드 사냥이 2만 년 동안 계속되었다는 것은 사실이다. 그러나 이곳에서도 결국 북아메리카에서와 마찬가지로 매머드와 털북숭이 코뿔소는 멸종되었다. 또 아프리카와 유라시아 지역의 동물들은 이미 수백만 년 동안 그들의 천적인 인류와 함께 살아왔기 때문에 이미 상당히 적응된 상태였다는 점도 고려되어야 한다. 허약한 종족은 이미 멸종되었고 살아남은 것들도 드넓은 거처를 인간에게 양보하고 떼를 지어 다른 지역으로 이동했던 것이다. 충적세의 대량 살육에도 멸종되지 않고 살아남은 북아메리카 포유류는 대부분 아시아와의 육상 연결로를 통해 인간과 함께 들어온 큰 사슴, 엘크, 순록, 사향소, 불곰 등이었다는 사실에 주목해야 한다. 콜린 터지 Colin Tudge는 『그저께 *The Day Before Yesterday*』라는 책에서 〈짐승들이 저절로 사라져 버렸는가, 아니면 우리가 그들을 죽였는가?〉 묻고 스스로 이렇게 답한다. 〈물론 그들을 죽인 것은 우리다.〉[7]

좀더 최근에, 그것도 갑자기 인간이 도래한 지역의 경우 기후 변화에 관계 없이 인간 도래의 생태학적 효과는 참혹한 것이었다. 인간이 유죄라는 데에는 의심의 여지가 없다. 마다가스카르 섬은 서기 500년쯤에 처음 인간이 발을 들여놓은 후 몇 세기도 지나지 않아 체중이 450킬로그램이나 되는 거대한 코끼리새와 17종의 자이언트 여우원숭이(고릴라만큼 몸집이 크고 무게가 100킬로그램 이상 나가며 낮에 활동하는 원숭이)가 멸종되었다. 이런 일은 폴리네시아인들에 의해서도 태평양 전역에 걸쳐 반복되었으며, 그중에서 600년 전 뉴질랜드에서 일어난 참화를 주목할 만하다. 뉴질랜드에 처음 건너온 마오리족은 거대한 조류인 모어moa 12종을 모두 먹어치우고 더 먹을 것이 없자 하는 수 없이 사람을 먹기 시작했다. 오타고 근처의 한 모어 도살장에서는 짧은 기간 동안에 적어도 3,000마리의 모어가 도살되었다. 마오리족은 맛 좋은 허릿살만을 먹었기 때문에 고기의 3분의 1은 방치되어 썩었다. 구운 허릿살이 그대로 남아 있는 오븐들이 뚜껑도 열지 않은 채로 남아 있을 정도로 고기는 남아돌았다. 모어만이 아니다. 뉴질랜드 섬의 날지 못하는 토종새 절반이 멸종되었다.

하와이에는 100여 종 이상의 특이한 하와이새들이 있었는데, 그것들은 대부분 몸집이 크고 날지 못하는 종들이었다. 서기 300년쯤 인간이라 불리는 커다란 포유 동물이 건너오면서 문제는 시작되었다. 얼마 지나지 않아 하와이 새들의 절반 이상이 멸종되었다. 1982년 한 유적지가 발굴되면서 이 같은 사실이 알려지자 하와이 원주민들은 무척 당혹스러워했다. 그때까지 그들은 하와이 섬에서 인간과 자연 간의 조화로운 관계가 파괴된 것은 제임스 쿡 James Cook 선장이 건너온 이후라고 말해 왔기 때문이다. 그들은 폴리네시아인들이 태평양의 섬들을 개척했을 때처럼 지상에 살던 모든 조류 종의 20%를 멸종시킨 것이다.[8]

오스트레일리아의 대형 포유 동물들을 쓸어버리는 데는 좀더 많은 시간이 걸렸다. 그러나 이곳에서도 역시 6만 년 전 처음 인간이 나타난 지 얼마 되지 않아 대형 야생 동물군 전체가 사라져 버렸다. 주머니코뿔소, 자이언트디프로토돈, 트리펠러 tree feller, 주머니사자, 다섯 종류의 자이언트웜바트, 일곱 종류의 단두캥거루, 여덟 종류의 자이언트캥거루, 200킬로그램이나 되는 날지 못하는 새 등이다. 살아남은 캥거루 종들에게는 그 몸집이 급격히 줄어드는 결과를 남겼다. 이것은 무차별적인 포식에 대한 진화적 반응이다(무차별적인 포식은 희생되는 종의 생식 연령을 낮춘다).

아메리카 대륙이나 오스트레일리아 또는 뉴질랜드의 동물군은 순진하고 사람을 겁내지 않았다는 사실을 기억해 둘 필요가 있다. 때문에 사람들이 그들을 보호하려고만 했다면 쉬운 일이었다. 가축으로 길들이거나 반가축화하는 일도 간단했을 것이다. 로드하웨 섬에 사람들이 처음 들어왔을 당시 동물들의 반응에 대한 기록을 보자. 드물게도 이 섬은 폴리네시아인들이 발견하지 못했기 때문에 최초의 도래인은 유럽인 선원들이었다.

한 선원의 기록을 보면 그곳에서는 〈…… 영국에 있는 흰눈썹 뜸부기만한 크기의 별나게 생긴 새 한 마리가 전혀 두려움 없이 무심하게 우리 주위를 지나다녔다. 우리는 1-2분 동안 가만히 서 있다가 곤봉으로 두들겨 마음껏 그들을 잡을 수 있었다. 돌을 던졌는데 맞지 않았거나 곤봉으로 때렸는데 죽지 않은 경우조차 그들은 도망치려고도 하지 않았다. …… 비둘기도 앞에서 설명한 새들처럼 유순해서 사람이 다가가도 손으로 움켜잡을 때까지 도망치지 않았다. ……〉[9] 전 대륙이 이런 동물들로 가득 차 있는 장면을 상상해 보라.

그러나 우리 조상들은 북아메리카의 유순한 포유 동물들과 남아메리카의 겁 없는 나무늘보를 길들이거나 조련하지 않았다. 그들을 도살해 영원한 망각속으로 떠나보냈다. 콜로라도에는 올센처보크Olsen-Chubbock라는 고대 들소 도살장이 있는데, 당시 사람들은 이곳으로 들소 떼를 수시로 몰고 와서 벼랑으로 몰아 떨어뜨렸다. 그들은 벼랑에 가득 쌓인 들소 시체 중에서 맨 위의 것, 그

것도 가장 좋은 부위만을 고기로 썼다. 아주 대단한 자연보호주의
자들이 아닌가![10]

자연에 대한 무절제

이 같은 생태학적인 단견은 수렵인들에게만 국한된 이야기가
아니다. 세계의 여러 곳에서 사람들은 원시적이고 저급한 도구만
으로도 삼림에 엄청난 영향을 미쳐왔다. 폴리네시아인들은 지난
1,000년 동안에 동태평양의 이스터 섬을, 카누용 목재를 제공하
고 수많은 육지 새에게 먹이를 주고 30여 종의 바닷새에게 집터를
제공하던 풍요한 숲에서 이제는 기근과 전쟁과 식인이 판치는, 나
무 한 그루 새 한 마리 없는 불모의 땅으로 바꿔놓았다. 이제 그곳
에는 굴려 옮겨갈 통나무가 없어 거대한 석상들이 채석장에 그대
로 나뒹굴고 있는 지경이다. 요르단의 페트라는 한때 빽빽한 숲으
로 둘러싸인 풍요한 도시였지만, 인간에 밀려 이제는 사막이 되
었다. 마야 문명은 유카탄 반도를 잡초지로 훼손시켜 그들의 문명
자체에 치명적인 손상을 입혔다. 뉴멕시코의 샤코 협곡은 마천루
가 세워지기 전까지 북아메리카에서 가장 큰 건축물이 있던 곳이
다. 그 건물은 방이 650개에 달했고 거대한 대들보만도 20만 개였
다. 그러나 스페인 사람들이 오기 전에 이미 폐허가 되어 건물의
위치를 확인할 길이 없다. 그곳은 80킬로미터가 넘도록 소나무 한
그루 없는 불모의 사막 지대로 변했다. 고고학자들의 조사에 따르
면 그 건물을 짓기 시작한 아나사지 Anasazi는 목재를 구하기 위
해 점점 더 넓은 지역을 훼손해야 했고, 그럴수록 땅은 침식되고

306

메말라갔으며, 결국 통나무를 끌고 오기 위해 80킬로미터에 이르는 도로를 만들게 되었다. 마침내 목재는 고갈되었고 그들의 문명도 사라졌다. 숲은 그후 다시는 회복되지 않았다.[11]

부족 사회인들로 하여금 환경을 과잉 착취하지 못하게 제한한 것은 자기 절제의 문화가 아니라 기술 수준이나 수요의 한계라는 것을 입증해 줄 역사적 증거는 많다. 현대 원주민들의 환경 보호적 행위라는 것도 감상 어린 선전 문구들이 우리에게 말하고 있는 것만큼 아름답지는 못하다. 그럼에도 불구하고 부족 사회인은 자원의 보존에 철저하고 제한과 절제를 존중하며 종교적·의례적 규칙을 통해 이 같은 목표를 조정한다는 주장이 아직까지 계속되고 있다. 리처드 넬슨Richard Nelson은 이렇게 말하고 있다.

아메리카 원주민들에게 환경 보호나 토지의 보존, 종교에 근거한 환경 윤리의 전통이 광범위하게 존재했다는 것은 민족지적인 기록에 뒷받침되고 있다는 것이 내 생각이다. …… 우리는 심오한 영적 근거 위에서 생명과의 우호 관계를 재발견해야 한다.[12]

우림 지역의 부족 거주인들에 대한 거의 모든 TV 프로그램이 이렇게 주장하고 있으며, 자연과의 영적 조화를 이루고 사는 전통에서부터 인간이 일탈한 것은 최근의 서구 사회에서 시작된 일이라는 추론을 여기에 덧붙이고 있다. 예를 하나만 들자면, 이 장을 쓰면서 나는 에콰도르의 조류 호아친에 관한 프로그램을 보다가 이런 해설을 들었다. 〈장래에 대비해 동물 종을 보존하는 것은 모든 수렵 종족이 터득하고 있는 현실 철학이다.〉

부족 사회인의 삶에서 신비주의가 큰 부분을 차지한다는 데는 의심할 여지가 없다. 어떤 동물은 행운을 가져다 주고 어떤 동물은 불운을 가져다 준다는 믿음이 존재한다. 사냥을 가기 전과 사냥을 마친 후 복잡한 의식이 거행된다. 그들은 산에도 감정이 있는 것으로 믿는다. 식용으로 적합하지만 금기시하는 동물도 있다. 중요한 사냥을 나가기 전에는 금욕과 금식이 요구되기도 한다. 이 모든 것이 사실이지만, 이 중에서 환경 보호에 유효한 것이 하나라도 있는가? 잰 체 잘하는 글렌도워 Glendower가 자기는 죽음의 심연에 있는 영혼을 부를 수 있다고 말했을 때, 핫스퍼 Hotspur는 이렇게 비꼬았다. 〈물론이지. 나도 그렇게 할 수 있고 사실 누구나 그렇게 할 수 있지. 그런데 네가 부른다고 그들이 올까?〉 종교 윤리가 환경 보존을 지향한다고 해서 모든 사람이 그 이상을 따르는 것은 아니다. 기독교인들은 미덕을 설교하지만 죄를 짓지 않는 기독교인은 거의 없다. 원주민들의 의식이 환경 보존을 지지하는 것처럼 보일지라도 평가에서는 그들의 의도가 아니라 결과가 더 중시되어야 한다.

퀘벡 지역의 크리족은 순록의 어깨뼈를 불에 그을려 나타나는 신비로운 기호를 해석하는 어깨점 scapulimancy이라는 점술에 따라 사냥 지역을 순환시킨다. 점을 치는 샤먼이 사냥을 피하라고 지시하는 지역은 놀랍게도 과잉 수렵으로 사냥감이 고갈된 지역이다. 사람들은 그것에 따르고, 고갈 지역의 사냥감 수는 다시 늘어난다. 그러나 조금만 더 생각해 보면 이유는 쉽게 드러난다. 고갈 지역을 피하는 것은 아주 단순하고도 이기적인 이유 때문이다. 그런 지역에는 사냥감이 적다. 샤먼이 하는 일은 어느 지역에 사냥감이 적은지 사냥꾼들에게서 수집한 정보를 전달하는 것뿐이다. 순록의 어깨뼈는 허구이다. 그것은 변호사의 거만한 말투처럼 샤먼에게 직업상 필요한 장식이다.

아마존 인디언들이 사냥감의 과잉 도살을 예방하기 위해 사냥 패턴을 체계적으로 자제한다는 증거를 찾아내려는 연구는 이제까지 네 차례나 있었다. 그러나 네 가지 연구 모두에서 희망적 가설은 부정되었다. 레이 해임스Ray Hames는 야노마모족과 예콰나족은 사냥감이 많은 지역에서 더 많은 시간을 보낸다는 것을 발견했다. 사냥감이 많은 지역은 으레 마을에서 멀리 떨어져 있기 때문에 사냥 지역까지 가기 위해서는 고갈 지역을 거쳐야 한다. 그들이 환경 보호를 실천한다면 고갈 지역을 지나는 동안 만나는 사냥감은 모르는 체 지나쳐야 할 것이다. 그러나 그들은 그렇게 하지 않았다. 그들은 잡을 가치가 있을 만큼 큰 사냥감이고 그들 손에 무기가 있는 이상 늘 예외 없이 고갈 지역에서 만난 사냥감을 놓치지 않았다.[13]

마이클 앨버드Michael Alvard는 페루의 피로 지역에서 똑같은 유형을 관찰했다. 이들은 엽총(선교사가 준 것)과 활과 화살을 가지고 맥, 멧돼지, 사슴, 캐피바라, 거미원숭이, 짖는원숭이, 아구티와 봉관조를 사냥한다. 이들 또한 마을 근처의 고갈 지역에서 만난 짐승이라고 해도, 무기만 아까울 정도로 아주 작은 짐승이 아닌 이상 사냥을 자제하는 법은 없었다.[14]

윌리엄 비커스William Vickers는 에콰도르의 시오나세코야족을 15년 동안 관찰하면서 1,300회의 사냥에 관한 기록을 모았다. 이것은 지금까지 아마존 수렵인들에 관한 가장 방대한 기록이다. 그는 최근 이 자료들을 다시 검토해 환경 보존 윤리의 증거를 찾아보았다. 그의 결론은 시오나세코야족은 환경을 보존하지 않는데, 그것은 그럴 필요가 없기 때문이라는 것이다. 그들은 인구 밀도나 기술 수준이 너무 낮아, 사냥감을 멸종시킨다고 해도 그것은 아주 좁은 지역에 국한된 일이었다. 그런 의미에서 그들은 지속 가능한 행동을 했지만, 이것은 종교나 관습적 신념과는 전혀 무관하다. 우리는 훌륭한 샤먼은 사냥꾼들에게 사라져 가는 짐승을 잡지 말라고 명령하고 주문을 외워 사냥감의 숫자를 회복시킬 것이라고 기대한다. 그러나 그들은 백인 이주자들과 개발 압력에 밀려 최근에야 비로소 위축되어 가는 삼림 속의 동물들을 보존할 필요성을 느끼기 시작했다. 이것은 이성적 판단이지 종교적 행위가 아니다. 환경 보존은 본연의 것이 아니라 새로운 상황에 대한 합리적 반응이라고 비커스는 말한다.[15]

앨린 스티어먼Allyn M. Stearman은 볼리비아의 유키족이 철저한 기회주의자라는 사실을 발견했다. 그들은 임신한 원숭이나 어린 것을 데리고 있는 어미 원숭이를 선호하는데, 그 이유는 잡기 쉬울뿐더러 뱃속의 태아는 아주 진미이기 때문이다. 그들은 바배스커 barbesco 독을 사용해 고기를 잡는데, 이 독을 풀면 작은 연못이나 우각호의 고기들이 닥치는 대로 죽어 물 위로 떠오른다. 또 그들은 잘 익은 열매를 따기 위해 나무를 통째로 베어 버리기까지 하기 때문에(전에는 전쟁 포로 노예들을 나무 위에 올라가게 해서 땄다) 어떤 지역에는 남아 있는 나무가 별로 없다.[16]

루소적인 낭만주의자는 유키족이 어떤 면에서든지 일탈한 것이라고 믿고 싶을 것이다. 즉 그들은 좋은 인디언이 아니라 나쁜 인디언이라고. 그러나 이런 생각은 정치적으로 아주 위험할 수 있다고 스티어먼은 지적한다. 그것은 생태학적 미덕에 관한 어떤 시험을 통과해야만 인디언의 토지권이 인정될 수 있다는 생각을 낳게 되는데, 그 시험은 아무도 통과할 수 없는 종류의 것이다. 원주민

운동의 지도자인 니카노르 곤잘레스Nicanor Gonzalez는 이렇게 말한다. 〈우리는 자연 애호가가 아니다. 원주민들의 전통 어휘에 환경 보존이나 생태계의 개념이 존재한 적은 없다.〉[17]

카야포 인디언의 사례는 더욱 통렬하다. 브라질 중부에 사는 이들은 루소적 낭만주의자들에 의해 계몽된 숲의 감시자들이라는 이름이 붙여졌다. 그들은 사냥감이나 다른 진귀한 동물들을 위해 들판의 일부 지역에 아피테라고 불리는 숲을 조성하고 가꾸는 것으로 알려졌다. 이 보고서의 영향 덕분에 그들은 멘크라그노티라고 불리는 30만 제곱킬로미터쯤의 땅을 얻었다. 팝 가수 스팅 Sting이 200만 달러를 기증한 것이다. 그런데 몇 년 후 그들은 그 지역의 금광 채굴권과 벌목권을 판매하는 야심 찬 계획에 착수했다.

가치관을 향한 호소

나의 의도는 인디언을 깎아내리려는 것이 아니다. 날마다 엄청난 양의 화석 연료와 천연 자원을 소모하는 덕에 좋은 집에서 호의호식하는 나 같은 사람이 어떤 인디언이 생필품을 사기 위한 현금을 마련하려고 통나무를 좀 팔았다고 해서 무례하게 구는 것은 참으로 낯뜨겁고 위선적인 일이다. 그는 자신이 처해 있는 환경의 자연사에 대해, 그 환경의 위험 요소, 활용 기회, 약물적 속성, 제철 과실, 조짐 등 내가 갖고 있지 못한 풍부한 지식을 갖고 있을 것이다. 그는 상상할 수 있는 모든 면에서 나보다 자연 보존주의자일 것이다. 그의 물질적 빈곤만 보더라도 그렇다. 그는 이 지구 위에 나보다 더 작은, 거의 자연에 가까운 흔적만을 남긴다.

그러나 이것은 그가 처해 있는 환경의 경제적·기술적인 한계 덕분이지 그가 갖추고 있는 영적이고 내재적인 생태론적 미덕 때문은 아니다. 그에게 환경을 파괴할 수단을 준다면, 그는 나에 못지않게 그것을 휘두를 것이며 아마도 더 잘 휘두를 것이다.

그렇다면 우리는 왜 환경을 파괴하는 것일까? 대답은 별다른 것이 아니다. 환경 파괴는 일종의 죄수의 딜레마에 의해 일어난다. 게임 참가자가 두 사람이 아니라 여럿이라는 점만 다르다. 죄수의 딜레마에 따르는 숙제는 두 명의 이기주의자가 더 큰 이익을 위해 협동하면서 상대편의 희생 위에 이익을 얻으려는 유혹을 회피하는 것이다. 환경 보존의 문제는 이와 동일한 구조를 갖고 있다. 이기주의자들이 공해와 쓰레기를 배출해 다른 선량한 사람들을 희생시키는 것을 어떻게 방지할 것인가? 어떤 사람이 자제를 실천하면 그는 몰상식한 다른 사람의 손에 놀아나는 것밖에 안 된다. 나의 인내는 너에게 기회가 된다. 이것은 게임 참가자가 두 사람이 아니어서 게임이 더 힘들다는 점만 뺀다면 죄수의 딜레마와 똑같은 상황이다.

환경주의자들이 반복적으로, 거의 무의식적으로 인간 본성(또는 원한다면 인간의 가치관)의 변화를 요구한다는 데에는 이견이 없을 것이다. 〈선해지자!〉라는 설득력 있는 외침——제7장에서 보았듯이 〈선해지자!〉라는 외침은 그 자체가 강력한 인간 본성이지만, 그것에 따르는가는 다른 문제이다——만으로 우리의 본능적 이기주의가 물러갈 것이라고 맹신하는 그들은, 우리가 지니고 살아야 할 새로운 종류의 가치관을 요구한다. 이 같은 세기말적인 외침의 신뢰성을 더하기 위해 그들은 우리의 〈야만적〉조상들이 얼마나 자연스럽게 생태론적 미덕을 갖추었는지를 보여주려고 하는 것이다. 루소와 마찬가지로 그들은 탐욕이 자본주의와 과학 기술과 더불어 발명된 것이라고 생각한다. 그래서 그들은 그것이 사라져 버리고 자연과의 영적 조화가 재발명되어야 한다고 외치는 것이다.

그러나 장담할 수 있는 결론 하나는 우리 인류에게 본능적인 환경 윤리 같은 것, 즉 자제의 습관을 계발하고 가르치는 내재적 경향 따위는 없다는 것이다. 따라서 환경 윤리는 인간 본성에 부합하는 것이 아니라 그것을 거스르면서 가르쳐져야 한다. 그것은 결코 자연스럽게 이루어지지 않는다. 우리는 누구나 이 사실을 잘 알고 있다. 그럼에도 우리는 적절한 슬로건을 외치거나 정성스레 기도를 하면 우리의 가슴 내면으로부터 생태론적으로 고상한 야만인이 깨어날 것이라는 희망에 여전히 집착하고 있다. 우리 가슴 속에 그는 없다. 보비 로Bobbi Low와 조엘 하이넨Joel Heinen은 이렇게 말했다. 〈보편화된 방만한 집단 이익에 기대하는 환경 보존 철학은 보존 관리에 개체적·친족적 이익이 개입되지 않기 때문에 아마도 실패할 것이다. 이 전망이 빗나가기를 우리도 바라지만 그렇게 되지는 않을 것이다.〉[18]

그러나 용기를 갖자! 결국 죄수의 딜레마는 이기성이 인간됨의 원형이라는 결론 대신에 그 정반대의 결론으로 귀착되지 않았던가? 반복적으로 서로를 식별할 수 있는 조건에서 실행했을 때 게임은 늘 선한 시민의 승리로 끝났다. 〈맞대응〉이나 〈파블로프〉, 〈공정한 강자〉 같은 우호적 전략이 비열한 전략을 누르고 승리를 거두었다. 아마도 게임 이론이 환경론자의 딜레마를 푸는 데 다시 동원될 수 있을 것이다. 아마도 게임 이론이 황금알을 낳는 거위를 죽이는 이기적인 자연 세계 착취자들의 행위를 멈추게 할 수 있을지도 모른다.

12

소유와 분배

모두의 것은 누구의 것도 아니다

빈 땅에 울타리를 치고 〈이건 내 거〉라고 순진한 다른 사람들 앞에서 선언할 생각

을 처음 해낸 사람이야말로 시민 사회의 창립자이다. 그때 누군가가 나서서 경계

선의 말뚝을 뽑고 도랑을 메워버린 뒤, 다른 이들에게 〈사기꾼의 말에 속지마라.

대지의 열매는 모두의 소유이고 대지는 누구의 것도 아니라는 것을 잊으면 안 된

다〉고 외쳤다면, 인간은 얼마나 많은 죄악과 전쟁과 살인, 그리고 고통과 공포를

덜 수 있었겠는가!

— 장 자크 루소의 『인간 불평등 기원론 *Discours sur l'origine et les fondements*

de l'ingalit parmi les』(1755)에서

어떤 사람에게 자갈밭의 소유권을 부여해 보라. 그는 곧 그곳을 정원으로 바꿔놓

을 것이다. 같은 사람에게 그 정원을 9년간 임대해 보라. 그는 그곳을 사막으로 비

꿔놓을 것이다.……소유권이라는 마력은 모래를 황금으로 변화시킨다.

— 아서 영의 『여행기 *Travels*』(1787)에서[1]

메인 주의 들쭉날쭉하고 바위투성이인 해안은 바닷가재의 낙원이다. 해저의 한류 진입구와 해변 앞바다에는 엄청난 수의 바닷가재가 우글거린다. 사람들은 지난 수백 년 동안 이것들을 잡아 보스턴과 뉴욕의 부자들 식탁에 올렸다. 이곳에서는 원칙적으로 누구나 바닷가재를 잡을 수 있다. 면허를 내는 데 돈도 별로 들지 않고 주에 신청만 하면 금방 나오기 때문에 법적인 장애는 거의 없다. 1인당 어획량 제한도 없다. 단, 새끼 밴 암컷이나 일정 크기 이하의 너무 어린 가재만 잡지 않으면 된다. 소득은 좋은 편이며 갖추어야 할 장비도 간단하다.

재앙이 일어날 모든 요소가 두루 갖추어져 있는 셈이다. 새로 가재잡이를 시작하는 사람은 가재가 멸종 위기에 처하더라도 상관하지 않고 힘 닿는 만큼 마구 잡아대는 것이 이익이다. 죄수의 딜레마에 따르면 그가 그렇게 하지 않아도 누군가가 그렇게 할 것이기 때문이다. 그러나 적어도 최근까지 메인 주의 가재잡이꾼들은 그런 일 없이 호황을 누려왔다. 그들은 가재를 남획하지 않고 지난 50년간 해마다 거의 비슷한 양——한 해에 약 725-1,000만 킬로그램——을 잡아왔다. 그들은 어떻게 재앙을 막을 수 있었는가?

답은 한마디로 〈소유권〉이다. 앞에서 설명했듯이, 법적으로는 누가 어디에서 가재를 잡든지 상관이 없다. 어장은 개인 소유가 아니다. 그러나 막상 가재잡이를 시작하려고 하면 다시 생각해 보라는 충고를 수도 없이 듣게 된다. 해안선 전역은 여러 조업권역으로 나뉘어 각 권역은 특정 〈항만 갱〉에 〈소속〉되어 있다. 부표에 매달린 가재잡이망을 끊어버리는 것은 불법이지만, 난입자는 틀림없이 이런 일을 겪게 된다. 법적 경계선이 그려져 있는 것이 아닌데도 그곳 사람들은 해안의 경계표만 보고 어디까지가 자기가 속한 갱의 구역인지를 구별한다. 경계선은 아주 정확해서, 현업 가재잡이꾼들을 모아놓고 물어보면 상세한 지도를 그려낼 수 있을 정도이다.

하나의 조업권역은 그곳을 관할하는 갱의 공동 소유이다. 개인 소유권은 인정되지 않는다. 개인 소유권이 있었다면 이런 체계가 유지될 수 없었을 것이다. 바닷가재는 철마다 장소를 옮겨다니기 때문에 한 개인이 관리할 수 있을 정도의 좁은 지역으로는 수확의 지속성이 보장되지 않는다. 때문에 대략 170제곱킬로미터 넓이의 공동 소유권역 내에서 갱 소속원들이 철마다 장소를 옮겨다니며 가재잡이를 하는 것이다.

그러나 1920년대 이후 점차 조업권역의 분할 방식에 변화가 생겼다. 인구 폭증과 기술 혁신이 초래한 이 같은 변화 때문에 남의 구역을 무사히 넘나드는 것이 별로 어렵지 않게 되었다. 요즘은 조업권역이 중심부만 배타적이고 주변부의 경우 누구나 들어갈 수 있는 곳이 많아졌다. 이 같은 〈응집화 권역〉에는 바닷가재 수가 줄어들어 이런 곳의 어부는 전통적 권역의 어부가 연간 2만

2,000달러를 버는 데 비해 1만 6,000달러밖에 벌지 못한다. 응집화 권역은 말하자면 자유 조업 어장인 셈인데, 모든 자유 조업 어장이 그렇듯이 남획의 조짐을 보이고 있는 것이다.

그러나 메인 주의 바닷가재 이야기에서 특이한 사실은 그곳의 상태가 지금 악화되는 것이 아니라, 그곳의 체계가 지금까지 국가 제재나 개인 소유권 없이도(공동 소유권은 있지만) 잘 유지되어 왔다는 점이다.[2]

공동 소유의 비극

무엇이 특이하다는 말인가? 앞 장에서 우리가 얻은 결론은 생태적 미덕 같은 것은 인간 본성에 없으며, 환경 보호주의자로서의 고상한 야만인 따위는 루소의 환상속에서만 존재한다는 냉혹한 것이었다. 그런데 메인 주의 가재잡이꾼들은 집단 이익을 유지하고 있지 않은가? 여기에는 뭔가 해명되어야 할 문제가 있는 것으로 보인다.

다수가 참여하는 죄수의 딜레마는 〈공동 소유의 비극〉이라고도 불린다. 클로비스인들이 매머드를 거의 멸종시키게 되었을 때 혼자서만 올바르게 행동하는 바보가 있었다고 생각해 보자. 그는 〈아니야, 나는 새끼를 밴 매머드는 죽이지 않겠어. 임신한 짐승을 해치는 것은 나쁜 일이야〉 하고 생각하겠지만 그 어미 매머드를 발견한 다른 인디언은 그렇게 생각하지 않을지도 모른다. 자신이 살려준 매머드를 다른 인디언이 잡아 포식하는 마당에, 배를 곯며 기다리고 있는 가족에게 빈손으로 돌아가는 그는 얼마나 어리석은 인간인가? 어느 한쪽의 협동(자제)이 다른 쪽에게는 기회가 된다. 합리적인 개인이라면 지상에 마지막 남은 매머드 한 쌍을 죽여버릴——실제로 죽였다——것이다. 그가 죽이지 않더라도 다른 사람이 죽일 것이라는 사실을 그는 누구보다 잘 알고 있기 때문이다.

이 단순한 딜레마——등대를 세우는 것과 같이(제6장 참조) 공공 설비를 만드는 문제의 정반대——를 사람들은 아주 오래전부터 인식해 왔으나 어업에 관심이 많은 경제학자 스콧 고든 Scott Gordon은 1954년 이 문제를 수학적 용어로 처음 설명했다. 고든은 이렇게 말한다.

> 만인의 재산은 아무의 재산도 아니다. 모두에게 개방된 부는 아무도 가치를 쳐주지 않는다. 그 부의 적절한 활용 시기를 고지식하게 기다리는 사람에게 돌아가는 것은 다른 이가 그것을 차지하는 모습을 멀거니 바라보고 있는 것뿐이기 때문이다. 영지의 목동이 훗날을 위해 남겨놓는 풀 한 포기는 그에게 아무 가치가 없다. 내일이면 다른 목동의 소가 그 풀을 뜯어먹을 것이기 때문이다. 마찬가지로 석유 채굴업자가 땅속에 남겨놓은 기름은 그에게 아무 가치가 없다. 곧 다른 사람이 그것을 뽑아 올릴 것이기 때문이다. 바다 속의 물고기는 어부에게 아무 가치가 없다. 오늘 잡지 않고 남겨둔다고 해서 내일 그 자리에 있으리라는 보장이 전혀 없기 때문이다.[3]

해결 방법은 자원을 사유화하거나 국유화해서 남획을 방지하는 것뿐이라는 게 고든의 결론이다. 물론 어업의 경우에는 후자의 방법만이 가능하다.

14년 뒤 개럿 하딘Garrett Hardin이라는 권위주의 성향의 한 생물학자가 인구 증가에 관한 강의를 준비하다가 똑같은 생각을 떠올리고 이것을 〈공동 소유의 비극〉이라고 명명했다. 그후 이 용어가 널리 사용되었다. 하딘의 의도는 이 문제 자체를 해결하려는 것이 아니라 산아제한론을 주장하기 위한 것이었다. 〈대다수의 자유주의자들에게 강제란 아주 더러운 단어로 받아들여지지만, 영원히 그러리라는 보장은 없다〉고 그는 말한다.

하딘은 사유지와 달리 과잉 방목의 영향으로 쇠멸했다는 설이 널리 받아들여지고 있는 중세 공유지를 예로 들었다.

합리적인 목동이라면 자기가 추구해야 할 목표는 소 떼를 한 마리씩 불려가는 것이라고 결론 내릴 것이다. …… 그러나 이 결론은 공유지를 사용하는 모든 합리적인 목동들이 각자의 생각으로 한결같이 도달하는 결론이다. 여기에 비극이 있다. 공동 소유권의 자유로운 행사를 존중하는 사회에서 각자가 최선의 이익을 추구하려 할 때 모든 인간이 달려가는 귀착점에 기다리고 있는 것은 파멸이다. 공유지의 자유는 모두에게 파멸을 안겨준다.[4]

이론적으로 이것은 사실이다. 주인이 없는 재산은 무임 승차에 전혀 무력해서 재앙에 직면한다. 그러나 공유지 방목에 대해 하딘이 잘못된 지식을 갖고 있었다는 데 문제가 있다. 중세 공유지는 재앙이 예정된 주인 없는 땅이 아니었다. 중세 공유지는 메인 주의 바닷가재처럼 치밀하게 관리되는 공유 재산이었다. 물론 누가 가축에게 풀을 뜯게 할 권리가 있고 관목을 벌채할 권리가 있는지에 관한 권리 문서나 성문율이 있었다는 것은 아니다. 따라서 외부 사람이 볼 때는 주인이 없는 것처럼 보인다. 그러나 만일 공유지에서 풀을 뜯고 있는 소 떼 속에 당신의 소를 집어넣으려고 하면 그 즉시 어떤 불문율이 있음을 깨닫게 될 것이다.

중세 영국의 공유지에 관한 영주의 자애로운 보호라는 것은 형식뿐이었으며, 공유지에는 의심의 눈초리를 번뜩이는 수많은 소유권들이 거미줄처럼 복잡하게 얽혀 있었다. 영주는 공유지의 소유권자였으나 그 소유권은 그가 공유지 이용자들의 권리를 방해하지 않는 경우에만 인정되는 것이었다. 공유지에는 목축권, 필요 물권, 토탄 채굴권, 돼지 방목권, 입어권, 토양 이용권 같은 것이 있었다. 쉽게 말하면 자기 가축에게 풀을 뜯게 할 권리, 수선이나 땔감용의 목재를 베어낼 권리, 석탄을 캘 권리, 돼지에게 도토리를 따먹게 할 권리, 물고기를 잡을 권리, 자갈이나 모래를 채집할 권리 등이다. 이러한 권리들의 소유자는 각 개인이었다. 봉건영주 체제가 무너졌을 때 공유지는 실제로 이 같은 권리를 가진 사람들의 공동 소유가 되었다. 이 공동 소유권이 왜곡. 유린되고 무효로 되는 과정이 이른바 엔클로저 enclosure 운동이다. 아무튼 중세 공유지는 주인 없는 땅이 아니었다.[5]

영국 북부의 페나인 평야에는 지금까지도 〈스틴팅 stinting(정량 준수)〉이라는 중세적 규율이 남아 있다. 이곳의 양들은 아무데서나 풀을 뜯을 수 있지만 목동이 이곳에 풀어놓을 수 있는 양의 수는 제한된다. 목동에게는 일정 수의 〈스틴트〉가 할당되는데, 스틴트당 한 마리씩을 이곳에 풀어놓을 수 있다. 그리고 방목하는 양은 반드시 이 평야에서 태어난 것으로, 체중을 〈측량〉해서 같은 지역의 다른 양들의 무게와 합산해 등록된 것이어야 한다(측량된 양은 해마다 일정 지점의 주변에서만 풀을 뜯을 수 있으며, 측량되지 않은 양은 여기저기를 돌아다닌다). 스틴트 수의 제한은 풀의 고갈을 막기 위한 것이다. 중세의 공유지에도 으레 이 같은 스틴팅 제도가 있었다. 그러나 오늘날 이것이 완전히 상품화되어 금전 거래의 대상이 됨에 따라 이제 영국의 공유지는 부분적으로 사유화된 공동 재산의 성격을 띠게 되었다. 영국의 삼림 역사가인 올리버 래크엄 Oliver Rackham은 이렇게 말한다. 〈공유권 소유자들은 바보가 아니다. 그들은 하딘의 문제를 잘 알고 있다. 그들은 비극이 다가오고 있는 것을 알고 그것을 피하기 위해 행동을 취한다. 그들은 다른 공동 소유자들이 과잉 방목하는 것을 막기 위해 통제 수단을 강구한다. 영국 공유지에 관한 법원의 보관 문서를 보면 그 같은 통제가 있었으며 상황 변화에 따라 개정되어 왔음을 알 수 있다.〉[6]

따라서 공동으로 소유한다고 해서 반드시 공유권의 비극을 겪게 된다고 말하는 것은 난센스이다. 공동 소유와 자유 개방형의 만인의 소유물은 전혀 다른 것이다. 인클로저 운동 이전의 영국 공유지가 모든 사람에게 개방된 순수한 평등주의적 장소라고 생각하는 것은 향수가 지어낸 신화이다. 하딘은 이 문제를 간과했으며, 그의 주장은 사실이 아니라 이론에 근거한 것이다.[7]

국유화론자를 경계하라

위의 사실들을 혼동하지 않는다면, 공유지에 관한 모든 문제가 전혀 경제학의 물을 먹지 않은 지역민들의 합리적이고 자원 보호적인 선의의 방식으로 해결될 수 있음을 알 수 있을 것이다. 공유지 관리의 문제를 풀기 어렵게 만드는 것은 항상 훈련된 전문가들이다. 지난 몇 년간 정치학자 엘리노어 오스트롬Elinor Ostrom은 모범적으로 운영되고 있는 공유지의 사례들을 수집해 왔다. 그녀는 몇 세기 동안 공동 소유되어 왔으면서 잘 관리되고 있는 삼림의 예들을 일본과 스위스에서 발견했다.

터키의 알라니아 시 근처의 해안에서는 연안 어업이 성황이다. 이 지역의 어민들도 1970년대에는 일상적인 남획과 분쟁, 수확 감소에 허덕였다. 그러나 그들은 철이 바뀔 때마다 다시 추첨을 해서 허가된 어부들에게 어장을 할당하는 매우 독창적인 일련의 규칙을 만들어냈다. 정부가 이 체제를 법적으로 인정했지만, 규칙의 이행을 강제하는 것은 어부들 자신이다. 이곳에는 이제 더 이상 자원의 고갈이 없다.

스페인의 발렌시아 시를 끼고 흐르는 투리아 강은 1만 5,000명의 농민들이 소유하고 있는데, 이 제도가 만들어진 지는 550년도 더 된다. 농부들은 자기 차례가 되면 분배 수로의 물을 필요한 만큼 끌어들이지만, 조금도 낭비는 없다. 따라나와서 지키고 있는 다른 농부들의 눈총 때문에 속임수를 쓸 수 없으며, 감시자들은 불만이 생기면 매주 목요일 아침 발렌시아 대성당 〈사도의 문〉 앞에서 열리는 아구아스 심판위원회에 제소할 수 있다. 1400년대의 기록을 보면 속임수가 거의 없었음을 알 수 있다. 발렌시아의 우에타는 이모작이 가능해 소득이 많은 땅이다. 뉴멕시코 주는 이 지역으로부터 관개 체제를 수입해 자치적인 관개 시스템을 발전시켰다.[8]

1920년대 여러 마리의 식인 호랑이가 나타나 세상을 떠들썩하게 했던 인도 북부 쿠마온 지역에 있는 구릉 지대 알모라 자치구는 공유 동물의 국유화가 자유 개방의 비극을 막기는커녕 오히려 조장한다는 사실을 보여주는 좋은 예이다. 1850년대에 영국 식민 정부는 이 지역의 모든 산림에 대한 권한을 국가가 독점한다고 선언했다. 겉으로는 지역민의 이익을 위한 것이라고 했지만, 진짜 목적은 산림에서 나오는 국가 수입을 늘리기 위한 조치였다. 이 같은 조치는 알모라로 끝나지 않았다. 곧 인도 전역에 이 제도가 도입되었다. 정부는 입산과 벌목, 목축, 화전 경작을 금지시켰다. 지역민들의 저항은 날로 거세졌다. 역사상 처음으로 지역민들이 산림을 훼손하는 일이 벌어졌다. 이제 산림은 더 이상 그들의 것이 아니었기 때문이다. 공유의 비극이 일어난 것이다.

문제의 심각함을 뒤늦게 깨달은 정부는 1921년 산림문제처리위원회를 조직했는데, 위원회는 반판차야트법 Van Panchayat Act을 제정해 산림의 일부를 다시 지방 자치화했다. 정부 소유의 산림을 판차야트(공유 산림)로 만들려면 둘 이상의 마을이 공동으로 자치구의 부행정관에게 신청할 수 있게 되었다. 판차야트 평의회는 산불과 지반 침식, 벌목, 개간으로부터 산림을 보호하는 활동을 폈고 방목 지역도 매년 전체 면적의 20%로 제한했다. 1990년 여섯 곳의 판차야트 산림에 대한 조사가 이뤄졌는데, 이 중 셋은 관리가 잘되고 나머지 셋은 잘되지 않는 것으로 드러났다. 잘 관리되고 있는 지역은 위반자 감시와 벌금 제도가 엄격했다. 아직까지 국가 소유로 되어 있는 산림에 비해 판차야트의 관리 상태가 훨씬 좋다.[9]

똑같은 현상이 케냐 북부 지역에서도 관찰되었다. 투르카나 호 근처의 투르크웰 강 주변에 사는 투르카나족은 강변의 나무에서 떨어지는 아카시아 꼬투리로 염소를 사육했다. 밖에서 보면 이것은 주인 없는 나무처럼 보인다. 모든 목동이 모든 나무를 이용하는 것이다. 그러나 사실 나무들은 주인이 없는 것이 아니라 철저하게 관리되는 사적(공동) 재산이었다. 원로 회의의 허락을 받지 않고 가축에게 관목을 갉아먹게 하면 목동은 곤장을 맞고 쫓겨났으며, 재범자는 사형을 당했다. 가뭄이 심했던 어느 해에 정부는 투르크웰 강변 나무의 관리에 개입했다. 이렇게 되자 나무들은 진짜로 주인이 없는 상황에 처해졌다. 나무는 원로 회의가 아니라 국가가 소유했다. 당연히 예상된 일이었지만 불행하게도 나무들은 이파리를 잃고 시들어버렸다. 그런데도 사유 재산에 대한 환경 운동가들의 편견이 너무 심한 탓인지, 한 환경 전문가는 이것을 국유화의 해악이 아니라 사유화의 해악을 입증하는 사례로 인용했다.[10]

리바이어던의 비극

하딘의 이론이 남긴 유산은 국가적 강제의 복원이었다. 그것은 다름 아닌 홉스주의의 승리였다. 홉스는 국민 내부에 협동을 조성하기 위해서는 강력한 왕권이 필요하다고 주장했다. 〈칼이 없는 서약은 그저 말일 뿐이어서 단 한 사람도 통제할 힘이 없다〉고 그는 말했다. 공동 소유의 비극을 해결하기 위한 유일한 해결책으로 1970년대의 국유화가 진행되었다. 공동 소유권의 비효율성을 비판하는 하딘의 논리는 전세계에 걸쳐 정부 재산을 확대하는 구실이 되었다. 1973년 한 경제학자는 눈물을 흘리며 이렇게 말했다. 〈공동 소유의 비극을 회피한다는 것이 기껏 전체주의 국가의 참

혹한 궁핍으로 귀결되고 말았다.〉[11]

국유화라는 처방은 영락없이 비극을 초래했다. 리바이어던 Leviathan은 오히려 전에 없던 공동 소유의 비극을 빚어냈다. 아프리카의 야생 동물을 예로 들어보자. 아프리카 대륙의 모든 나라들이 식민지 시기와 1960-1970년대의 독립기에 야생 동물을 국유화했다. 핑계는 그것이 〈밀렵꾼〉을 막을 수 있는 유일한 방책이라는 것이었다. 그 결과 농민들은 코끼리와 들소의 등쌀에 시달리게 되었고, 육류와 금전 수입의 제공원으로서 그것들을 보살필 모든 동기를 잃고 말았다. 〈서구인들의 동물 보호주의적 감상주의가 열렬한 것에 못지않게 코끼리에 대한 아프리카 농민들의 증오는 노골적이다〉라는 것이 당시 케냐 야생동물청장 데이비드 웨스턴 David Western의 말이었다. 아프리카 코끼리와 코뿔소 등 야생 동물 수의 감소는 국유화가 초래한 공동 소유의 비극이다. 야생 동물의 소유권이 다시 공동체 소유로 사유화된 지역에서 야생 동물의 수가 신속하게 회복되고 있다는 사실이 그것을 뒷받침한다. 사냥꾼들이 부락 위원회에 사냥 허가를 신청하도록 되어 있는 짐바브웨의 캠프파이어 프로그램이 그 좋은 예이다. 이곳에서는 다시 값어치를 지니게 된 야생 동물들에 대한 마을 사람들의 태도가 빠른 속도로 바뀌었다. 짐바브웨 정부가 야생 동물의 소유권을 토지 소유자들에게 넘긴 뒤 야생 동물 방육을 위한 토지 면적은 1만 7,000제곱킬로미터에서 3만 제곱킬로미터로 늘어났다.[12]

아시아 지역 관개 시설의 경우 국가의 선의가 초래한 피해는 더욱 심하다. 네팔에서 관개는 급수원 소유자들과 하류 지역 지주들 간의 신중한 거래를 통해 이루어진다. 급수원 소유자들이 물이 많이 필요한 벼농사를 짓거나 물을 헤프게 낭비하면 하류의 농민들은 사용할 물이 없다. 그러나 급수원 소유자들은 나름의 이기적 동기 때문에 그렇게 행동하지 않아왔다. 수로 변경 댐을 유지하는 데는 많은 노력이 필요하며, 하류의 수요자들이 공정한 물 분배의 대가로 노동력을 제공한다. 여기에 국가가 개입해 카말라 지역에서처럼 영구 댐을 건설한 결과는 기존 거래 질서의 파괴였다. 상류의 농민들은 이제 물을 아껴쓸 아무런 이유가 없게 되었고, 하류는 물 부족에 허덕이게 되었다. 프로젝트는 참으로 볼 만한 실패로 끝나고 말았다. 그러나 피투와 지역에서처럼 하류의 수로 건설에 정부가 개입한 경우에는 농민들이 자치 위원회를 구성해 새로운 분배 체계를 세움으로써 용수 공급 지역이 갑절로 늘어나는 좋은 결과를 가져왔다.

네팔 국영 관개 지역의 수확량은 자치적 관개 지역에 비해 20%가 적으며 물의 분배도 불공평하다. 관개 시설의 통제권을 관료의 손에 집중시키는 실험은 파라오Pharaoh 이후 국가들이 자주 즐겨온 게임이다. 식민지 시대에도 그랬고, 오늘날 원조 기구들도 그런 방식을 선호한다. 그들은 주민들의 자율적 관리 능력을 과소평가하고 관료의 힘을 과대평가하고 있다. 결과는 공동 소유의 비극이다.[13]

인도네시아 발리 섬에서도 비슷한 사례가 발견된다. 발리의 대지는 거의 인공으로 조성되었다. 그들은 한 뼘의 땅이라도 여유가 있으면 계단식 논으로 만들었다. 생태학적 미덕으로 간주되는 지속 가능성은 여기에서 문제가 되지 않는다. 농민들은 살충제나 화학 비료를 쓰지 않기 때문이다(청록조는 대기 중의 질소를 고정시킨다). 발리 섬에 벼농사가 들어온 것은 기원전 1000년쯤이며 관개 시설의 역사도 그만큼 길다. 산정의 호수와 시냇물이 관개 터

널과 수로를 거쳐 산기슭에 자리잡은 수박 subak이라 불리는 농업 부락으로 흘러온다.

관개 시설은 종교와 밀접하게 얽혀 있어 수로망이 갈라지는 지점에는 으레 사원이 있고, 사원의 의식도 대개는 상류 지역의 사원에 선물을 바쳐 물을 확보하는 거래와 관계가 있다. 사원들은 각 수박에 언제 물을 댈 것인지, 언제 볍씨를 뿌릴 것인지를 주민들에게 알려준다. 전통적으로 각 수박은 소속된 논을 한꺼번에 경작하고 놀릴 때는 한꺼번에 놀린다.

1970년대에 국제미작연구소가 녹색 혁명을 시도했는데, 연구소 측은 정기적인 휴경의 관행을 철폐하면 병충해에 강한 볍씨를 제공해 수확 증대를 약속하겠다고 공언했다. 그러나 결과는 재앙이었다. 물 부족과 곤충 매개 바이러스 질환의 유행으로 농사는 망치고 말았다.

왜 그렇게 됐을까? 원인을 밝히기 위해 과학자들이 동원되었다. 스티븐 랜싱 Stephen Lansing이 자신의 여신(컴퓨터)에게 모든 자료를 바치자 이런 대답이 나왔다. 전에는 한 수박의 농민들이 동시에 휴경을 하면 전염병은 발붙일 곳이 없었다. 휴경 기간 동안 병균이 자랄 곳이 없었기 때문이다. 또 각 수박이 파종 시기를 달리했기 때문에 물 부족도 생길 수 없었다. 재앙은 녹색 혁명가들이 이처럼 뛰어난 체제를 파괴해 버린 데 따른 결과였다.

다음에 떠오른 의문은 이렇게 뛰어난 체제를 관리하는 강력하고 지혜로운 인물은 누구인가 하는 것이었다. 컴퓨터가 다시 대답했다. 아무도 아니다. 혼돈으로부터 질서를 창출해 내는 것은 사람들을 감독하는 어떤 뛰어난 통치 방식이 아니라, 사람들이 각자의 동기에 따라 합리적으로 행동하는 자율적 방식이다. 누구나 가장 먼저 떠올리게 될 중앙 사원의 전지전능한 수도사 같은 이는 없었다. 농부들이 저마다 좋은 수확을 낸 이웃의 모범을 본받는 것만으로도 이 체제는 만들어지고 유지될 수 있었다. 그 결과 한 수박 내에서의 공동 행동, 그리고 서로 다른 수박 간의 교차 행동이 이루어진 것이다. 중앙집중적 권위 같은 것의 흔적은 전혀 발견되지 않았다. 국왕이든 사회주의자이든 이 체제를 만드는 데 정부가 공헌한 것은 없으며, 정부는 세금만 거뒀다.[14]

제3세계 어느 나라의 경우이든 골치 아픈 환경 문제는 으레 소유권이 명확하지 않은 데서 비롯된다. 사람들은 우림의 나무에서 열매와 약재를 거둘 수 있는데도 무엇 때문에 나무를 베어버릴까? 목재는 숲 속의 나무와는 달리 직접 소유하는 것이 가능하기 때문이다. 멕시코는 왜 미국보다 훨씬 빠른 속도로 원유 매장량을 소모하면서도 원유의 활용도는 낮고 돈도 적게 벌어들이는 것일까? 미국에서는 원유에 대한 소유권이 더 잘 확립되어 있기 때문이다. 페루의 경제학자 에르난도 데 소토Hernando de Soto는 제3세계의 빈곤은 그 국민들이 부의 기회로 삼을 수 있는 안정적 소유권을 확립함으로써 치유될 수 있다고 말한다. 공동 소유의 비극에서 정부는 해결책이 되지 못한다. 오히려 비극의 주범일 뿐이다.[15]

실험실의 고상한 야만인

결론은 리바이어던이 없어도 환경의 보존은 가능하다는 것이다. 이것을 증명하기 위해 오스트롬과 그의 동료들은 하나의 실험을 계획했다. 그들은 학생 자원자 여덟 명을 모아 각자에게 스물다섯 개의 쿠폰을 나눠주었다. 쿠폰은 실험이 끝나는 두 시간 뒤에는 현금으로 교환해 준다. 그 동안에 학생들은 그 쿠폰을 사용해 컴퓨터상에 만들어진 두 곳의 시장에 익명으로 투자를 할 수 있다. 제1시장에서는 고정 비율의 수익, 즉 투자된 쿠폰과 동일한 양의 이익이 남는다. 제2시장은 실험 대상자 여덟 명이 투자한 총량에 비례해 수익을 남겨준다. 즉 투자된 쿠폰의 숫자가 적을수록 수익은 커서 제1시장의 고정 수익보다 이익이 크다. 그러나 투자된 쿠폰이 많을수록 수익은 줄어들어 일정 기준을 넘어서면 오히려 손해를 보는 일이 생긴다.

이 실험 상황은 어업이나 목축처럼 모두에게 개방된 환경 자원의 문제를 본따 설계된 것이다. 모든 사람이 자제를 실천하면 좋은 보답이 돌아오지만, 그중에서도 가장 큰 이익을 얻는 것은 남들이 자제를 할 때 혼자서만 자제를 하지 않는 사람——무임 승차자——이다. 학생들은 이런 상황에서 어떻게 행동했을까? 가장 단순한 형태로 진행된 첫번째 실험에서 두 시간에 걸친 익명의 투자 결과는 다름 아닌 공동 소유의 비극이었다. 학생들은 자신들이 벌 수 있었던 금액의 21%만을 챙겼다. 두번째 실험에서는 실험 도중 학생들에게 단 한 차례 토론의 기회를 주었다. 토론 후 그들은 다시 익명의 투자자로 돌아갔다. 한 차례의 토론이 도움이 되는 것으로 나타났다. 실제 수익은 최대 가능 수익의 55%까지 늘어났다. 다음에는 학생들에게 여러 차례 토론의 기회를 주자 수익은 73%까지 늘어났다. 무임 승차자에 대한 제재 장치가 없이 〈단지 토론하는 것〉만으로도 비극을 막을 수 있었던 것이다.

다음에는 실험 대상자들에게 무임 승차자를 벌금형으로 제재할 기회를 주고 대신에 전략을 논의하기 위한 토론 시간을 주지 않자 수익은 다시 최대 가능 수익의 37%로 떨어졌다. 벌금형을 집행하는 데 쓰인 〈조세〉 비용을 제하고 나면 겨우 9%가 실질 수익이었다. 그들에게 다시 토론의 기회를 주고 그들 스스로 무임 승차자에 대한 제재 방법을 세우도록 하자 시스템은 거의 완벽하게 돌아가기 시작했다. 학생들은 이를 통해 최대 가능 수익의 93%까지 수익률을 높인 경우도 있었다. 그들은 제2시장에 대한 각자의 투자 한계를 정했으며 4%만이 이 약속을 어겼다.[16]

환경 문제에 대한 자제를 실천하는 데 의사 소통만으로도 상황이 크게 개선될 수 있다는 것이 오스트롬의 결론이다. 의사 소통이 처벌보다 더 중요했다. 칼이 없는 서약은 지켜지지만, 서약이 없는 칼은 효력이 없다. 알겠는가? 홉스주의자들이여. 그리고 강제를 옹호하는 하딘이여.

움직이는 것은 놓치지 마라

위의 실험 결과는 앞 장에서의 결론을 더 혼돈스럽게 만든다. 인디애나 대학교에서의 두 시간짜리 실험이나 발리에서의 3,000년에 걸친 실험에서 보았듯이 정부의 개입 없이도 사람들은 환경 보존을 위한 집단 행위의 문제를 푸는 방법을 훌륭하게 찾아낸다. 그렇다면 어째서 사람들은 남아메리카와 북아메리카, 오스트레일리아, 뉴기니, 마다가스카르, 뉴질랜드, 하와이에서 동물군의 멸종을 방지하지 못했는가? 아마존 인디언의 사냥 관습에서 환경 보존적 미덕의 흔적이 티끌만큼도 발견되지 않는 이유는 무엇일까?

가장 쉬워 보이는 답이 대개는 옳은 답이다. 동물은 이동하지만 관개 시설은 움직이지 않는다. 공동 소유의 문제를 푸는 열쇠는 소유권——필요하다면 공동체의 소유권, 가능하다면 개인의 소유권——을 확립하는 것이다. 캥거루나 마스토돈을 소유하는 것은 그것을 잡는 것만큼이나 힘들다. 자기 구역의 동물을 외부인이 잡지 못하게 하려면 그 부족은 외부인의 침입을 막으면서 동시에 동물들이 구역을 벗어나 이웃 부족의 구역으로 가지 못하게 하는 두 가지 과제를 해결해야 한다. 물론 구세계의 사냥꾼들 간에는 완벽한 자제의 메커니즘이 있었는데, 이것이 넘쳐나는 자원을 발견한 신세계의 흥분의 도가니 속에서 붕괴되고 말았다고 상상하는 것도 가능하기는 하다. 초기의 마오리족 사람 중 누군가는 모어를 포식한 뒤 배를 두드리며 이렇게 말하지 않았을까? 〈이봐, 계속 이렇게 나가다가는 모어를 다 먹어버리겠어. 새끼를 낳을 몇 마리는 남겨둬야 하지 않을까?〉 그러나 설사 누군가가 그렇게 말했더라도 아무도 귀를 기울이지는 않았을 것이다.

인간은 소유할 수 있는 것만을 지속 가능한 방식으로 소비한다는 생각은, 열대 우림의 천연 자원 중에서 자제력 있게 취급되는 것은 으레 움직이지 않는 것이라는 데에서도 입증된다. 재러드 다이아몬드Jared Diamond는 뉴기니인들이 환경 보존적 윤리를 실천하는 경우는 한 개체의 소유권이 한 개인에게 속해 있을 때뿐이라고 보고하고 있다. 카누를 만드는 데 쓰이는 귀한 종류의 나무는 그것을 처음 발견한 사람의 소유이며, 이 규칙은 모두가 준수한다. 때문에 나무를 처음 발견한 사람은 새 카누가 필요한 시기까지 나무 베는 것을 보류하고 기다릴 수 있다. 이와 마찬가지로 극락조가 늘 날아와 앉는 나무도 처음 발견한 사람의 소유이다.

소유자는 극락조가 날아올 때까지 기다렸다가 새를 잡아 값비싼 장식용 깃털을 챙긴다.[17]

이동이 잦아 나타났다가 금방 사라지는 자원은 주인 없는 물건으로 취급되고 자원의 성격이 정적일수록 사적으로 소유되는 경향이 있다는 일반 규칙은, 이동이 적은 야생 동물들의 예를 통해서도 입증된다. 백인들이 들어오기 전 북아메리카의 비버는 멸종 위기를 겪은 적이 없다. 비버 댐 근처의 나무에는 으레 표지가 새워져 있었는데, 그것은 그 댐에 사는 비버를 잡을 권리가 있는 소유자를 알리는 표시였다.

오스트레일리아와 동인도 제도에 서식하는 닭처럼 생긴 메가포드라는 새의 경우를 보자. 메가포드는 알을 품는 법이 없다. 대신에 대부분의 메가포드는 퇴비 더미를 만들어 풀이 썩을 때 나는 열로 알을 부화시킨다. 또 어떤 메가포드는 햇볕으로 달구어진 해변 모래밭에 알을 묻거나, 작은 화산섬으로 날아가 지열 활동 때문에 따뜻해진 흙 속에 알을 묻는다. 화산섬인 뉴브리튼 섬의 한 해변에는 한때 5만 3,000마리의 메가포드가 날아든 적도 있다.

몸집이 크고 단백질도 풍부한 메가포드 알은 맛이 일품이어서 알을 차지하기 위한 경쟁이 치열하다. 알을 묻어 놓은 퇴비 더미나 해변은 으레 어떤 개인이나 공동체의 소유로 되어 있다. 이 같은 사적 소유가 메가포드의 종족 보존에 아주 중요한 요소이다. 르네 데커Rene Dekker는 최근 몰루카 제도에 속한 작은 섬 하루쿠의 한 지역에서 5,000쌍의 메가포드가 보름달 아래에서 알을 낳는 광경을 목격했다. 이 알들을 수확할 권리는 한 개인에게 있었는데, 그는 소유권을 인정받는 대가로 해마다 일정액을 내놓았으며 전체 중 20%의 알은 수확하지 않고 부화하도록 놔두었다. 이곳을 제외한 다른 해변에서는 이제 알 수확이 그리 신통치 않다. 사적 소유 체제가 무너지고 현대적인 주인 없는 체제가 재앙적인 결과를 초래했기 때문이다. 모두 열아홉 종의 메가포드 중에서 열한 종이 멸종 위기에 처해 있는데, 원인은 마구잡이식의 알 채집 때문이다.[18]

메가포드 산란지, 비버 댐, 극락조 나무, 카누용 나무 등을 매머드, 맥, 청어 등과 비교할 때의 차이점은 전자는 이동하지 않는다는 것이다. 이동하지 않는 것에 대해서는 소유권이 안정적이고 명확하며 보호받기가 쉽다. 우리의 조상들이 매머드나 엘크를 멸종으로부터 보호하지 못한 것은 야생 동물에 대해서는 소유권을 확립하는 것이 불가능했기 때문이다. 이 소유권이 반드시 개인적인 것이어야 할 필요는 없지만——공동체의 것이어도 된다——아무튼 소유권은 환경 보존적 미덕의 열쇠이다.[19]

축재에 대한 금기

현대 서구의 공해나 환경 문제에 대해서도 같은 결론이 적용된다. 공해 배출 기업들은 국가의 통제를 좋아하는데, 그것은 국가 통제가 시민들의 고소로부터 그들을 보호해 주며 다른 기업의 새로운 진입 의욕을 꺾기 때문이다. 그들은 재산권에 근거한 환경 보존 압력에 대해서는 커다란 두려움을 갖고 있다.

불법 침해와 쓰레기 투기의 금지 그리고 하천 부지 소유권 덕분에 사람들은 땅과 공기와 물을 깨끗하게 유지하고 회복할 효과적인 힘을 갖게 되었다. 그것은 사유 재산권과 그것이 조장하는 환경 보호권을 열심히 침해해 온 정부의 처지에서 볼 때는 지나치게 효과적인 힘이었다.[20]

사적 소유권은 환경 보존과 동지적 관계인 경우가 적지 않다. 반면 정부의 통제는 환경 보존의 적인 경우가 적지 않다. 그러나 이 같은 결론은 환경 보호주의자들을 화나게 할 것이다. 환경 재해는 사적 소유권과 탐욕으로 얼룩진 서구적 전통의 탓이므로 정부의 개입이 해결책이라는 것이 그들의 견해이기 때문이다. 그들이 이 같은 생각을 갖는 이유는 아주 단순한 데 있다. 공동 소유의 비극을 막기 위해 사적 소유나 소집단의 공동 소유를 도입하자는 것은 논리적으로 올바른 결론이지만, 본능적으로는 그렇지가 않다. 인간에게는 수렵채집 사회에서 더 명료하게 표명되었으며 오늘날까지도 잔존하고 있는 뿌리 깊은 인간 본성, 즉 모든 형태의 축재에 저항하는 본성이 있기 때문이다. 축재는 금기이며, 분배는 미덕이다. 에스키모 사회에서는 마지막 담배 한 개비라고 해도 나눠 피우지 않으면 여러 사람 앞에서 그 사실을 털어놓아야 한다. 여러 명의 상속자에게 유산을 나눠주도록 규정한 나폴레옹 장전이나 힌두법은 이 같은 전통의 일부이다. 프랑스의 무정부주의자 피에르조제프 프루동 Pierre - Joseph Proudhon은 〈소유는 도둑질이다〉라고 말했다.

인류는 강박적이라고 할 정도로 평등주의에 사로잡혀 있으며 이 경향은 수렵채집 사회에서 특히 강했다. 인류학자들의 보고에 따르면 부족 사회인들은 선물을 받으면 그것이 얼마나 어울리지 않는 선물인지 모욕을 주고, 다른 사람이 짐승을 잡아오면 그것이 얼마나 형편없는지 헐뜯는 습성이 강하다. 엘리자베스 캐시던 Elizabeth Cashdan은 쿵족에 관해 이렇게 말했다. 〈자기 자신의 성과물을 별것 아니라고 깎아내리지 않으면 곧 다른 사람들이 나서서 그것을 깎아내린다. …… 그리고 그가 호의를 베풀지 않으면 쉴새없이 선물을 졸라대고 독촉하는 방식으로 분배의 규칙은 '고양' 된다.〉[21]

수렵채집 사회에서는 어느 누구도 혼자 두드러지는 것이 허락되지 않는다. 평등이 알파이자 오메가이다. 침팬지 사회나 인간 사회의 연합에서 지나치게 강한 개체의 야심을 길들이는 습성이 드러나는 데서 그것을 확인할 수 있다(제8장 참조). 이것은 축재에 대한 강한 혐오감에서도 다시 확인된다. 그러나 정착적이며 안정적인 생활 방식이 등장하게 되면, 한 강력한 개인이 나눠주기라는 사회 보험에 의존하지 않고 그 자신의 소유권에 의존할 수 있게 되므로 분배의 강제는 안개처럼 사라져 버린다. 캐시던은 평등주의적인 쿵족을 계층 서열적인 가나족과 비교하고 있는데, 가나족은 일년 내내 야생 멜론밭에 달라붙어 생활하며 그 열매를 축적한다.

정주(定住) 사회에 축재에 대한 금기가 남아 있는 예는 드물지만, 간혹 사례가 있기는 하다. 뉴기니 근처의 마누스 섬 앞바다에는 3킬로미터쯤 길이에 180미터 정도의 폭을 가진 작은 모래섬이 있는데, 섬은 작지만 북쪽으로 18킬로미터쯤 산호초가 드넓게 펼쳐져 있다. 이 섬의 이름은 이 섬에 살고 있는 부족의 호칭을 따 〈폰암〉이라고 불린다. 1981년 폰암족의 숫자는 500명이었으며 아직까지 300명쯤이 살고 있다. 코코넛을 따고 돼지 몇 마리를 키우는 것을 제외한다면 그들의 주된 활동이자 식량 공급원은 산호초 지대에서 하는 어업이다. 어업에는 작살총과 그물이 사용된다. 산호초는 여러 개의 어업 권역으로 분할되어 있으며 각 권역은 가부장적인 씨족 집단들에 하나씩 소속되어 있다. 카누와 그물은 그것을 제작한 개인의 개인 소유물이다. 그러나 그물 소유주가 그물을 사용해 고기를 잡으려면 보조 선원을 채용해야 한다. 하루의 고기잡이가 끝나면 잡은 고기의 분배는 다음과 같다. 즉 선원 각자에게 한 배당씩, 어업권 소유주에게 한 배당, 카누 소유주에게 한 배당, 그물 소유주에게 한 배당과 같은 방식이다. 그러나 어느 누구도 〈한 배당〉 이상을 갖지 못하는 것이 원칙이다. 어업권과 카누와 그물의 소유자가 동일인이라면 그는 한 배당밖에 받지 못한다. 이것이 규칙이며 누구나 이 규칙을 따른다. 어획량이 아주 많을 경우에만 소유주는 나머지 사람들보다 많은 몫을 차지한다. 어획량이 너무 적을 때에는 소유주가 제몫을 포기하는 경우가 많다.

이보다 더 평등적인 사회는 상상하기 힘들다. 자본이 아니라 노동에 따라 분배함으로써 그들은 자산 소유자의 부를 직접 분산시킨다. 때문에 생산 수단의 집중은 강력하게 억제된다. 씨족의 규모가 클수록 노동력은 많고(돌아오는 것이 있다) 자본력은 적다(돌아오는 것이 없다). 나폴레옹 장전의 상속법처럼 폰암의 관습은 공동 소유를 권장하고 개인 소유를 억제한다. 이것은 일종의 축재에 대한 금기로 보인다.

그렇다면 누가 어떤 이유에서 그물과 카누를 제작하겠는가? 이 질문을 던졌을 때 폰암족은 자신들도 문제가 있다는 것을 알고 있다고 대답했다. 좀더 집요하게 질문하자 그들은 소유주가 으레 더 많은 배당을 받는다고 둘러댔다. 그러나 더 파고들자 그것은 사실이 아니라고 고백했다. 소유주에게는 무형의 보답, 즉 그가 속한 씨족 구성원들의 존경이 돌아간다는 것이 그들의 답변이었다. 소유의 동기는 경제적인 것이 아니라 사회적인 것이었다.[22]

폰암족의 이야기는 교훈적이다. 부나 재산의 사적 소유는 존경과 지위를 보장해 주지만 동시에 그것은 질시와 배척을 초래하기도 한다. 때문에 사적 소유권의 옹호가 성공적인 환경 보존의 수단이라는 것을 잘 알고 있으면서도 우리는 사적 소유권의 옹호 자체를 혐오하는 것이다. 현대 환경 보존론자들은 진퇴양난의 지경에 처해 있다. 논리대로 하자면 사람들에게 환경을 보존할 동기를 주기 위해 사적 또는 공동체적 소유를 추천해야 할 것이다. 그러나 축재에 대한 터부가 그런 생각 자체에 대해 반기를 든다. 결국 그는 〈공동 소유〉에서 탈출구를 찾고 완전한 정부라는 신화로 자위하는 것이다. 아래 인용문의 교묘한 속임수에 주목하기를 바란다.

> 파푸아뉴기니 지역의 대부분(97%)은 문서 기록도 없는 관례적 점유권에 속해 있다. 파푸아뉴기니의 방대한 영토, 문화, 다양한 생물 종의 극히 일부분만이 법적인 보호 영역 안에 들어와 있다. 오세아니아 국가들에서만 찾아볼 수 있는 이 같은 특이한 소유권 형태 때문에 정부는 전통적 보유권을 국가 관리로 이관해 환경 보존 수단을 강구할 방책을 갖고 있지 못하다.[23]

정부가 완전하다면 국유화는 사람들이 원하는 방향으로 기능할 것이다. 그러나 시장이 완전하지 못한 것에 못지않게 정부도 완전하지 못하다. 정부는 부패를 통해서든 파킨슨의 법칙을 통해서든 항상 부를 그 자신에게로 돌린다. 환경 문제를 처리하는 데도 정부는 해결자가 아니라 문제의 원인 제공자이다. 정부가 이전에는 존재하지 않았던 공동 소유의 비극을 만들어내기 때문이다. 정부에 속하게 되었다는 이유만으로 뉴기니 사람들이 벌목이나 극락조 사냥을 중지할 것인가? 뉴기니 정부가 헬리콥터 군단을 동원해 밤낮으로 산림을 순찰 비행하고 위반자를 사살한다면 가능할 것이다. 그러나 우리는 그런 정부를 원하지 않으며 설령 우리가 아닌 다른 이들이라고 해도 그런 정부 아래 살기를 원하지는 않을 것이다.

생태적 미덕은 밑으로부터 생겨나야 하며, 위로부터 생겨나서는 안 된다.[24]

13

만인의 만인에 대한 투쟁

신뢰는 거래를 통해 획득된다

우리는 인간 본성의 이기성이 극복될 수 있으리라고는 생각하지 않는다. 그러나

우리는 그것에 대항하기 위해 모든 가능한 방법을 동원할 수 있는 법과 제도를 만

들 것이다.

―《모닝 포스트 *Morining Post*》(1847. 1.)에서

《모닝 포스트》는 우리가 법과 제도를 만드는 의도가 공공의 이익을 증진시키는 데

있다는 이유만으로 법과 제도가 사회를 만든다고 믿고 있다. 그러나 다른 철학적

입장에 따르면 사회는 개개인들이 지닌 본능의 자연적 산물이다.

―《이코노미스트 *Economist*》(1847. 1.)에서[1]

인 간의 정신은 이기적 유전자에 의해 만들어졌다. 그럼에도 불구하고 인간의 정신은 사회성과 협동성과 신뢰성을 지향한다. 이것이 내가 이 책에서 설명하고자 노력해 온 주제이다. 인간은 사회적 본능을 가지고 있다. 인간은 세상에 태어날 때부터 협동의 방식을 계발하고, 믿을 만한 사람과 그렇지 못한 사람을 구별하고, 스스로 믿을 만한 사람임을 과시해 좋은 평판을 쌓고, 재화와 정보를 교류함으로써 노동 분화를 이루는 것 같은 소양들을 타고난다. 이것은 인간만이 갖고 있는 능력이다. 인간 이외에 이 같은 진화 경로를 겪어온 동물 종은 없다. 다른 동물 종들 중에서 발견되는 진정한 의미에서의 통합적 사회는 개미 군체와 같은 근친 교배 혈족들의 대가족뿐이다. 하나의 생물학적 종으로서 인간이 거둔 성공은 인간의 사회적 본능 덕택이다. 사회적 본능 덕분에 우리는 노동 분화를 이룩해 우리의 주인인 유전자에게 상상치 못할 이득을 안겨주었다. 사회적 본능은 지난 200만 년에 걸쳐 우리 뇌의 급속한 성장과 그에 따른 창의성의 증대를 이룩했다. 인간 사회와 인간 정신은 나란히 진화했으며, 이 둘은 서로 발달의 추진력이 되어 왔다. 본능적인 협동 지향성은 크로포트킨이 생각했던 것처럼 동물 세계의 보편적 특성이 아니며, 인간을 다른 동물들과 구별 짓는 인간만의 고유한 특성이다.

진화라는 관점에서 인간을 논한다는 것은 간단한 일이 아니다. 내가 이 책을 통해 의도한 것은 인간이 몇몇 문화적 관습을 언제 획득했는지에 관한 신화들을 깨려고 한 것뿐이다. 나의 주장은 교회가 존재하기 전에 도덕이 있었고, 국가가 존재하기 전에 무역이, 화폐가 존재하기 전에 거래가, 홉스 이전에 사회 계약이, 인권 이전에 복지가, 바빌론 시대 이전에 문화가, 그리스 문명 이전에 사회가, 애덤 스미스 이전에 사리 추구가, 자본주의 이전에 탐욕이 존재했다는 것이다. 이런 것들은 홍적세의 수렵채집인까지 거슬러 올라가는 인간 본성의 표현이다. 그중 어떤 것들은 다른 영장류와 인류를 잇는 미싱링크에까지 그 뿌리가 닿는다. 인류의 부질없는 우월감과 자존심이 이 같은 사실을 여태 무시해 왔을 뿐이다.

그러나 자기 도취는 미성숙의 표현이다. 인간에게는 긍정적 본능만큼이나 부정적 본능도 많다. 경쟁적으로 소집단 분열을 지향하는 인간 사회의 경향 때문에 우리의 정신은 인종 차별과 종족 학살적 분쟁에 너무 쉽게 빠져든다. 또 우리는 기능적 사회를 만들어내는 데는 뛰어나지만, 그것을 적절히 운용하는 데는 익숙하지 못하다. 인간 사회는 전쟁과 폭력, 절도, 분쟁, 불평등으로 갈기갈기 찢겨 있다. 우리는 그 이유를 찾아내기 위해 노력하면서 천성이나 교육, 정부, 탐욕, 신 등에게 그 탓을 돌린다. 내가 이 책에서 설명해 온 인류 자각의 단서가 이 문제를 해명하는 데 도움이 될 수 있을 것이다. 인간이 진화를 통해 어떻게 사회적 신용의 능력을 획득했는지 알게 된다면, 신용의 결여를 치유하는 방법도 알 수 있을 것이다. 문제는 어떤 인간 제도가 신용을 촉진하며, 어떤 인간 제도가 신용을 고갈시키는지를 아는 것이다.

화폐가 실물 자본의 한 형태이듯 신용은 사회 자본의 한 형태이다. 이 사실은 일부 경제학자들 사이에서 이미 오래전부터 알려진 것이다. 〈모든 상업 계약에는 신용이라는 요소가 있다〉는 것이 경제학자 케니스 애로Kenneth Arrow의 말이다. 성공한 영국 사업가 로드 빈슨Lord Vinson이 제시한, 사업에 성공하기 위한 십계명 중에는 〈믿어서 안 되는 특별한 이유가 없는 이상 모든 사람을 신뢰하라〉는 항목이 있다. 신용은 돈처럼 빌려줄 수도 있고(나는 당신을 믿는다. 내가 믿는 사람이 당신을 믿을 만하다고 말하기 때문이다), 투기하거나 축적하거나 낭비할 수도 있다. 신용을 투자하면 더 큰 신용이라는 형태로 배당금이 돌아온다.

신용은 신용을 키우고 불신은 불신을 키운다. 로버트 퍼트넘Robert Putnam이 말했듯이, 번영에 성공한 북부 이탈리아 지방에서는 오래전에 축구 클럽과 상인 길드가 정착되어 사회적 신용을 조장하는 데 기여했지만, 좀더 낙후되고 봉건적인 남부 이탈리아에서는 사회적 불신 때문에 이런 것들이 애당초 정착조차 안 되었다. 남부와 북부가 다르다고는 하지만 서로 유전자가 섞여 있는 같은 이탈리아인이 그저 역사적 사건만으로 그토록 이질적으로 될 수 있는 이유는 여기에 있다. 남부는 전통적으로 강력한 군주와 대부의 사회이지만, 북부는 강력한 상인들의 사회이다.[2]

인간의 정신에서도 아주 비슷한 일이 일어난다. 퍼트넘에 따르면, 북아메리카인들이 시민 사회를 성공적으로 발달시킨 것은 그곳에 정착한 영국인의 수평적인 사회를 이어받았기 때문이며, 남아메리카인들이 낙후한 것은 중세 스페인의 친족 등용 관습과 권위주의와 피보호민 근성을 이어받았기 때문이다. 이 주장이 모두 옳다는 것은 아니다. 프랜시스 후쿠야마Francis Fukuyama는 미국이나 일본처럼 경제적으로 성공한 나라와 프랑스나 중국처럼 경제적으로 뒤떨어진 나라의 커다란 차이는 후자가 강력한 위계 질서에 중독되어 있는 데서 비롯된다는 주장에 대해 회의를 제기하고 있다. 그러나 퍼트넘이 주장한 한 가지 사실만은 반박의 여지가 없다. 대등한 존재 간의 사회 계약, 즉 개체나 집단 간의 보편적 호혜성이야말로 사회라는 인류가 이룩한 가장 큰 성과의 본질이다.[3]

만인의 만인에 대한 투쟁

이 책의 내용은 주로 〈인간 완전론〉이라고 불리는 해묵은 철학적 논쟁의 현대적 재발견——유전학과 수학을 통한 보완——에 관한 것이다. 철학자들은 여러 시대에 걸쳐 여러 가지 다양한 형태로 인간의 타고난 본성은 선하다는 성선설과 인간은 길들여지지 않으면 기본적으로 사악하다는 성악설의 두 가지 상반된 주장을 펼쳐왔다. 성악설을 주장한 대표적 인물로는 홉스, 성선설을 주장한 대표적 인물로는 루소를 들 수 있다.

그러나 인간은 야수이며 인간의 야만적 본성은 사회 계약에 따라 길들여지지 않으면 안 된다고 처음 주장한 것은 홉스가 아니다. 홉스보다 2세기 전에 이미 마키아벨리가 똑같은 주장을 했다 (그는 〈모든 인간이 사악하다는 것은 당연한 사실로 받아들여질 필요가 있다〉고 말했다). 성 아우구스티누스에 의해 다듬어진 기독교의 원죄설도 선한 본성은 신이 선물로 내리는 것으로 간주하므로 이와 비슷한 입장이라 할 수 있다. 고대 그리스의 소피스트 철학자들 또한 인간은 본디 쾌락주의적이며 이기적이라고 생각했다. 그러나 이 같은 주장에 정치적 성격의 색채를 가한 것은 홉스였다.[4]

유럽에서 종교적·정치적 내전의 시대가 열리기 시작할 무렵인 1650년대에 홉스가 『리바이어던 Leviathan』을 쓴 의도는 형제를 서로 죽이는 항구적 전쟁 상태를 종식시키려면 강력한 군주권이 필요하다고 주장하려는 것이었다. 홉스의 주장은 목가적 자연 상태를 이상향으로 추구하던 17세기 철학자들에게 그다지 환영을 받지 못했다. 당시의 철학자들은 아메리카 인디언들의 평화롭고 풍요한 생활을 완전한 사회의 모델로 간주했다. 이에 대해 홉스는 자연 상태란 평화가 아니라 전쟁이라고 주장하면서 철학자들을 압박했다.[5]

홉스는 다윈의 지적인 직계 조상이다. 홉스(1651)는 데이비드 흄 David Hume(1739)을, 흄은 애덤 스미스(1776)를, 애덤 스미스는 맬서스(1798)를, 맬서스는 다윈(1859)을 낳았다. 다윈이 1세기 전의 애덤 스미스가 밟은 전철을 따라 집단 간의 경쟁에서 개체 간의 경쟁으로 사고의 중심을 바꾼 것은 맬서스의 글을 읽고 난 뒤의 일이다.[6]

홉스의 진단——처방은 없지만——은 아직까지도 경제학과 현대 진화생물학의 중심에 자리잡고 있다(애덤 스미스는 밀턴 프리드먼 Milton Friedman을 낳았고, 다윈은 도킨스를 낳았다). 이 두 분야는 자연의 평형이라는 것이 위로부터 설계되어 주어진 것이 아니라 밑으로부터 형성되어 올라온 것이라고 한다면 총체적인 조화는 기대할 수 없을 것이라는 생각을 바탕에 깔고 있다. 존 케

인즈John M. Keynes는 〈『종의 기원The Origin of Species』은 리카 도의 경제학을 과학적 용어로 번안한 것〉이라고 보았으며, 스티 븐 제이 굴드는 〈자연선택이란 애덤 스미스의 경제학을 자연에 적 용한 것〉이라고 보았다. 마르크스도 비슷한 이야기를 했다. 그는 1862년 6월 엥겔스에게 보낸 편지에서 이렇게 썼다. 〈다윈은 어떻 게 동물과 식물의 세계에서 그가 살고 있는 영국 사회와 그 요 소, 즉 노동의 분화, 경쟁, 새로운 시장의 개척, 발명, 생존을 위한 맬서스적인 투쟁을 인식할 수 있었을까? 이것은 바로 홉스 가 말한 만인의 만인에 대한 투쟁이다.〉[7]

다윈의 신봉자 토머스 헉슬리는 생존이란 피도 눈물도 없는 투 쟁이라는 주장을 펴면서 홉스와 동일한 내용을 설파했다. 그는 원 시인에 대하여 다음과 같이 말했다.

생존이란 끊임없이 반복되는 난투극이었으며, 가족이라는 제한되 고 일시적인 관계를 넘어서면 만인의 만인에 대한 홉스주의적 전쟁이 생존의 일상적 조건이었다. 인류도 다른 종들과 마찬가지로 진화라는 보편적 흐름의 한가운데서 절벅거리고 허우적거리며 죽을 힘을 다해 간신히 물 밖으로 코를 내밀고 떠내려왔을 뿐, 인간은 어디로부터 와 서 어디로 가는지에 대해 생각할 겨를조차 없었다.

이것이 바로 크로포트킨으로 하여금 『상호부조』라는 저작을 쓰 게 자극한 그 대목이다.

헉슬리와 크로포트킨의 논쟁을 보면 두 사람의 개인적 차이가 드러난다. 헉슬리는 자수성가한 사람인 데 비해 크로포트킨은 귀 족 출신의 혁명가이다. 헉슬리는 특권층으로 태어나 몽상을 하다가 조국에서 추방된 공작과는 비슷한 점이 하나도 없는 능력 위주의 성취가였다. 헉슬리는 자신의 성공이 자신이 적자(適者)임을 입증하듯이 크로포트킨의 몰락은 그가 적자가 아님을 입증한다고 생각했다. 〈우리 모두에게는 우리의 행운을 시험할 기회가 있다. 우리 앞에 닥친 운명을 회피한다면, 그것은 우리가 바로 도망쳐야 할 사람이라고 믿을 확실한 근거가 된다. 안전을 보장하는 것은 눈이다.〉[8]

헉슬리의 능력주의에서 한걸음만 더 내디디면 바로 그 잔혹한 우생학이 도사리고 있다. 진화란 약자로부터 강자를 골라내는 식으로 이루어졌으며, 이 과정에 인간이 도움을 줄 수 있다. 개체의 운명을 예정한 것은 신이 아니라 유전자라는 논리적 결론에 열광한 영국 에드워드 왕조 시대의 사람들은 밀에서 겨를 골라내기 시작했다. 이들의 생각을 넘겨받은 미국과 독일의 후계자들은 자연주의적 오류에 빠져 자신들이 인류 자체 또는 인종을 개종하고 있다는 착각 속에 수백만의 사람들을 단종(斷種)시키고 죽였다. 이 프로젝트는 히틀러에서 역겨움의 절정에 달했지만 그 생각은 널리 받아들여졌으며, 특히 미국에서는 정치적 좌파로부터 열렬히 수용되었다. 사실 히틀러가 전개한 인종 학살 정책의 대상이 된 〈열성 인간〉이라는 개념은, 1849년 마르크스와 엥겔스가 주창하고 1918년 니콜라이 레닌Nikolai Lenin이 이어받은 이른바 구제불능의 반동적 종족 개념에서 이미 예시되었던 것이다. 히틀러의 우생학은 다윈이나 스펜서한테서 배운 것이 아니라 마르크스한테서 배운 것일 수도 있다. 1913년 뮌헨에서 그는 마르크스를 탐독했으며 실제로 저작에서 마르크스의 구절을 많이 본따고 있다. 상당수의 사회주의자들이 우생학을 신봉했는데, 특히 웰스Herbert G.

Wells는 이렇게 말했다. 〈새로운 능률의 요구에 따르지 못하는 흑인과 갈색인, 더러운 백인, 황색인은 사라져야 한다.〉[9]

완전한 사회를 향한 홉스주의적 지향은 인간의 협동 본능이 아니라 종족 학살적 부족주의 본능만을 드러내고, 결국 아우슈비츠의 가스실로 귀결되고 말았다. 그것은 집단 이기성을 대가로 영혼을 판 파우스트적 거래의 결과였다.[10]

고상한 야만인

홉스주의는 1845-1945년의 1세기에 걸쳐 유행했다. 이보다 한 세기 전이나 반세기 뒤에는 인간 본성에 대해 좀더 낙관적이고 유토피아적인 견해가 정치 철학을 지배했다. 그러나 이들도 실패하기는 마찬가지였는데, 그 이유는 그들의 사상이 인간의 부정적 본능을 표출시켰기 때문이 아니라 긍정적 본능을 지나치게 표출시키는 오류를 저질렀기 때문이다. 이 유토피아적 이상은 남태평양 지역에서 좀 특이한 방식으로 두 차례의 좌절을 겪었다.

18세기의 유토피아 사상가 중에서도 루소는 가장 공상적인 사상가였으며 영향력도 가장 컸다. 1755년에 출판된 『불평등론 *Discourse on Inequality*』에서 인간은 선한 본성을 타고났으나 문명에 의해 타락한 존재로 묘사되고 있다. 사회 생활과 소유권이라는 해악이 생겨나기 전의 조화로운 자연 상태 속에서 살던 고상한 야만인이라는 루소의 개념은 한편으로는 공상(루소는 대사회에 잘 적응하지 못했으며 그것을 혐오했다)이며, 다른 한편으로는 논쟁의 방편이기도 하다. 홉스가 무정부적인 시대를 겪은 후에 군주권을 옹호한 데 비한다면, 루소는 불쌍한 민중을 지배하고 그들에게 세금을 부과하는 부패하고 방탕한 전제군주를 붕괴시키고자 했던 것이다. 소유권과 정부가 생기기 전까지는 인간의 삶이 자유롭고 평등했다는 것이 루소의 주장이다. 현대 사회는 역사의 자연스런 결과이지만 그것은 타락했고 악하다는 것이다(루소는 오늘날의 환경 운동에서 동질감을 느꼈을 것이다).[11]

사람에게 늙는 것이 자연스런 일인 것처럼, 인류에게 사회는 자연스러운 것이라는 사실을 잊지 말아야 한다. 노인에게 지팡이가 필요하듯이 인류에게는 예술과 법률과 정부가 필요하다. 그런데 사회의 상태는 인간이 곧 또는 나중에 도달하게 될 극단적 종말의 상태이기 때문에, 너무 빨리 가는 것의 위험을 인간들에게 알려주거나 그들이 완성이라고 착각하고 있는 상황에서 닥칠 불행을 미리 알려주는 것은 무의미한 일이 아니다.[12]

루소의 고상한 야만인이 한창 인기를 누리던 1768년 루이앙투안 드 부갱빌 Louis-Antoine de Bougainville은 타히티 섬을 발견했다. 그는 아프로디테가 태어났다는 펠로폰네소스의 섬 이름을 본따 이 섬에 뉴시더리아라는 이름을 붙이고 섬을 에덴 동산에 비유했다. 부갱빌이 경고를 했음에도 불구하고 원주민에 대한 그의 동료들의 묘사 ── 아름답고 요염할 뿐더러 거의 벌거벗고 살며 평화롭고 부족한 것이 없다 ── 는 파리 사람들, 특히 루소의 친구인 드니 디드로 Denis Diderot의 상상력을 사로잡았다. 디드로는 부갱빌의 여행 기록에 공상적인 스토리를 덧붙였는데, 거기에는 타히티의 현인이 나타나 그들의 삶에 대해 설명을 하고(우리는 행복하지만 천진무구하기 때문에 당신들은 우리를 망칠 수밖에 없다. 우리는 순수한 자연의 본능을 따른다. 당신들은 우리의 영혼에서 이 특징을 말살하려고 했다) 한 기독교 신부가 타히티 여성의 정성 어린 성적 대접에 당혹해하는 모습이 그려져 있다.

이듬해에는 쿡 선장이 타히티를 방문해 섬 주민들의 풍요롭고 안락하며 불화 없는 생활에 대한 보고들을 가지고 돌아왔다. 그들은 부끄러움, 힘든 노동, 추위, 굶주림을 모른다는 것이었다. 쿡 선장의 일지를 완성하도록 위촉받은 존 호크스워드John Hawkesworth는 이야기를 부풀리면서 특별히 타히티의 젊은 여성들의 매력을 강조했다. 미술과 연극과 시 등 분야를 가리지 않고 남태평양이 크게 유행했다. 새무얼 존슨Samuel Johnson이나 호레이스 월폴 Horace Walpole 같은 풍자가들의 경멸은 묵살되었다. 고상한 야만인이 18세기의 성적 환상에 모습을 드러낸 것이다.

반동은 예고된 것이었다. 쿡 선장의 두번째 여행에서 타히티 섬 생활의 어두운 측면이 모습을 드러냈다. 사람을 제물로 바치는 관습, 사제의 손을 빌린 정기적인 영아 살해, 살인적인 분쟁의 악순환, 완고한 계급 질서, 여성은 남성 앞에서 음식조차 먹지 못하는 엄격한 터부, 유럽인들의 소지품을 끊임없이 노리는 원주민들의 손버릇, 성병(아마도 부갱빌의 선원이 옮긴 것이겠지만) 등. 라 페루제의 백작인 장 프랑수아 드 갈럽 Jean François de Galaup은 태평양을 탐험하던 중 1788년에 실종되었는데, 이들에 대해 특히 큰 환멸을 느꼈던 모양이다. 실종되기 전에 그는 이 같은 기록을 남겼다. 〈유럽의 가장 대담한 악당조차 이곳 섬들의 원주민들보다는 덜 위선적이다. 그들의 모든 포옹은 거짓이다.〉[13]

18세기가 막바지에 들어서면서 프랑스의 독재자가 세계 전쟁을

일으키고, 파슨 맬서스Parson Malthus가 윌리엄 피트William Pitt
에게 빈민법은 출산을 부추겨 결과적으로 기근을 초래할 것이라
고 설득하게 된 시대가 오자 남태평양에서의 파티도 막을 내렸다.
이제 루소적인 것이 아니라 오히려 홉스주의적임이 백일하에 드
러난 야만인들을 교화시키거나 아니면 최소한 그들에게 죄책감이
라도 심어줄 목적으로 선교사들이 남태평양을 향해 이동하기 시
작했다.[14]

에덴 동산의 재발견

　같은 에피소드가 남양군도에서 반복되었다. 1925년 스물세 살
의 마거릿 미드는 사모아를 방문했는데 200년 전 부갱빌과 쿡 선
장이 타히티에서 돌아왔을 때처럼, 서구 세계의 죄악으로 물들지
않은 자연 그대로의 파라다이스에 관한 이야기를 갖고 돌아왔다.
욕망과 질시와 폭력으로 더럽혀진 서구 청년들의 성생활과는 달
리 사모아의 젊은 남녀들은 전혀 거리낌이 없으면서도 추잡스럽
지 않게 난교를 즐긴다는 것이었다. 미드는 인류학자 프란츠 보아
스Franz Boas의 제자였고, 스승 보아스는 조국 독일의 우생학에
반대했던 사람이다. 얼굴에 남아 있는 젊은 시절의 숱한 결투 자
국이 말해주듯이 그는 일을 적당히 하고는 못 배기는 사람이었다.
그는 인간 행동이 천성과 교육 모두에 의해 형성된다는 이론을 받
아들이지 않고, 문화 이외에는 어떤 것도 인간 행동에 영향을 미
칠 수 없다는 극단적인 문화 결정론을 주장했다. 신념을 입증하기
위해 그는 인간 본성이 어떤 방향으로도 분화할 수 있다는 것, 즉

존 로크John Locke가 말하는 〈백지장〉이라는 증거를 제시해야 했다. 올바른 문화만 있다면 질투도 사랑도 결혼도 계급도 없는 사회를 만들 수 있다는 것이 그의 주장이었다. 그러므로 인간은 무한히 다양한 형태로 변화될 수 있으며, 유토피아의 실현도 가능하다. 그렇게 믿지 않는 사람은 구제받을 수 없는 운명론자이다.

미드는 보아스의 생각이 단순한 희망이 아니라는 것을 입증한 셈이 되었으므로 열렬한 환호를 받았다. 그녀가 사모아에서 보고 온 것은 문화적 차이가 인간 본성의 차이를 만들어낸다는 움직일 수 없는 증거였다. 그녀는 사모아 젊은이들식의 자연 그대로의 자유 연애 문화가 청소년기의 방황을 예방할 수 있다고 주장했다. 이로부터 약 50년간 미드의 사모아 이야기는 인간의 완전성에 관한 확고한 증거로 여겨졌다.[15]

그러나 부갱빌의 타히티 신기루가 그랬듯이 미드의 신기루도 좀더 정밀한 조사를 통해 덧없이 증발해 버렸다. 미드는 현장 조사를 위해 찾아간 마누아 섬에 겨우 다섯 달 동안 머물렀으며 보아스가 시킨 그 연구에는 단 12주를 투여했다. 그러나 데렉 프리먼Derek Freeman은 1940년대와 1960년대에 걸쳐 마누아 섬에 6년여 동안 머물면서 조사한 결과, 미드는 그녀 자신의 희망에 근거한 선입견과 정보 제공자의 장난에 속았다는 사실을 밝혀냈다. 장밋빛으로 채색된 안경을 벗은 프리먼의 눈에 비친 사모아인들은 타히티를 다시 방문했을 때 쿡이 발견한 타히티인의 모습과 같았다. 결혼하지 않은 사춘기 소녀의 순결은 자유 연애를 즐기는 사모아 여성들에게는 전혀 하찮은, 이른바 서구 사회가 만들어낸 기독교적 족쇄가 아니었다. 그것은 기독교가 전파되지 않은 사회에서도 위반하면 죽음으로 다스려지는 엄격한 숭배의 대상이었다. 강간이 없기는커녕 사모아는 당시 세계에서 강간율이 가장 높은 지역 가운데 하나였다. 미드는 루소적인 선입견에 눈이 멀어 사모아의 홉스적인 측면을 보지 못했던 것이다.

1987년 과거 미드의 정보원 역할을 했던 여자가 나타나서 자신이 친구와 함께 미드를 골탕 먹이기로 짜고 난교 관습에 관한 거짓보고를 했다고 털어놓았다. 프리먼이 말했듯이 〈여태까지 어떤 악의 없는 농담도 이처럼 중대한 결과를 가져온 적은 없었다(전혀 없는 것은 아니다. 18세기의 프랑스인 여행가 라빌라디르 Labillardière는 통가인에게 속아 파리 과학 아카데미에서 통가어의 숫자라고 여겨지는 일련의 단어들을 발표했는데, 사실 그것은 통가어의 음담패설이었다)〉.

프리먼의 폭로에 대해 인류학자들이 보인 반응은 그 자체가 미드의 이론에 대한 통렬한 반론의 증거로 보인다. 그들은 마치 우상을 파괴당하고 성역을 침범당한 부족 사회인들처럼 반응했으며 수단 방법을 가리지 않고 프리먼을 비방했지만, 아무도 프리먼을 정식으로 논박하지는 못했다. 경험적 진실과 문화적 상대주의를 위해 헌신하는 인류학자들조차 전형적인 부족인들처럼 행동한다면 인간에게는 보편적 본성이 있음에 틀림없는 것 아닌가. 그들은 입으로는 문화로부터 독립된 인간 본성 따위는 존재하지 않는다고 하면서 행동을 통해서는 인간 본성과 무관한 문화 같은 것은 존재하지 않음을 입증해 보이고 있는 것이다. 백지는 비어 있지 않다.[16]

미드는 대다수의 현대 사회학자나 인류학자 또는 심리학자들과 마찬가지로 역(逆)자연주의의 오류를 범했다. 자연주의의 오류란 흄이 만들고 조지 무어 George E. Moore가 명명한 개념으로서, 자연적인 것이 도덕적인 것이라는 생각이다. 즉 〈존재〉로부터 〈당위〉를 연역하는 사고 방식이다. 두발 달린 원숭이의 행동을 연구하는 거의 모든 생물학자들은 인도주의 진영으로부터 이 자연주의의 오류를 범하고 있다는 비난을 받는다. 그러나 반대로 인도주의 진영은 아무 거리낌 없이 적극적으로 역자연주의의 오류를 범하고 있다. 즉 그들은 당위로부터 존재를 연역해내고 있다. 그들 논리에 따르면 어떤 것이 당위라면 그것은 틀림없이 존재한다. 오늘날 정치적 정당성 political correctness이라고도 불리는 이런 논리는, 인간의 본성이 문화에 의해 어떤 방향으로도 계발될 수 있다고 생각하지 않는 것은 결코 용납할 수 없는 운명론(이 부분이 그들의 오류이다)이라는 보아스와 베네딕트와 미드의 논리에서도 드러난다.

미드의 논리는 생물학의 영역으로 흘러들었다. 행동주의 심리학은 동물의 두뇌는 순전히 관념 연합에 의존하는 블랙박스이기 때문에 학습하기에 더 어렵거나 쉬운 것조차 없다고 주장했다. 행동주의 심리학의 선구자인 스키너 Burrhus Frederic Skinner는 자기 자신과 같은 사람들에게 움직여지는 세계를 묘사한 『월든 투 *Walden Two*』라는 과학 소설을 썼다. 월든 투의 설립자인 프레이저 Frazier는 소설 속에서 이렇게 말한다. 〈우리는 성선설을 주장하는 철학과도 성악설을 주장하는 철학과도 관계가 없고 아무 관계가 없다. 그러나 우리는 인간 본성을 변화시키는 우리의 능력을 믿는다.〉[17]

레닌도 그렇게 말했다. 1920년대와 1930년대는 유전 결정론의 광신 시대라고 이야기되지만, 반대로 환경 결정론의 광신 시대이기도 했다. 인간은 교육과 선전과 폭력에 따라 완전히 새로운 인간으로 교정될 수 있다는 믿음이 일세를 풍미했던 것이다. 자연을 변화시킬 수 있다는 이 같은 로크주의적인 신념은 스탈린 Iosif Vissarionovich Stalin 시대에는 밀농사에까지 적용되었다. 트로핌 리센코 Trofim Lysenko는 자연선택이 아니라 체험에 의해서도 냉해에 잘 견디는 밀이 만들어질 수 있다고 주장했는데, 이 말을 반박한 사람은 살해당했다. 수백만 명이 굶어죽고 나서야 그의 오류가 입증되었다. 획득 형질의 유전론은 1964년까지도 소련 생물학계의 공식 견해였다. 히틀러의 유전 결정론과는 달리 스탈린의 환경 결정론은 다른 사람들에게까지 전염되었다.[18]

장융〔張戎〕은 중국 혁명에 관한 그녀의 탁월한 자서전 『대륙의 딸들 *Wild Swans*』에서 공산주의가 실패한 이유는 인간의 본성을 바꾸지 못했기 때문이라는 것을 보여주는 거의 완벽한 예를 서술하고 있다. 1949년 그녀의 모친은 젊은 공산당 관료와 결혼했는데, 그녀의 부친은 가족을 위해 직위를 이용하는 행위를 철저히 거부했다. 그는 아주 먼 거리를 갈 때에도 아내를 자기 차에 태우지 않고 걸어서 따라오게 했는데, 이것은 정실에 얽매이는 사람처럼 보이지 않기 위해서였다. 또 그는 아내의 생명을 구해준 반혁명 게릴라 혐의자를 원칙대로 처벌해 버렸다. 그녀가 누구인지를 알고 자신의 환심을 사기 위해 아내를 구해주었다는 것이 그의 주장이었다. 그는 아내가 정당하지 못하게 높은 계급에 올랐다는, 혹시 생길지 모르는 모함을 사전에 무마하기 위해 아내의 당 서열을 두 계급이나 강등시켰다. 그는 또 자기 형이 차〔茶〕 판매 사업에 추천되었을 때에도 앞장 서서 반대했다. 가족에 대한 어쩌면 당연한 인정조차 그는 이런 식으로 되풀이해 거부했다. 그에게는 혁명이 최우선이었으며, 친족에게 호의를 베푸는 것은 친족이 아닌 사람들을 차별하는 것이라고 믿었기 때문이다. 물론 그의 행동은 옳았다. 사람들이 혈연에게조차 호의를 갖지 않는다는 것은 참으로 냉혹한 일이기는 하지만, 아무튼 그와 같은 사람이 더 많았더라면 공산주의는 성공했을 것이다. 그러나 작품 속의 장쇼유 같은 인간은 거의 없다. 일단 비판에 대한 면역이 생기고 나자 공산주의 관료들은 자본주의 관료들보다 모든 면에서 훨씬 더 부패했고 관료 세계에는 정실이 판을 쳤다. 박애주의는 인간 본성이라는 스토브 위에서 증발해 버린다.[19]

허버트 사이먼은 이렇게 말했다. 〈20세기에 우리는 두 개의 위대한 국가, 중화인민공화국과 소련이 '새로운 인간'을 창조하려고 노력하는 것을 관찰했다. 그러나 그 결과 우리가 확인한 것은 사심에 가득 차 있고 자기 자신 또는 자신의 가족, 씨족, 인종, 지역의 복지에만 관심이 있는 '낡은 인간'이 살아 있을 뿐 아니라 아직도 건재하다는 사실이다.〉[20]

그러나 다행스럽게도 라이오넬 트릴링 Lionel Trilling이 말했듯이 〈문화적 통제가 영향을 미칠 수 없는 인간적 자질의 잔여물〉이 존재한다는 것도 입증되었다. 그렇지 않았다면 러시아인은 구제받을 수 없는 타락한 민족이 되고 말았을 것이다. 다행히도 그들은 전혀 그렇지 않다. 마르크스가 구상한 사회는 인간이 천사일 때만 기능할 수 있는 사회이다. 그 구상이 실패한 것은 인간이 야수이기 때문이다. 인간의 본성은 전혀 변하지 않았다. 〈나는 인간이 아무 독재자나 공상적 사회주의자가 제멋대로 메시지를 써넣을 수 있는 그런 백지 상태로 남아 있기보다는 '인간에게는 뭔가 타고난 본성이 있기를' 희망한다. 인간은 타고난 본성을 가지고 있고 그 본성은 지극히 사회적이며, 그 본성이 존 스튜어트 밀

358

John Stuart Mill로부터 스탈린에 이르는 경건한 척 위선을 부리는 사기꾼들의 가식을 폭로하고 있다는 것이 나의 생각〉이라고 로빈 폭스Robin Fox는 말했다.[21]

누가 공동체를 훔쳐 갔는가?

상호 경쟁적 투쟁으로 사회를 개조하려는 시도가 가스실을 낳았고, 문화적 도그마에 따라 사회를 개조하려는 시도가 문화 혁명의 공포를 가져왔다면, 과학을 정치에 개입시키려는 모든 생각을 포기해 버리는 쪽이 더 안전하지 않을까? 아마도 그럴 것이다. 나는 인간의 사회적 본성에 관한 우리의 아직 희미하고도 어설픈 이해가 곧바로 정치 철학에 적용될 수 있다는 식의 올가미에 나를 던져 넣고 싶지는 않다. 다만 하나의 출발점으로서 과학은 우리에게 유토피아는 불가능하다는 것을 가르쳐주고 있다. 사회는 자연 선택 그 자신의 손으로 직접 설계된 것이 아니라, 서로 상충하는 야심을 갖고 있는 개체들 간의 불편한 타협이기 때문이다.

그럼에도 불구하고 이 책에서 거듭 추구해 온 인간 본성에 대한 〈유전자-공리주의적인〉 새로운 이해 방식은 오류를 회피할 수 있는 몇 가지 간단한 지침을 제시한다. 인간에게는 대의를 추구하는 몇 개의 본능이 있는 반면, 나머지 본능은 자기 이익과 반사회적 행동을 추구한다. 우리는 전자를 북돋고 후자를 억제하는 사회를 만들어야 한다.

예컨대 자유 기업의 역설을 생각해 보자. 만일 우리가 애덤 스미스, 맬서스, 리카도, 프리드리히 하이에크Friedrich August von

Hayek, 밀턴 프리드먼 Milton Friedman이 전적으로 옳고 인간은 근본적으로 사리 추구를 동기로 행동한다고 선언한다면, 바로 그 선언으로 인해 사람들이 더 이기적으로 되지는 않을까? 탐욕과 사리 추구는 피할 수 없는 것이라고 생각함으로써 우리는 더욱 그것을 지지하는 것 아닌가?

평론가 윌리엄 해즐리트 William Hazlitt은 틀림없이 그렇게 생각했던 것 같다. 그는 「맬서스에게 보내는 답신」이라는 글에서 이렇게 말하고 있다.

그것은 형이상학적인 차별과 사소한 철학적 구분에 얽매이는 인간의 좁은 편견과 냉혹성에 전혀 도움이 되지 않는다. 그렇게 부당한 강조를 하지 않더라도 균형은 이미 너무 그쪽으로 치우쳐 있다.[22]

달리 말하자면 인간이 비열하다고 말해서 안 되는 까닭은 그것이 사실이기 때문이라는 것이다. 해즐리트보다 150년 뒤 로버트 프랭크는 경제학과 학생들에게 사리 추구가 인간의 본성이라고 가르치면 실제로 더 그렇게 된다는 사실을 발견했다. 그들은 죄수의 딜레마에서 다른 과의 학생들보다 배신을 더 많이 택했다. 실제 인물 이반 보에스키 Ivan Boesky와 극중 인물 고든 게코 Gordon Gecko(영화 「월스트리트 Wall Street」에서)는 탐욕을 예찬한 인물로 널리 알려져 있다. 보에스키는 1986년 5월 버클리의 캘리포니아 대학교 졸업식장 연설에서 〈탐욕에는 아무 문제가 없다〉고 말했다. 〈여러분이 이 점을 명심했으면 한다. 탐욕은 건전한 것이다. 여러분은 탐욕을 가질 수 있으며, 그런 자신에 대해 언짢게 느낄 필요가 전혀 없다.〉 졸업식장에는 우레와 같은 박수가 터져

나왔다.[23)]

이 같은 권고가 최근의 공동체 의식 붕괴에 책임이 있다는 생각은 거의 자명한 사실로 받아들여지고 있다. 인간의 좀더 좋은 다른 천성들에도 불구하고 1980년대에 걸쳐 오로지 이기적이고 탐욕적으로 되라는 가르침을 받은 후 우리는 시민으로서의 책무를 헌신짝처럼 던져버렸으며, 그 결과 사회는 비도덕으로 치달았다. 이것이 최근의 점증하는 범죄와 사회 불안에 대한 표준적이면서 약간 좌익적인 경향의 설명이다.

때문에 좋은 사회를 만들기 위해 우리가 가장 먼저 해야 할 일은 인간에게는 사리 추구를 향해 치닫는 천성이 있다는 진실을 숨기거나, 가능하다면 우리 내면에는 고상한 야만인이 존재한다는 환상까지 갖게 하는 것이다. 물론 아무리 선의의 거짓말이라도 거짓보다는 진실이 낫다고 생각하는 사람들은 이것에 대해 혐오감을 느낄 것이다. 그러나 혐오감 같은 것은 오래가는 것이 아니며, 선의의 거짓말은 이미 시작되었다. 앞에서 여러 차례 보았듯이 선전가들은 항상 인간의 고상함을 과장하고 있다. 사람들은 고상한 야만인을 믿고 싶어한다. 로버트 라이트는 이렇게 말했다.

새로운 〈이기적 유전자〉 패러다임은 인류의 자기 도취라는 고상한 옷을 벗겨버린다. 이기성이 발가벗은 채로 우리 앞에 모습을 드러내는 경우는 거의 없다는 사실을 기억하라. 우리는 자신의 행동을 도덕적으로 정당화하는 존재들로 이루어진 하나의 (유일한) 종의 일원이기 때문에 객관적으로 미심쩍은 경우일지라도 우리는 선하고 우리의 행위는 정당하다고 믿도록 설계되어 있다.[24)]

인기 없는 소리만 골라 하는 정치가들이 아닌 다음에야 이 배를 흔들려는 사람은 없을 것이다. 마거릿 대처 Margaret Thatcher는 이렇게 말해 파문을 일으켰다. 〈사회 같은 것은 없다. 하나하나의 남자와 여자가 있으며 그리고 가족이 있을 뿐이다.〉

　물론 대처는 중요한 점을 지적하고 있다. 그녀가 주장하는 핵심은 인간의 근본적인 기회주의성을 인식하지 못하면 정부가 대의만을 추구하는 성인들이 아니라 이기적인 인간들로 구성되어 있다는 사실을 간과하게 된다는 것이다. 정부란 자신들을 제외한 나머지 국민들의 희생 위에 자신들의 권력과 보수를 늘리기 위해 예산을 확대하는 관료들과 이익 집단의 도구이다. 정부는 사회적 이익을 제공하는 공평 무사한 기구가 아니다. 그녀는 이상적인 정부를 비판한 것이 아니라, 정부라는 것이 태어날 때부터 갖고 있는 부패를 비판한 것이다.

　그러나 대처와 그의 당원들이 언명한 생각은 어떤 면에서는 가장 루소적인 주장——즉 정부는 천성적으로 악한 국민에게 덕을 가르치는 것이 아니라 반대로 시장의 근원적인 미덕을 부패하게 할 뿐이라는 주장——이다. 그녀의 스승 하이에크는 고상한 야만인들이 아무런 통제 없이 살던 황금 시대로 돌아갈 것을 주장하고 있다. 정부의 통제가 없다면 혼돈이 아니라 번영이 올 것이다.[25]

　《타임 Time》은 1995년 12월 뉴트 깅그리치 Newt Gingrich를 그해의 인물로 선정하면서 이렇게 핵심을 꼬집고 있다.

　전에는 세상이 이렇게 나뉘어 있었다. 자유주의자는 인간이 완전하지는 않더라도 적어도 개선 가능성이 있다고 믿었다. …… 보수주의자는 인간이 근본적으로 결점투성이라고 믿었다. …… 오늘날 세상은 이렇게 나뉘어 있다. 보수주의자는 인간은 악하지 않으며 악한 것은 정부라고 믿는다. 이에 반해 자유주의자들은 보수주의자들이 위험한 낭만가들이라고 믿는다. …… 자유주의자는 어떤 영혼은 선천적으로 악하며 구원의 여지가 전혀 없다고 기꺼이 믿는다.[26]

이 책에서 내가 펼쳐온 주장이 옳다면 보수주의자들이 그렇게 위험한 낭만가는 아니다. 인간의 정신에는 사회적 협동을 추구하는 본능과 좋은 사람이라는 평판을 얻고자 하는 본능이 있기 때문이다. 우리는 삶에 불쑥 뛰어든 정부에 의해 길들여져야 할 정도로 비열하지 않고, 너무 비대한 정부 아래에서도 내면의 사악한 기질을 드러내지 않을 정도로 선하지도 않다. 우리가 국민의 입장에 놓이든 관료의 입장에 놓이든 이 사실에는 변함이 없다.

정부는 문제의 해결이 아니라 문제의 시작일 뿐이라는 개인주의자의 경우를 살펴보자. 이 분석에 따르면 지난 수십 년간의 공동체 의식과 시민적 미덕의 붕괴는 탐욕의 조장과 확산이 아니라 리바이어던의 죽음의 손길로 일어난 것이다. 국가는 시민 질서를 위해 공동 책무를 수행하는 계약을 국민과 맺거나 그들의 책임이나 의무 또는 자존심 같은 것을 고양하지도 않으며 그 대신 복종을 강요한다. 버릇없는 아이로 취급받으면 버릇없는 아이로 자라듯이, 국민이 그렇게 취급받은 대로 행동하는 것은 당연한 일이다.

퍼트넘의 이탈리아 분석이 가르쳐주는 것처럼 호혜성을 자리에서 밀어내고 권위가 들어서면 사라지는 것은 공동체 의식이다. 영국에서는 복지 국가와 혼합 경제적 〈기업 정치 corpocracy〉가 수천에 이르던 공동체 제도들——공제 조합, 상호부조회, 자선트

러스트 등 호혜성과 점진적인 신뢰의 배양에 토대를 두고 있는 제도들——을 국민건강보험(National Health Service(NHS))이나 국영 기업 또는 국가 특수 법인 같은 시혜적인 거대 중앙 집권적 리바이어던으로 대체했다. 높은 세금을 통해 더 많은 자금이 확보되었기 때문에 처음에는 분명 뭔가 얻는 것이 있었다. 그러나 얼마 지나지도 않아서 영국적인 공동체 의식의 붕괴가 손에 잡히듯 명료하게 감지되기 시작했다. 복지 국가의 강제적인 성격은 복지 공여자에게는 저항과 분노를 조장했고, 복지 수혜자에게는 감사가 아니라 냉소와 울분 그리고 복지 체계를 이용하려는 기회주의적인 욕망을 조장했다. 비대한 정부는 국민의 이기성을 감소시키는 것이 아니라 증대시킨다.[27]

나는 지금 과거가 모든 면에서 훨씬 좋았다는 식의 흐리멍텅한 향수를 고집하는 것이 아니다. 과거 대부분의 시대도 현재와 마찬가지로 권위의 시대였다. 봉건제와 귀족제와 산업 사회의 위계적인 권위 질서가 그렇다(물론 그 시대들은 물질적으로 풍요하지 않았다. 그러나 그때 물질적으로 번영하지 못한 것은 저급한 정부 때문이 아니라 저급한 과학 기술 때문이었다). 중세의 가신이나 공장 직공들은 동급의 무리들끼리 신뢰와 호혜성을 축적할 자유가 전혀 없었다. 때문에 나는 과거가 현재보다 나았다고 말하려는 것이 아니다. 그러나 적어도 서로 신뢰를 축적할 수 있을 정도로 충분히 작은 공동체 속에서 자유로운 개인들이 자발적으로 재화와 정보, 행운과 권력을 교환하는 그런 토대 위에 사회를 구축할 만한 여지는 지금보다 많았다고 나는 믿는다. 그 같은 사회는 관료적인 국가주의 사회보다 더 번영할 뿐더러 더 평등할 것이라는 게 나의 믿음이다.

나는 영국의 고도(古都)이면서 타인 Tyne 강에 인접한 뉴캐슬에 살고 있다. 2세기 전 이곳은 지역 출신 자본과 지역 사회의 상호부조 제도를 토대로 한 기업 활동의 중심지로서 지역적 자긍이 대단했다. 그러나 오늘날 이곳은 전지전능한 국가의 통치 관구로 전락해 지역 산업은 런던이나 해외에서 관리되며(연금 기금을 위한 세금 감면을 통해 주민들의 저축을 늘린 덕에), 지방 정부는 런던으로부터 보조금을 타내는 것이 주업무인 타지역 출신의 순환 관료들로 가득 찬 비인간적인 부서들에 의해 통제되고 있다. 이런 체제에서 지방 민주주의는 존재하지 않으며, 설사 남아 있더라도 그것은 신뢰가 아니라 권력에 바탕을 둔 것이다. 이 도시의 기반이었던 트러스트, 상호부조, 호혜주의의 전통은 지난 2세기 동안에 두 종류의 정부를 겪으면서 모두 무너지고 말았다. 그것을 다시 건설하려면 몇 세기는 걸릴 것이다. 내가 이 책을 쓰면서 자주 드나들었던 뉴캐슬의 문학 철학 학회 도서관만이 유일하게 이 지역에서 태어나 자력으로 우뚝 선 위대한 발명가와 사상가들의 발자취를 우리에게 알려주고 있다. 이제 도시는 산산조각이 나고, 인간미라고는 전혀 없는 이웃들 간에 폭력과 도둑질이 난무해서 기업 활동이 거의 불가능할 지경에 이르렀다. 물질적으로 본다면 모든 시민이 한 세기 전보다 훨씬 잘 살고 있지만 그것은 새로운 정부의 덕이 아니라 새로운 기술의 덕이다. 사회적으로 볼 때 퇴행은 명백하다.

우리가 사회적 조화와 미덕을 회복하려면, 다시 말해 우리에게 사회를 선물한 미덕들을 다시 사회 속에 건설하려면 무엇보다도 국가의 권력과 활동 범위를 축소하는 조치가 꼭 필요하다. 만인의 만인에 대한 잔혹한 투쟁을 벌이자는 것이 아니다. 권한을 이양하자는 것이다. 국민의 삶에 대한 권한을 행정 교구와 컴퓨터 동호회, 클럽, 팀, 자조회, 소기업들로 이양하자는 것이다. 이것은 공공 관료 정치의 대대적인 해체를 의미한다. 국가나 국제 정부는 국가의 방위와 부의 재분배(탐욕스런 관료의 중개가 없는 직접적인 재분배) 같은 최소한의 기능만을 담당해야 한다. 크로포트킨이 희망했던 자유로운 개인들의 세계가 실현되도록 해야 한다. 누가 인생에 성공하고 실패하는가는 오로지 각자의 평판에 달린 그런 세상이 되어야 한다. 물론 이런 세상이 하루아침에 이루어질 수 있다거나 모든 형태의 정부가 없어져야 한다고 주장할 정도로 내가 어리석지는 않다. 그러나 나는 마치 거대한 벼룩처럼 국가의 등에 웅크리고 매달려 피를 빨면서 시민들의 사사로운 생활사 하나하나까지 간섭하는 그런 정부는 필요 없다고 믿는다.

성 아우구스티누스는 예수의 가르침에서 사회 질서가 생겨났다고 믿었다. 홉스는 전제군주로부터, 루소는 은둔자로부터, 그리고 레닌은 당으로부터 사회 질서가 생겨난다고 믿었다. 그들은 모두 틀렸다. 사회 질서의 뿌리는 우리 인간의 머릿속에 있다. 인간의 머릿속에 완전한 조화와 미덕의 사회를 실현할 본능적인 능력이 존재하는 것은 아니지만, 적어도 지금보다 나은 사회를 실현할 능력은 존재한다. 우리가 만들어야 하는 제도는 이 같은 본능을 이끌어낼 수 있는 그런 제도이다. 다시 말해 평등한 개인들 사이에 교환을 조장해야 한다는 것이다. 국가들 간에 우정을 쌓기 위한 최선의 처방이 교역이듯이, 해방되어 권력을 회복한 개인들 간에 협동을 조장하는 최선의 처방은 거래이기 때문이다. 우리는 평등한 개인 간의 사회적·물질적 거래를 조장해야 한다. 신뢰는 거래를 통해 획득되고, 또한 신뢰는 미덕의 기초이기 때문이다.

인간을 위한 진화론

〈우리 인간의 본성은 근본적으로 이기적인가 이타적인가?〉

인간 본성과 인간 사회의 조직 원리에 관한 이 오랜 철학적 질문의 실타래를, 저자는 역사적 통찰력과 해박한 과학 지식을 동원해 저널리스트다운 날카로운 감각으로 흥미롭게 풀어내고 있다. 〈인간은 태어날 때부터 선한가 악한가?〉, 〈인간을 움직이는 가장 기본적인 힘은 이기성인가 이타성인가?〉라는 질문은 비단 철학자들만의 고유한 질문은 아니다.

우리는 스스로의 본성이 무엇이라고 보는가에 따라 살아간다. 그리고 내가 〈너의 본성이 무엇이다〉라고 생각함으로써 나는 너와의 관계를 결정하고, 나의 결정은 다시 나의 본성이 무엇인지에 관한 너의 생각을 결정한다. 우리는 우리의 본성에 따라 정부를 만들고, 정부는 그것에 따라 다시 우리를 통치한다. 하지만 내가 나의 본성을 이기적이라고 믿고 그에 걸맞게 친족 등용을 일삼는다면 너도 그렇게 할 것이며, 우리의 사회는 그에 상응하는 해악으로 물들 것이다.

이 책은 인간의 덕(德)에 관한 것으로서, 하루하루의 노동과 동료에 대한 호의적 표현, 적대, 배척, 그리고 섹스와 자손 번식 속에서 〈인간의 덕성〉을 발견해 내는 눈을 갖게 해준다. 따라서 〈한없이 이기적인 인간성〉과 〈만인의 만인에 대한 투쟁〉으로 표현되는 우리 사회에 대해 염증을 품고 있는 사람들에게 아마 이 책은 인간과 사회 속에서 뿌리 깊게 관찰되고 있는 근본적인 덕성을 발견하는 즐거운 지식 여행이 될 것이다.

또한 자기 자신의 행위를 인간 본성에 비추어 분석하는 기회를 가질 수도 있다. 옮긴이의 작업 시간을 덜어주기 위해 번역 원고를 미리 검토해 준 어느 동료는 〈이 책을 읽고 나서는 놀랍게도 나의 모든 행위를 이기성, 이타성, 상호주의, 협동성 등의 개념으로 해석하는 습관이 자연스럽게 몸에 배어버렸다〉고 했다. 예컨대 〈선물 gift〉에 관한 인류학적·사회학적 분석은 우리의 일상적인 선물 주기에 담겨 있는 이해타산적인 속성을 말해주고, 〈친족 등용〉에 관한 분석에서는 우리 사회에 아직도 일반적으로 받아들여지고 있는 친족 등용이 타파되어야 하는 이유가 어디에 있는지를 밝혀준다.

바쁜 일상 속에서도 원고를 고쳐준 아내와, 좋은 책을 번역할 기회를 준 사이언스북스에 감사드린다. 아무쪼록 이 책이 우리 사회에서 올바른 공동체를 건설하고 이타성을 배양하는 방법에 관한 실마리를 제공할 수 있기를 기대한다. 〈경쟁〉을 통한 진화만 존재하는 것이 아니라 〈협동〉을 통한 진화도 존재하며, 오히려 그것이 훨씬 더 강력할 수 있고 실제로 인류는 오랜 세월 동안 〈협동〉을 통해 발전해 왔다는 명제는 과학적으로 옳을 뿐 아니라 도덕적으로도 옳다.

2001년 8월
서울의대 교정에서
신좌섭

참고문헌/주(註)

프롤로그

1) Woodcock, George and Avakumovic, Ivan, *The Anarchist Prince*: *A Biographical Study of Peter Kropotkin*(London: T. V. Boardman and Co., 1950); Kropotkin, Peter, *Mutual Aid*: *A Factor in Evolution*(London: Allen, Lane, 1902/1972).
2) Kropotkin, 같은 책.

제1장 이기적 유전자의 이타적 사회

1) Höldobler, B. and Wilson, E. O., *The Ants*(Cambridge, Mass.: Harvard University Press, 1990).
2) Gould, S. J., *Ever Since Darwin*(New York: Burnett Books, 1978).
3) Gordon, D. M., "The development of organization in an ant colony, " *American Scientist*(1995) 83:50-57쪽.
4) Buss, L. W., *The Evolution of Individuality*(Princeton: Princeton University Press, 1987).
5) Bonner, J. T., *Life Cycles*: *Reflections of an Evolutionary Biologist*(Princeton: Princeton University Press, 1993); Dawkins, R., *Climbing Mount Improbable*(London: Viking, 1996).
6) Sherman, P. W., Jarvis, J. U. M. and Alexander, R. D., *The Biology of the Naked Mole Rat*(Princeton: Princeton University Press, 1991). 벌거숭이두더지

쥐에 관해 한 가지 특기할 만한 사실은 Richard Alexander가 그것의 존재를 예견했다는 점이다. 벌거숭이두더지쥐에 관해서는 아무것도 알려지지 않은 시절에 그는 흰개미를 보고 굴착성 군집 포유 동물의 존재 가능성을 점쳤다. 그후 얼마 지나지 않아 벌거숭이두더지쥐의 군집 생활이 하나하나 밝혀지기 시작했다.

7) 생명체들이 응집해 점점 더 큰 팀을 만들어간다고 해서 작은 생명체들이 사라져 버릴 것이라는 이야기는 아니다. 그러나 태양 에너지가 큰 생명체 쪽으로 집중될수록 작은 생명체들은 기생체적인 속성을 더 많이 채택하게 될 것이다.

8) Dawkins, R., *The Extended Phenotype*(Oxford: Freeman, 1982).

9) Kessin, R. H. and Van Lookeren Campagne, M. M., "The development of a social amoeba," *American Scientist*(1992) 80:556-565쪽.

10) Maynard Smith, J. and Szathmary, E., *The Major Transitions in Evolution*(Oxford: W. H. Freeman, 1995).

11) Paradis, J. and Williams, G. C., *Evolution and Ethics: T. H. Huxley's Evolution and Ethics with New Essays on its Victorian and Sociobiological Context*(Princeton: Princeton University Press, 1989).

12) Hamilton, W. D., "The genetical evolution of social behavior. I, II," *Journal of Theoretical Biology*(1964), 7:1-52쪽.

13) Hamilton, W. D., *Narrow Roads of Gene Land. Vol. I: Evolution and Social Behavior*(Oxford: W. H. Freeman/Spektrum, 1996).

14) Dawkins, R., *The Selfish Gene*(Oxford: Oxford University Press, 1976).

15) Hamilton, 앞의 책.

16) Hamilton, "The genetical evolution of social behavior I, II," 같은 책; Williams, G. C., *Adaptation and Natural Selection: A Critique of Some Current Evolutionary Thought*(Princeton: Princeton University Press, 1996); Williams, G. C., *Natural Selection*(Oxford: Oxford University Press, 1992); Dawkins, 앞의 책. 이러한 가능성이 최초로 언급된 것은 흥미롭게도 영국의 비평가이자 풍자가인 Bernard Mandeville이 1714년에 발표한 시·꿀벌의 우화에서였다. Mandeville의 시는 악의 필연성을 주장하고 있다. 우리가 먹고 자라기 위해서는 배고픔이 필요하듯이, 우리가 번영하고 공공재를 축적하기 위해서는 이기적인 야심이 필요하다는 것이었다. 순수한 박애 정신은 번영하는 상업 사회와는 어울릴 수 없다. Mandeville, B., *The Fable of the Bees: or Private Vices, Public Benefits*(Edinburgh, 1714/1755), 9판.

17) Sen, A. K., "Rational fools: a critique of the behavioral foundations of economic theory, " *Philosophy and Public Affairs*(1977), 6:317-344쪽. Hirshleifer, J., "The expanding domain of economics, " *American Economic Review*(1985), 75:53-68.

18) 태아와 모체의 투쟁이라고 해서 둘 중 어느쪽이 싸울 것을 의식적으로 결정한다는 말은 아니다. 투쟁 상태라는 결과를 가져오는 것은 자연선택에 따라 설계된, 진화된 생리학적 메커니즘이다.

19) Haig, D., "Genetic conflicts in human pregnancy, " *Quarterly Review of Biology*(1993), 68:495-531쪽; D. Haig와의 인터뷰.

20) Ratnieks, F. L. W., "Reproductive harmony via mutual policing by workers in eusocial hymenoptera, " *American Naturalist*(1998), 132:217-236쪽; Oldroyd, B. P., Smolenski, A. J., Cornuet, J. -M. and Crozier, R. H., "Anarchy in the beehive, " *Nature*(1994), 371:749쪽.

21) Matsuda, H. and Harada, Y., "Evolutionarily stable stalk to spore ratio in cellular slime molds and the law of equalization of net incomes, " *Journal of Theoretical Biology*(1990), 147:329-344쪽.

22) Buchanan, J. M., *Cost and Choice*(Chicago: Markham Publishing, 1969); Buchanan, J. M. and Tullock, G., *Towards a Theory of the Rent-Seeking Society*(Texas: A. & M. Press, 1982).

23) Parkinson의 법칙은 *Economist*(1955. 11. 19.) 635-637쪽에 실린 익명의 논문에 처음 등장한다. 그것이 나중에 Parkinson에 의해 한 권의 책으로 출판되었다. 그 밖에 Nozick, R., *Anarchy, State and Utopia*(New York: Basic Books, 1974)를 보라.

24) Robinson, W. S., A Short History of Rome(London: Rovingstons, 1913). Shakespeare는 *Coriolanus*에서도 Agrippa의 입을 빌려 비슷한 말을 한다.

25) Nesse, R. M. and Williams, G. C., *Evolution and Healing: The New Science of Darwinian Medicine*(London: Weidenfeld and Nicolson, 1995). 미국어판의 제목은 *Why We Get Sick*이다.

26) Charlton, B. G., "Endogenous parasitism: a biological process with implications for senescence, " *Evolutionary Theory*(1995).

27) Leigh, E. G., "Genes, bees and ecosystems: the evolution of a common interest among individuals, " *Trends in Evolution and Ecology*(1991), 6:257-262쪽.

28) Buss, L. W., *The Evolution of Individuality*(Princeton: Princeton University

Press, 1987).

29) 정상 분만의 2-3%가 B염색체를 갖고 있다는 정보를 제공해 준 Haig에게 감사한다.

30) Bell, G. and Burt, A., "B-chromosomes: germ-line parasites which induce changes in host recombination," *Parasitology*(1990), 100:19-26쪽. B 염색체의 본질이 기생체일 것이라는 추측은 1945년쯤부터 나왔다. Stergren, G., "Parasitic nature of extra fragment chromosomes," *Botaniska Notiser*(1945), 157-163쪽.

31) Leigh, E. G., *Adaptation and Diversity*(San Francisco: Freeman, Cooper, 1971).

제2장 노동의 분화

1) Wilson, D. S. and Sober, E., "Reintroducing group selection to the human and behavioral sciences," *Behavioral and Brain Sciences*(1994), 17:585-654 쪽. 후터 형제단의 분열 과정에 대해서는 John Rawls의 사고 실험 도표를 참조하라. Rawls, J., *A Theory of Justice*(Oxford: Oxford University Press, 1972); Dennett, D., *Darwin's Dangerous Idea*(New York: Simon and Schuster, 1995).

2) Paradis, J. and Williams, G. C., *Evolution and Ethics: T. H. Huxley's Evolution and Ethics with New Essays on its Victorian and Sociobiological Context*(Princeton: Princeton University Press, 1989).

3) Alexander, R. D., *The Biology of Moral Systems*(Hawthorne, New York: Aldine de Gruyter, 1987).

4) Layton, R. H., "Are Sociobiology and Social anthropology compatible?," "The significance of sociocultural resources in human evolution," *Comparative Socioecology*(Oxford.: Blackwell, 1989).

5) 이기성이란 자신을 위해 행하는 것이며, 이타성이란 남을 위해 행하는 것이다. 집단 이기성이란 우리를 위해 행하는 것이다. 이 구별은 Margaret Gilbert 가 Wilson과 Sober의 같은 책에 관한 논평에서 제안한 것이다.

6) Franks, N. R. and Norris, P. J., "Constraints on the division of labour in ants: D'Arcy Thompson's Cartesian transformations applied to worker polymorphism," *Experientia Supplementum*(1987), 54:253-70쪽.

7) Szathmary, E. and Maynard Smith, J., "The major evolutionary transitions, " *Nature*(1995), 374:227-32쪽

8) West, E. G., *Adam Smith and Modern Economics*(Vermont: Edward Elgar Publishing, 1990).

9) Maynard Smith, J. and Szathmary, E., *The Major Transitions in Evolution*(Oxford: W. H. Freeman, 1995).

10) Bonner, J. T., "Dividing labour in cells and societies, " *Current Science* (1993), 64:459-66.

11) Stigler, G. J., "The division of labor is limited by the extent of the market, " *Journal of Political Economy*(1951), 59:185-93.

12) Ghiselin, M. T., "The economy of the body, " *American Economic Review* (1978), 68(2):233-7.

13) Ghiselin, M. T., *The Economy of Nature and the Evolution of Sex*(Berkeley: University of California Press, 1974).

14) Smith, A., *The Wealth of Nations*(Harmondsworth: Penguin, 1776/1986).

15) Brittan, S., *Capitalism with a Human Face*(Aldershot: Edward Elgar, 1995).

16) Buss, L. W., *The Evolution of Individuality*(Princeton: Princeton University Press, 1987).

17) Coase, R. H., "Adam Smith's view of man, " *Journal of Law and Economics*(1976)19:529-46.

18) Emerson, A. C., "The evolution of adaptation in population systems, " *Evolution after Darwin*(Chicago: University of Chicago Press, 1960), 1권.

19) K. Hill 및 H. Kaplan과의 개인적 교류에서 얻은 자료.

20) Spindler, K., *The Man in the Ice*(London: Weidenfeld and Nicolson, 1993).

21) Smith, 같은 책; Wright, R., *The Moral Animal*(New York, Pantheon, 1994).

제3장 죄수의 딜레마

1) Rousseau, J. J., *A Discourse on Inequality*(Harmondsworth: Penguin, 1955/1984).

2) Hofstadter, D., *Metamagical Themas: Questing for the Essence of Mind and*

Pattern(New York, Basic Books, 1985); Dennett, D., *Darwin's Dangerous Idea*(New York: Simon and Schuster, 1995).

3) P. Hammerstein과의 개인적 교류에서 얻은 자료.

4) Poundstone, W., "Prisoner's Dilemma: John von Neumann, " *Game Theory and the Puzzle of the Bomb*(Oxford: Oxford University Press, 1992).

5) Rapoport, A. and Chummah, A. M., *Prisoner's Dilemma*(Ann Arbor: University of Michigan Press, 1965).

6) Maynard Smith, J. and Price, G. R., "The logic of animal conflict, " *Nature*(1973), 246:15-18쪽. 원래의 논문에서는 〈비둘기〉였으나, 발표 직전에 Price의 종교적 감성을 고려해 〈쥐〉로 바뀌었다.

7) Rapoport, A., *The Origins of Violence*(New York: Paragon House, 1989).

8) Axelrod, R., *The Evolution of Cooperation*(New York: Basic Books, 1984).

9) Trivers, R. L., "The evolution of reciprocal altruism, " *Quarterly Review of biology*(1971), 46:35-57쪽.

10) 생물학의 게임 이론에 관한 최고의 저술은 Sigmund, K.의 *Games of Life*(Oxford: Oxford University Press, 1993).

11) Wilkinson, G. S., "Reciprocal food sharing in the vampire bat, " *Nature* (1984), 308:181-184쪽. 최근 연구에 따르면 떠돌아다니기를 좋아하고 가족에 구애받지 않는 수컷 흡혈박쥐도 비슷한 행동을 하는 것으로 관찰되었다. DeNault, L. K. and McFarlane, D. A., "Reciprocal altruism between male vampire bats, *Desmodus rotundus*, " *Animal Behavior*(1955), 49:855-856쪽.

12) Chency, D. L. and Seyfarth, R. M., *How Monkeys See the World*(Chicago: Chicago University Press, 1990.

13) Trivers, "The evolution of reciprocal altruism, " 같은 책.

제4장 비둘기와 매의 구별

1) R. Barton과의 개인적 교류에서 얻은 자료.

2) Dunbar, R., *Grooming, Gossip and the Evolution of Language*(London: Faber and Faber, 1996).

3) Heinsohn, R. and Packer, C., "Complex cooperative strategies in group-territorial African lions, " *Science*(1995), 269:1260-1262쪽.

4) Martinez-Coll, J. C. and Hirshleifer, J., "The limits of reciprocity, "

Rationality and Society(1991), 3:35-64쪽.

5) Binmore, K., *Game Theory and the Social Contract. Vol. I: Playing Fair* (Cambridge, Mass.: MIT Press, (1994).

6) Badcock, C., "Three fundamental fallacies of modern social thought," *Sociological Notes*(1990), No. 5. 심판의 말은 Lyall Watson, *Financial Times*(15 Jul. 1995)에서 인용.

7) 최근 시간 대신에 공간 속에서 진행되는 새로운 죄수의 딜레마 게임이 실험 되었는데, 역시 맞대응이 강력한 전략임을 보여주었다. Hutson, V. C. L. and Vickers, G. T., "The spatial struggle of tit-for-tat and defect," *Philosophical Transactions of the Royal Society of London*(1955), B 384:393- 404쪽; Ferriere, R. and Michod, R. E., "Invading wave of cooperation in a spatially iterated prisoner's dilemma," *Proceedings of the Royal Society of London*(1995), B 259:77-83쪽.

8) Nowak, M. A., May, R. M. and Sigmund, K., "The arithmetics of mutual help," *Scientific American*(1995), 272:50-55쪽.

9) Boyd, R., "The evolution of reciprocity when conditions vary," *Coalitions and Alliances in Humans and Other Animals*(Oxford: Oxford University Press, 1992).

10) Kitcher, P., "The evolution of human altruism," *Journal of Philosophy* (1993), 90:497-516쪽.

11) Frank, R. H., Gilovich, T. and Regan, D. T., "The evolution of one-shot cooperation," *Ethology and Sociobiology*(1993), 14:247-56쪽.

제5장 노동과 만찬

1) Barrett, P. H., Gantrey, P. J., Herbert, S., Kohn, D. and Smith, S., *Charles Darwin's Notebooks, 1836-1844*(Cambridge: Cambridge University Press, 1987).

2) Friedl, E., "Sex the invisible," *American Anthropologist*(1995), 96:833- 844쪽. 우간다의 이크족은 예외이다. 그들은 거의 기아 상태이기 때문에 음식 을 숨어서 혼자만 먹는다. Turnbull, C., *The Mountain People*(New York: Simon and Schuster, 1972).

3) Fiddes, N., *Meat: A Natural Symbol*(New York: Routledge, 1991).

4) Galdikas, B., *Reflections of Eden: My Life with the Orang-utans of Borneo*(London: Victor Gollancz, 1995).

5) Stanford, C. B., Wallis, J., Mpongo, E. and Goodall, J., "Hunting decisions in wild chimpanzees, " *Behaviour*(1994), 131:1-18쪽; Tutin, C. E. G., "Mating patterns and reproductive strategies in a community of wild chimpanzees(Pan troglodytes schweinfurhii), " *Behavioral Ecology and Sociobiology*(1979), 6:29-38.

6) Hawkes, K., "Foraging differences between men and women, " *The Archaeology of Human Ancestry*(London: Routledge, 1995).

7) Ridley, M., *The Red Queen: Sex and the Evolution of Human Nature* (London: Viking, 1993).

8) Kimbrell, A., *The Masculine Mystique. Ballantine*(New York: Books, 1995).

9) *Economist*(5 Mar. 1994), 96쪽.

10) Berndt, C. H., "Digging sticks and spears, or the two-sex model, " *Woman's role in Aboriginal society*(Canberra: Australian Institute of Aboriginal Studies, 1970), No. 36; Magarry, T., *Society in Prehistory*(Lodnon: Macmillan, 1995).

11) Steele, J. and Shennan, S., *The Archaeology of Human Ancestry*(London: Routledge, 1995).

12) Bennett, M. K., *The World's Food*(New York: Harper and Row, 1954), Fiddes의 같은 책에서 인용.

13) De Waal, F. B. M., "Food sharing and reciprocal obligations among chimpanzees, " *Journal of Human Evolution*(1989), 18:433-59쪽.

14) Hill, K. and Kaplan, H., "Population and dry-season subsistence strategies of the recently contacted Yora of Peru, " *National Geographic Research*(1989), 5:317-34쪽.

15) Winterhalder, B., "Diet choice, risk and food-sharing in a stochastic environment, " *Journal of Anthropological Archaeology*(1986), 5:369-92쪽.

제6장 공적 자산과 개인적 선물

1) 초원의 헤게모니라는 발상은 Calder에서 비롯되었다. Calder, N.,

Timescale: An Atlas of the Fourth Dimension(London: Chatto and Windus, 1984).

2) Leakey, R. E., *The Origin of Humankind*(London: Weidenfeld and Nicolson, 1994)..

3) Guthrie, R. D., *Frozen Fauna of the Mammoth Steppe: The Story of Blue Babe*(Chicago: University of Chicago Press, 1990); Zimov, S. A., Churprynin, V. I., Oreshko, A. P., Chapin, F. S., Reynolds, J. F. and Chapin, M. C., "Steppe-tundra transition: a herbibore-driven biome shift at the end of the Pleistocene, " *American Naturalist*(1995), 146:765-94쪽.

4) Farmer, M. F., "The origin of weapon systems, " *Current Anthropology*(1994), 35:679-81쪽: C. Keckler와의 인터뷰.

5) Hawkes, K., "Why hunter-gatherers work: an ancient version of the problem of public goods, " *Current Anthropology*(1993), 34:341-61쪽.

6) Blurton-Jones, N. G., "Tolerated theft, suggestions about the ecology and evolution of sharing, hoarding and scrounging, " *Sicoal Science Information* (1987), 26:31-54쪽.

7) Hill, K. and Kaplan, H., "On why male foragers hunt and share food, " *Current Anthropology*(1994), 34:701-706쪽.

8) Winterhalder, B., "A marginal model of tolerated theft, " *Ethology and Sociobiology*(1996), 17:37-53쪽.

9) Alexander, R. D., *The Biology of Moral Systems*(Hawthorne, New York: Aldine de Gruyter, 1987).

10) Brealey, R. A. and Myers, S. C., *Principles of Corporate Finance*(New York: McGraw Hill, 1991), 4판.

11) Wilson, J. Q., *The Moral Sense*(New York: The Free Press, 1993).

12) Sahlins, M., *Stone Age Economics*(Hawthorne, New York: Aldine de Gruyter, 1966/1972).

13) Alasdair Palmer, "Do you sincerely want to be rich?, " *Spectator*(5 Nov. 1994), 9쪽.

14) Zahavi, A., "Altruism as a handicap-the limitations of kin selection and reciprocity, " *Journal of Avian Biology*(1995), 26:1-3쪽.

15) Cronk, L., "Strings attached, " *The Sciences*(May-Jun. 1989), 2-4쪽.

16) Davis, J., *Exchange*(Buckingham: Open University Press, 1992).

17) Benedict, R., *Patterns of Culture*(London: Routledge and Kegan Paul,

1935).

18) 같은 책.

19) Davis, 같은 책.

제7장 인간의 도덕성

1) Nesse, R., Wilson, D. S. and Sober, E., "Reintro-ducing group selection to the human and behavioral sciences," *Behavioral and Brain Sciences*(1994), 17:585-654쪽.

2) Cosmides와 Tooby는 이타주의라는 단어를 사용하면 뜻을 모르는 학생이 있을 것을 염려해 대신에 〈비이기적 selfless〉이라는 단어를 써봤으나 결과는 마찬가지였다.

3) Barkow, J., Cosmides, L. and Tooby, J., *The Adapted Mind*(Oxford: Oxford University Press, 1992).

4) L. Sugiyama가 Human Behavior and Evolution Society에서 발표(Santa Barbara, Jun. 1995).

5) L. Cosmides와의 인터뷰.

6) Stephen Budiansky가 지적.

7) Barkow, "Cosmides and Tooby," 같은 책.

8) Trivers, R. L. "The evolution of reciprocal altruism," *Quarterly Review of Biology*(1971), 46:35-57쪽.

9) Ghiselin, M. T., *The Economy of Nature and the Evolution of Sex*(Berkeley: University of California Press, 1974). 기독교에 관한 지적은 칼럼니스트 Matthew Parris 참조.

10) Frank, R. H., *Passions within Reason*(New York: Norton, 1988).

11) 푸른박새 이야기는 Birkhead, T. R. and Moller, A. P., *Sperm Competition in Birds: Evolutionary Causes and Consequences*(London: Academic Press, 1992)에서 인용.

12) Trivers, 같은 책; Trivers, R. L., "The evolution of a sense of fairness," *Absolute Values and the Creation of the New World*(New York: The International Cultural Foundation Press, 1983), Vol. 2.

13) Frank, 같은 책.

14) Binmore, K., *Game Theory and the Social Contract. Vol. I: Playing Fair*

(Cambridge, Mass.: MIT Press, 1994).

15) Alexander, R. D., *The Biology of Moral Systems*(Hawthorne, New York: Aldine de Gruyter, 1987); Singer, P., *The Expanding Circle: Ethics and Sociobiology*(New York: Farrar, Straus and Giroux, 1981).

16) V. Smith가 전자우편으로 HBES에 올린 글(Jun. 1995). Human Behavior and Evolution Society에서 발표(Santa Barbara, Jun. 1995).

17) Frank, 같은 책.

18) Kagan, J., *The Nature of the Child*(New York: Basic Books, 1984).

19) D. Cheney가 Royal Society에서 발표(4 Apr. 1995).

20) Wilson, J. Q., *The Moral Sense*(New York: Free Press, 1993).

21) Damasio, A., *Descartes's Error: Emotion, Reason and the Human Brain* (London: Picador, 1995).

22) Dawkins, R., *The Selfish Gene*(Oxford: Oxford University Press, 1976).

23) Jacob Viner, Coase의 같은 글.

제8장 협동과 전쟁

1) Packer, C., "Reciprocal altruism in olive baboons, " *Nature*(1977), 265:441-3쪽.

2) Noe, R., "Alliance formation among male baboons: shopping for profitable partners, " *Coalitions and Alliances in Humans and Other Animals*(Oxford: Oxford Univerisity Press, 1992).

3) Van Ohhff, J. A. R. A. M. and van Schaik, C. P. "Cooperation in competition: the ecology of primate bonds, " *Coalitions and Alliances*(Oxford: Oxford Univerisity Press, 1992).

4) Silk, J. B., "The patterning of intervention among male bonnet macaques: reciprocity, revenge and loyalty, " *Current Anthropology*(1992), 33:318-324 쪽; Silk, J. B., "Does participation in coalitions influence dominance relationships among male bonnet macaques?, " *Behaviour*(1993), 126:171-89; Silk, J. B., "Social relationships of male bonnet macaques, " *Behaviour*(1995).

5) Dennett, D., *Darwin's Dangerous Idea*(New York: Simon and Schuster, 1995).

6) Pinker, S., *The Language Instinct*(London: Allen Lane, 1994).

7) Cronin, H., *The Ant and the Peacock*(Cambridge: Cambridge University Press, 1991): Rawls, J., *A Theory of Justice*(Oxford: Oxford University Press, 1972).

8) Nishida, T., Hasegawa, T., Hayaki, H., Takahata, Y. and Uehara, S., "Meat-sharing as a coalition strategy by an alpha male chimpanzee?, " *Topics in Primatology. Vol. I: Human Origins*(Tokyo.: Tokyo University Press, 1992).

9) De Waal, F. B. M., *Chimpanzee Politics*(Baltmore: Johns Hopkins Universiy, 1982): de Waal, F. B. M., "Coalitions as part of reciprocal relations in the Arnhem chimpanzee colongy, " *Coalitions and Alliances*(1992): de Waal, F. B. M., *Good Natured: The Origins of Right and Wrong in Humans and Other Animals*(Cambridge, Mass.: Harvard University Press, 1996).

10) Boehm, C., "Segmentary 'warfare' and the management of conflict: comparison of East African chimpanzees and patrilineal-patrilocal humans, " *Coalitions and Alliances*(1992).

11) Connor, R. C., Smolker, R. A. and Richards, A. F., "Dolphin alliances and coalitions, " *Coalittions and Alliances*(1992)

12) Boehm, "Segmentary 'warfare' and the management of conflict, " *Coalitions and Alliances*(1992).

13) Moore, J. In Wilson, D. S. and Sober, E., "Reintroducing group selection to the human and behavioral sciences, " *Behavioral and Brain Sciences*(1994), 17:585-654: Alexander, R. D., *The Biology of Moral Systems*(Hawthorne, New York: Aldine de Gruyter, 1987): Trivers, R. L., "The evolution of a sense of fairness, " *Absolute Values and the Creation of the New World*(New York: International Cultural Foundation Press, 1983), Vol. 2.

14) Boehm, 같은 글.

15) Gibbon, E., *The History of the Decline and Fall of the Roman Empire* (London: Everyman, 1776-88/1993), Vol. IV.

제9장 투쟁하는 개체들의 화합

1) Mesterson-Gibbons, M. and Dugatkin, L. A., "Cooperation among unrelated individuals: evolutionary factors, " *Quarterly Review of Biology*

(1992), 67:267–81쪽; Rissing, S. and Pollock, G., "Queen aggression, pheometric advantage and brood raiding in the ant, " *Veromessor pergandei. Animal Behaviour*(1987), 35:975–82쪽; Höldobler, B. and Wilson, E. O., *The Ants*(Cambridge, Mass. Harvard University Press, 1990).

2) Wynne – Edwards, V. C., *Animal Dispersion in Relation to Social Behaviour*(London: Oliver and Boyd, 1962).

3) Lack, D., *Population Studies of Birds*(Oxford: Clarendon Press, 1966).

4) Hamiltion, W. D., "Geometry for the selfish herd, " *Journal of Theoretical Biology*(1971)31:295–311; Alexander, R. D., "Evolution of the human psyche, " *The Human Revolution*(Edinburgh: Edinburgh Universiy Press, 1989).

5) Szathmary, E. and Maynard Smith, J., "The major evolutionary transitions, " *Nature*(1995), 374:227–232쪽; Alexander, R. D., *The Biology of Moral Systems*(Hawthorne, New York: Aldine de Gruyter, 1987).

6) Boyd, R. and Richerson, P., "Culture and cooperation, " *Beyond Self – Interest*(Chicago: Chicago University Press, 1990).

7) R. Boyd가 Royal Society에서 발표(4 Apr. 1995).

8) Boyd and Richerson. "Culture and cooperation, " *Beyond Self–Interest.*

9) Sutherland, S., *Irrationality: The Enemy Within*(London: Constable, 1992).

10) Ridley, M., *The Red Queen: Sex and the Evolution of Human Nature*(London: Viking, 1993); Hirshleifer, D., "The blind leading the blind: social influence, fads and informational cascades, " *The New Economics of Behaviour*(Cambridge: Cambridge University Press, 1995); Bikhchandani, S., Hirshleifer, D. and Welch, I., "A theory of fads, fashion, custom and cultural change as informational cascades, " *Journal of Political Economy* (1992.), 100:992–1026쪽.

11) Hirshleifer, "The blind leading the blind, " *The New Economics of Behaviour;* Bikhchandani, Hirshleifer, and Welch., "A theory of fads, " *Journal of Political Economy*(1992).

12) Simon, H., "A mechanism for social selection of successful altruism, " *Science*(1990), 250:1665–1668쪽.

13) Soltis, J., Boyd, R. and Richerson, P. J., "Can group – functional behaviors evolve by cultural group selection? An empirical test, " *Current Anthropology* (1995), 36:473–494쪽.

14) C. Palmer가 Human Behavior and Evolution Society에서 발표(Santa Barbara, Jun. 1995).

15) John Hartung의 서신.

16) Lyle Steadman과의 개인적 교류에서 얻은 자료.

17) W. McNeill가 Human Behavior and Evolution Society에서 발표(Ann Arbor, Michigan, Aug. 1994).

18) Richman, B., "Rhythm and Melody in Gelada vocal exchanges," *Primates*(1987), 28:199-223쪽; Storr, A., *Music and the Mind*(London: Harper Collins, 1993).

19) Gibbon, E., *The History of the Declind and Fall of the Roman Empire*(London: Everyman, 1776-88/1993), Vol. I.

20) Mead는 Bloom, H., *The Lucifer Principle*(Boston: Atlantic Monthly Press, 1995)에서 인용; Alexander, 같은 책.

21) Hartung, J., "Love thy neighbour," *The Skeptic*(1995), Vol. 3, No. 4; Keith, A., *Evolution and Ethics*(New York: G. P. Putnam's Sons, 1947).

제10장 비교 우위의 법칙

1) Sharp. L., "Steel axes for Stone-Age Australians," *Human Organisation* (Summer 1952), 1952:17-22쪽.

2) 이 점을 지적해준 Kim Hill에게 감사한다.

3) Layton, R. H., "Are sociobiology and social anthropology compatible? The significance of sociocultural resoruces in human evolution," *Comparative Socioecology*(Oxford: Blackwell, 1989).

4) Chagnon, N., Yanomamo, *The Fierce People*(New York: Holt, Rinehart and Winston, 1983), 3판.

5) Benson, B., "THe spontaneous evolution of commerical law," *Southern Economic Journal*(1989), 55:644-661쪽; Benson, B., *The Enterprise of Law*(San Francisco: Pacific Research Institute, 1990).

6) Coeur는 Chios 섬에 유배된 후 1456년 그곳에서 사망했다. 그가 살던 고딕풍의 궁전은 부르주아들의 최대 관광지이다.

7) Watson, A. M., "Back to gold-and silver," *Economic History Review* (1967), 2nd Series, 20:1-34쪽.

8) Samuelson, P.는 Brockway, G. P., *The End of Economic Man*(New York: Norton, 1993), 299쪽에서 인용.

9) Heilbronner, R. L., *The Worldly Philosophers*(New York: Simon and Schuster, 1961).

10) Sraffa, P., *The Works of David Ricardo*(Cambridge: Cambridge University Press, 1951).

11) Roberts, R. D., *The Choice: A Fable of Free Trade and Protectionism* (Englewood Cliffs, New Jersey: Prentice Hall, 1994).

12) Alden–Smith, E., "Risk and uncertainty in the 'original affluent society' : evolutionary ecology of resource sharing and land tenure, " *Hunters and Gatherers. Vol I; History, Evolution and Social Change*(Oxford: Berg, 1988).

13) Robert Layton와의 인터뷰; Paul Mellars이 Royal Society에서 발표한 글; Gambel, C., *Timewalkers: The Prehistory of Global Colonisation*(London: Alan Sutton, 1993).

제11장 공존의 생태학

1) Gore, A., *Earth in the Balance: Ecology and the Human Spirit*(Boston: Houghton Mifflin, 1992).

2) 같은 책.

3) Brown, L., *State of the World*(Washington, D. C.: Worldwatch Institute, 1992); Porritt, J., *Save the Earth*(London: Channel Four Books, 1991).

4) Kauffman, W., *No Turning Back: Dismantling the Fantasies of Environmental Thinking*(New York: Basic Books, 1995); Budiansky, S., *Nature's Keepers: The New Science of Nature Management*(London: Weidenfeld and Nicolson, 1995).

5) Kay, C. E., "Aboriginal overkill: the role of the native Americans in structuring western ecosystems, " *Human Nature*(1994), 5:359–398쪽.

6) Posey, D. W.(1993)는 Vickers, W. T., "From opportunism to nascent conservation. The case of the Siona Secoya, " *Human Nature*(1994), .5:307–337쪽에서 인용.

7) Tudge, C., *The Day Before Yesterday*(London: Jonathan Cape, 1996); Stringer, C. and McKie, R., *African Exodus*(London: Jonathan Cape, 1996).

8) Steadman, D. W., "Prehistoric extincitons of Pacific island birds: biodiversity meets zooarcheology, " *Science*(1995), 267:1123-1131쪽.

9) Flannery, T., *The Future Eaters*(Chatswood, New South Wales: Reed, 1994).

10) Alvard, M. S., "Conservation by native peoples: prey choice in a depleted habitat, " *Human Nature*(1994), 5:127-154쪽.

11) Diamond, J., *The Rise and Fall of the Third Chimpanzee*(London: Radius Books, 1991).

12) Nelson, R., "Searching for the lost arrow: physical and spiritual ecology in the hunter's world, " *The Biophilia Hypothesis*(Washington, D.C.: Island Press, 1993).

13) Hames, R., "Game conservation or efficient hunting?, " *The Question of the Commons*(Tucson: University of Arizona Press, 1987).

14) Alvard, "Conservation by native peoples, " *Human Nature*.

15) Vickers, W. T., "From opportunism to nascent conservation. The case of the Siona-Secoya, " *Human Nature*(1994), 5:307-337쪽.

16) Stearman, A. M., " 'Only slaves climb trees' : revisting the myth of the ecologically noble savage in Amazonia, " *Human Nature*(1994), 5:339-357쪽.

17) 같은 책.

18) Low, B. S. and Heinen, J. T., "Population, resources and environment, " *Population and Environment*(1993), 15:7-41쪽.

제12장 소유와 분배

1) Brubaker, E., *Property Rights in the Defence of Nature*(London: Earthscan, 1995).

2) Acheson, J., "The lobster fiefs revisited, " *The Question of the Commons* (Tucson: University of Arizona Press, 1987).

3) Gordon, H. S., "The economic theory of a common-property resource: the fishery, " *Journal of Political Economy*(1954), 62:124-142쪽.

4) Hardin, G., "The tragedy of the commons, " *Science*(1968), 162:1243-1248쪽.

5) 공유지에 관해서는 Country Landowners' Association에서 발간한 팸플릿에서 인용(Oct. 1992, No. 16/92).

6) Townsend, R. and Wilson, J. A., *The Question of the Commons*(1987): Oliver Rackham의 서신.

7) 이후에 Hardin은 자신의 원논문에서 〈관리되지 않는 공유지unmanaged commons〉라는 표현을 써야 옳을 것이라 말했다.

8) Ostrom, E., *Governing the Commons: The Evolution of Institutions for Collective Action*(Cambridge: Cambridge University Press, 1990): Brown, D. W., *When Strangers Cooperate: Using Social Conventions to Govern Ourselves*(New York: The Free Press, 1994).

9) Ostrom, E., Gardner, R. and Walker, J., *Rules, Games and Common-pool Resources*(Princeton: Princeton University Press, 1993).

10) Monbiot, G., "The tragedy of enclosure, " *Scientific American*(Jan. 1994), 140쪽.

11) Ophuls, W., "Leviathan or oblivion, " *Towards a Steady-state Economy*(San Francisco: Freeman, 1973).

12) Bonner, R., *At the Hand of Man*(New York: Knopf, 1993): Sugg, I. and Kreuter, U. P., *Elephants and Ivory: Lessons from the Trade Ban*(London: Institute of Economic Affairs, 1994).

13) Ostrom, E. irrigation and Gardner, R., "Coping with asymmetries in the commons: self-governing systems can work, " *Journal of Economic Perpectives*(1993), 7:93-112쪽.

14) S. Lansing가 Human Behavior and Evolution Society에서 발표(Michigan: Ann Arbor, Jun. 1994).

15) Chichilinisky, G., "The economic value of the earth's resources, " *Trends in Ecology and Evolution*(1996), 11:135-140쪽: De Soto, H., "The missing ingredient, " Economist(Sep. 1993), II:8-10쪽.

16) Ostrom, E., Walker, J. and Gardner, R., "Covenants without a sword: self-governance is possible, " *American Political Science Review*(1992), 86:404-417쪽. 이와 다른 형태의 게임에서도 비슷한 결론——공동 소유의 비극 문제를 푸는 데 커뮤니케이션이 중요하다는 결론——이 나왔다. Edney, J. J. and Harper, C. S., "The effects of information in a resource management problem. A social trap analogy, " *Human Ecology*(1978), 6:387-395쪽.

17) Diamond, J., "New Guineans and their natural world, " *The Biophilia Hypothesis*(Washington, D.C.: Island Press, 1993).

18) Jones, D. N., Dekker, R. W. R. J. and Roselaar, C. S., *The Magepodes*

386

(Oxford: Oxford University Press, 1995).

19) *Hunters and Gatherers. Vol. I: History, Evolution and Social Change* (Oxford: Berg, 1988)에 실린 Eric Alden-Smith와 Richard Lee의 글 참조.

20) Brubaker, *Property Rights in the Defence of Nature*.

21) Cashdan, E., "galitarianism among hunters and gatherers," *American Anthropologist*(1980), 82:116-120쪽

22) Carrier, J. G. and Carrier, A. H., "Prefitless property: marine owner-ship and access to wealth on Ponam Island, Manus Province," *Ethnology*(1983), 22:131-151쪽.

23) Osborne, P. L., "Biological and cultural diversity in Papua New Guinea: conservation. conflicts, constraints and compromise," *Ambio*(1995), 24:231-237쪽.

24) Brubaker, *Property Rights in the Defence of Nature*; Anderson, T., *Property Righs and Indian Economies*(Lanham, Maryland: Rowman and Littlefield, 1992).

제13장 만인의 만인에 대한 투쟁

1) Webb, R. K., *Harriet Martineau: A Redical Victorian*(London: Heinemann, 1960).

2) 이탈리아 남부와 북부의 사회적 차이가 유전적 차이에서 비롯된 것임을 밝히려는 시도가 여러 차례 있었으나 그럴 듯한 결론은 없다. Kohn, M., *The Race Gallery*(London: Jonathan Cape, 1995)를 보라.

3) Putnam, R., *Making Democracy Work: Civil Traditions in Modern Italy*(Princeition: Princeton University Press, 1993); Fukuyama, F., *Trust: The Social Virtues and the Creation of Prosperity*(London: Hamish Hamilton, 1995).

4) Masters, R. D., *Machiavelli, Leonardo and the Science of Power*(Indiana: Universiy of Notre Press, 1996); Passmore, J., *The Perfectibility of Man*(London: Duckworth, 1970).

5) Hobbes, T., *Leviathan*(London: Dent and Sons, 1651/1973), Kenneth Minogue. J. M.이 서문을 씀.

6) Malthus, T. R., *An Essay on the Principle of Population as it affects the*

future Improvement of Society, with Remarks on the Speculations of Mr Godwin, M. Condorcet and other Writers(London: Macmillan, 1798/1926). 그리고 Ghiselin, M. T., "Darwin, progress, and economic principles, " *Evolution*(1995), 49:1029-1037쪽 참조. 좀 벗어난 이야기이지만 나는 다윈이 스캔들 많은 조부 Erasmus Darwin의 영향을 은폐하기 위해 Malthus의 영향을 더 과장했다고 믿고 있다. Erasmus의 사후에 출판된 시집 *The Temple of Nature*에는 Malthus의 영향이 강하게 나타나는데, Darwin은 1828년 Malthus 를 읽기 전에 틀림없이 이 시집을 읽었을 것이다. Erasmus의 전기 작가 Desmond King-Hele도 그렇게 생각한다.

7) Jones, L. B., "The institutionalists and On the Origin of Species: a case of mistaken inentity, " *Southern Economic Journal*(1986), 52:1043-1055: Gordon, S., "Darwin and political economy: the connection reconsidered, " *Journal of the History of Biology*(1989), 22:437-59쪽.

8) Huxley, T. H., "The struggle for existence in human society, " *Collected Essays*(1888), 9권.

9) Hitler 우생학의 사상적 배경에 관한 정보와 Wells의 인용문은 Watson, G., *The Idea of Liberalism*(London: Macmillan, 1985) 참조.

10) Degler, C., *In Search of Human Nature: The Decline and Revival of Darwinism in American Social Thought*(New York: Oxford University Press, 1991).

11) Rousseau, J. J., *A Discourse on Inequality*(Harmondsworth: Penguin, 1755/1984).

12) Graham, H. G., *Rousseau*(Edinburgh: William Blackwood and Sons, 1882).

13) La Perouse의 두 척의 난파선, L'Astrolabe와 La Boussole은 28년 뒤 New Hebrides의 북부 Vanikoro 섬 연안에서 발견되었다. 항해 일지는 그가 파리로 보낸 노트를 발췌해 그의 사후인 1787년에 출간되었다.

14) Moorehead, A., *The Fatal Impact: An Account of the Invasion of the South Pacific, 1767-1840*(London: Hamish Hamiltion, 1966); Neville-Singtion, P. and Sington, D., Paradise Dreamed(London: Bloomsbury, 1993).

15) Freeman, D., "The debate, at heart, is about evolution, " *The Certaninty of Doubt: Tributes to Peter Munz*(Wellington, New Zealand: Victoria University Press, 1995).

16) Freeman D.의 Australian National University 강연(23 Oct. 1991); Freeman,

D., *Margaret Mead and Samoa: The Making and Unmaking of an Anthropo-logical Myth*(Cambridge, Mass.: Harvard University Press, 1983); Wright, R., *The Moral Animal*(New York: Pantheon, 1994).

17) Passmore, *The Perfectibility of Man*.

18) *New Republic*(28 Nov. 1994) 34쪽에 실린 Robert Wright의 글 참조.

19) Chang, Jung., *Wild Swans: Three Daughters of China*(London: Harper-Collins, 1991); Wright, 같은 책.

20) Simon, H., "A mechanism for social selection and successful altruism, " *Science* (1990), 250:1665-1668쪽.

21) Fox, R., *The Search for Society: Quest for a Biosicoal Science and Morality* (New Brunswick: Rutgers University Press, 1989).

22) Hazlitt, W., "A reply to the essay on population by the Rev. T. R. Malthus, " *The Collected Works of william Hazlitt*(London: J. M. Dent, 1902), Vol. 4.

23) Stewart, J. B., *Den of Teieves*(New York: Touchston, 1992).

24) Wright, 같은 책.

25) Hayek, F. A., *Law, Legislation and Liberty. Vol. 3: The Political Order of a Free People*(Chicago: University of Chicago Press, 1979).

26) *Time*(25 Dec. 1995) 참조.

27) Duncan, A. and Hobson, D., *Saturn's Children*(London: Sinclair-Stevenson, 1995).

찾아보기

옮긴이 **신좌섭**

1959년 서울에서 태어났으며, 서울 대학교 의과 대학을 졸업하고 대학원에서 한국 의료사를 전공한 후 한양 대학교 대학원에서 교육 공학 박사 학위를 받았다. 현재는 서울 대학교 의과 대학 교수(의학 교육)로 재직하면서, 국제 퍼실리테이터 협회 공인 전문 퍼실리테이터로서 집단 대화와 의사 결정을 촉진하는 일, 세계 보건 기구 교육 개발 협력 센터 장으로서 개발 도상국의 인적 역량을 강화하는 일을 하고 있다. 저서로 『안전하고 건강한 노동을 위하여』(1988년), 시집 『네 이름을 지운다』(2017년) 등이 있고, 번역서로 『의학의 역사』(2006년), 『의학의 과학적 한계』(공역, 2001년) 등이 있다.

이타적 유전자

1판 1쇄 펴냄 2001년 8월 20일
1판 31쇄 펴냄 2024년 3월 31일

지은이 매트 리들리
그린이 낸시 톨포드
옮긴이 신좌섭
펴낸이 박상준
펴낸곳 (주)사이언스북스

출판등록 1997. 3. 24. 제16-1444호
(06027) 서울특별시 강남구 도산대로1길 62
대표전화 515-2000 팩시밀리 515-2007
편집부 517-4263 팩시밀리 514-2329

www.sciencebooks.co.kr